前沿科技·人工智能系列

自然语言处理技术

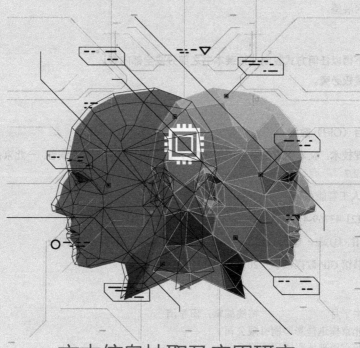

文本信息抽取及应用研究

黄河燕 刘啸 石剑 编著

电子工业出版社
Publishing House of Electronics Industry
北京·BEIJING

内 容 简 介

文本信息抽取的目的是从海量互联网信息中抽取结构化知识，是知识图谱自动化构建和更新的基础，为信息检索、推荐系统、智能问答等诸多研究领域提供底层知识推理支撑，并取得了重大突破，是推动人工智能技术由感知走向认知的关键要素，具有重要的研究意义和实用价值。本书梳理了命名实体识别、关系抽取、事件抽取等相关研究方向的知识资源、基础理论和实践应用，详细介绍了联合实体识别的关系抽取、弱监督的关系抽取、基于知识迁移的关系抽取、多实例联合的事件抽取、无监督的事件模板推导等前沿理论研究，并从图谱构建和图谱知识应用两个方面探索了信息抽取在知识图谱中的应用。最后本书对文本信息抽取进行了总结和未来研究方向展望。

未经许可，不得以任何方式复制或抄袭本书之部分或全部内容。
版权所有，侵权必究。

图书在版编目（CIP）数据

自然语言处理技术：文本信息抽取及应用研究 / 黄河燕，刘啸，石戈编著. —北京：电子工业出版社，2022.7

（前沿科技. 人工智能系列）

ISBN 978-7-121-43769-4

Ⅰ. ①自⋯ Ⅱ. ①黄⋯ ②刘⋯ ③石⋯ Ⅲ. ①自然语言处理 Ⅳ. ①TP391

中国版本图书馆 CIP 数据核字（2022）第 101144 号

责任编辑：牛平月　　　　　　特约编辑：田学清
印　　刷：北京捷迅佳彩印刷有限公司
装　　订：北京捷迅佳彩印刷有限公司
出版发行：电子工业出版社
　　　　　北京市海淀区万寿路 173 信箱　　　邮编：100036
开　　本：720×1000　1/16　　印张：17.25　　字数：358.8 千字
版　　次：2022 年 7 月第 1 版
印　　次：2023 年 9 月第 2 次印刷
定　　价：108.00 元

凡所购买电子工业出版社图书有缺损问题，请向购买书店调换。若书店售缺，请与本社发行部联系，联系及邮购电话：(010) 88254888，88258888。
质量投诉请发邮件至 zlts@phei.com.cn，盗版侵权举报请发邮件至 dbqq@phei.com.cn。
本书咨询联系方式：niupy@phei.com.cn。

前　言

文本信息抽取是自然语言处理领域的重要研究方向之一，也是人工智能领域极具应用价值的核心研究课题。文本信息抽取作为分析、抽取、管理文本知识的核心技术和重要手段，自诞生以来就得到了学术界与工业界的广泛关注。从非结构化文本中抽取出以结构化形式存储的信息，可以被计算机直接处理和利用，实现让机器能够像人类一样阅读文本，进而完成查询和推理等功能，一直是文本信息抽取追求的目标。现如今，信息抽取系统可应对海量非结构化文本，在各领域都有广泛的应用，数十年中依然是研究者前赴后继投身其中的奋斗目标。

随着计算机的普及以及互联网的迅猛发展，文本数据量迅速增长，大量的信息以电子文档的形式存储在计算机里，使得文本信息抽取技术研究具有充足的数据资源和广阔的应用场景。一方面，促进现有的研究工作表现出百花齐放、争奇斗艳的景象，正所谓"草树知春不久归，百般红紫斗芳菲。杨花榆荚无才思，惟解漫天作雪飞。"另一方面，这种海量数据和信息爆炸式的发展趋势也让文本信息抽取技术研究面临诸多挑战与难题，包括新研究场景下产生的新问题和悬而未决的原有科学难题。我们希望从纷繁复杂的研究工作中，帮助对这一领域感兴趣的读者梳理出一条相对清晰的研究路径。本书所探讨的内容既包括关系抽取、事件抽取这样的传统研究，也包括实体关系联合抽取、事件模板构建这样的基础任务，还涉及时下研究和应用热度持续升高的知识图谱、知识应用等重要方向。本书尽量选取领域中具有代表性的研究工作加以介绍。这些研究工作所涉及的也是人们日常生活当中实实在在能够接触到的应用场景，大部分研究方向直接见证了人工智能技术的发展过程。同时，由于文本信息抽取的研究特点，几乎所有的任务都会定期举办对应的国际/国内公开评测，也有公开发布的训练数据集、开源平台等资源供业界人士共享。本书尽可能在相关章节将这些评测、资源等相关信息列举出来，以飨读者。

本书共 11 章，在章节的组织上，针对文本信息抽取的典型研究方向，尽可能梳理出每个方向的问题描述、最新关键技术及未来趋势。第 1 章绪论部分介绍了本书的研究背景及意义，并对本书拟解决的研究问题进行了详细描述和形式化定义。第 2、3 章分别介绍本书主要用到的自然语言处理相关基础理论知识以及信息抽取相关评测和标注资源。第 4～6 章围绕实体间的关系，从联合实体识别的关系抽取、弱监督的关系抽取、基于知识迁移的关系抽取三个角度，分析相关典型理论模型并概述现有研究的不足。第 7、8 章围绕更为复杂的事件结构，从多实例联合的事件抽取和无监督的事件模板推导两个方面，分析文本中事件和模板的建模方式和经典理论模型，概述现有研究的缺陷。综合第 4~8 章，第 9、10 章分别从图谱构建和图谱知识应用两个方面探索信息抽取在知识图谱中的应用。第 11 章对全书进行了总结，并展望了未来的研究趋势。诚挚感谢电子工业出版社编辑牛平月老师及审校人员为本书出版所付出的辛勤工作。感谢长期以来对我们团队工作给予大力支持和帮助的各位同仁。

众所周知，文本信息抽取涉及众多研究内容，限于篇幅和学识，本书无法一一涵盖，仅是抛砖引玉，希望与"咬定青山不放松，立根原在破岩中"的同行学者一起，在文本信息抽取的浩瀚海洋中，共同寻求"吹尽狂沙始到金"的快乐。由于作者水平有限，加之时间和精力不足，书中难免存在疏漏或错误之处，诚心欢迎各位同仁和读者给予批评指正。

编著者
2021 年 12 月于北京

目　录

第1章　绪论 1
  1.1　研究背景及意义 1
  1.2　基本定义及问题描述 3
    1.2.1　概念 3
    1.2.2　命名实体识别 3
    1.2.3　关系抽取 4
    1.2.4　事件抽取 4
    1.2.5　资源受限 6
    1.2.6　信息抽取应用 7
  1.3　基本研究方法与代表性系统 9
    1.3.1　基于规则的方法 9
    1.3.2　基于统计模型的方法 10
    1.3.3　基于深度学习的方法 10
    1.3.4　基于文本挖掘的方法 10
  1.4　本书章节组织架构 11

第2章　基础理论 13
  2.1　词汇语义表示 13
    2.1.1　基于矩阵分解的方法 13
    2.1.2　基于预测任务的方法 15
  2.2　序列标注 16
  2.3　条件随机场 18
    2.3.1　线性链条件随机场 18
    2.3.2　Viterbi 算法 19
  2.4　循环神经网络 20
    2.4.1　朴素循环神经网络 21
    2.4.2　长短期记忆网络 22
    2.4.3　门控循环单元 22
    2.4.4　双向循环神经网络 23
  2.5　卷积神经网络 24

2.5.1 文本上的卷积 ·············· 25
2.5.2 卷积神经网络的优点 ·············· 25
2.6 图卷积神经网络 ·············· 26
2.7 多任务学习 ·············· 28
2.7.1 多任务学习模式 ·············· 28
2.7.2 多任务学习有效性分析 ·············· 29
2.8 远程监督 ·············· 30
2.9 迁移学习 ·············· 30
2.9.1 基于实例的迁移学习 ·············· 31
2.9.2 基于特征的迁移学习 ·············· 31
2.9.3 基于共享参数的迁移学习 ·············· 31
参考文献 ·············· 32

第3章 信息抽取相关评测和标注资源 ·············· 35
3.1 MUC 系列评测会议 ·············· 35
3.2 ACE 系列评测会议 ·············· 37
3.3 TAC-KBP 系列评测会议 ·············· 40
3.4 其他研究活动 ·············· 43
3.5 信息抽取标注资源 ·············· 43
参考文献 ·············· 45

第4章 联合实体识别的关系抽取 ·············· 48
4.1 引言 ·············· 48
4.2 问题描述 ·············· 51
4.3 基于序列建模的实体识别 ·············· 51
4.3.1 基于 BERT 的句子编码 ·············· 51
4.3.2 头实体识别 ·············· 52
4.3.3 尾实体识别 ·············· 53
4.4 基于生成的实体关系联合抽取 ·············· 53
4.4.1 句子编码 ·············· 55
4.4.2 基于集合预测的解码过程 ·············· 56
4.5 基于翻译的实体关系联合抽取 ·············· 57
4.5.1 输入编码 ·············· 57
4.5.2 实体识别 ·············· 58
4.5.3 关系预测 ·············· 58
4.5.4 基于翻译的实体关系联合抽取案例 ·············· 61

4.6 实验验证 ··· 62
    4.6.1 数据集和评价指标 ·· 63
    4.6.2 对比算法 ·· 63
    4.6.3 实验结果 ·· 64
    4.6.4 问题与思考 ·· 65
4.7 本章小结 ··· 66
参考文献 ··· 67

第5章 弱监督的关系抽取 ··· 69
5.1 引言 ·· 69
5.2 问题分析 ··· 70
5.3 基于注意力机制的弱监督关系抽取 ······························ 73
    5.3.1 基于切分卷积神经网络的关系抽取 ······················ 73
    5.3.2 基于句子级别的注意力机制的远程监督关系抽取 ··· 76
    5.3.3 基于实体描述的句子级别的注意力机制的远程监督关系抽取 ··· 77
    5.3.4 基于非独立同分布的远程监督关系抽取 ················ 80
5.4 基于图卷积的远程监督关系抽取 ································· 82
    5.4.1 基于依存树的图卷积关系抽取 ····························· 82
    5.4.2 基于注意力机制引导的图卷积神经网络关系抽取 ··· 85
5.5 基于篇章级别的远程监督关系抽取 ······························ 87
5.6 实验验证 ··· 91
5.7 本章小结 ··· 95
参考文献 ··· 96

第6章 基于知识迁移的关系抽取 ······································· 101
6.1 引言 ·· 101
6.2 同类别迁移的关系抽取 ··· 102
    6.2.1 引言 ·· 102
    6.2.2 相关工作 ·· 104
    6.2.3 基于领域分离映射的领域自适应关系抽取框架 ······ 106
    6.2.4 实验部分 ·· 111
    6.2.5 总结与分析 ·· 117
6.3 跨类别迁移的关系抽取 ··· 118
    6.3.1 引言 ·· 118
    6.3.2 相关工作 ·· 120
    6.3.3 基于任务感知的小实例关系抽取模型 ··················· 122

VII

		6.3.4 实验部分	129
		6.3.5 总结与分析	134
	6.4	不均衡模型训练方法	135
		6.4.1 引言	135
		6.4.2 相关工作	137
		6.4.3 基于多分布选择的不均衡数据分类方法	140
		6.4.4 实验部分	144
		6.4.5 总结与分析	149
	6.5	本章小结	149
	参考文献		150

第7章 多实例联合的事件抽取 156

- 7.1 引言 156
- 7.2 问题分析 157
- 7.3 基于记忆单元的多实例联合的事件抽取 158
  - 7.3.1 技术路线 159
  - 7.3.2 总结与分析 161
- 7.4 基于图卷积的多实例联合的事件抽取 162
  - 7.4.1 技术路线 163
  - 7.4.2 总结与分析 165
- 7.5 基于全局信息的多实例联合的事件抽取 166
  - 7.5.1 技术路线 166
  - 7.5.2 总结与分析 169
- 7.6 实验验证 169
  - 7.6.1 实验设置 169
  - 7.6.2 对比算法 172
  - 7.6.3 实验分析 173
  - 7.6.4 问题与思考 177
- 7.7 本章小结 178
- 参考文献 179

第8章 无监督的事件模板推导 182

- 8.1 引言 182
- 8.2 问题分析 182
- 8.3 融合语言特征的隐变量方法 185
  - 8.3.1 技术路线 185

  8.3.2 总结与分析 ················ 187
 8.4 神经网络扩展的隐变量方法 ················ 187
  8.4.1 技术路线 ················ 188
  8.4.2 总结与分析 ················ 191
 8.5 基于对抗生成网络的隐状态方法 ················ 192
  8.5.1 技术路线 ················ 192
  8.5.2 总结与分析 ················ 194
 8.6 实验验证 ················ 194
  8.6.1 实验设置 ················ 194
  8.6.2 对比算法 ················ 198
  8.6.3 实验分析 ················ 199
  8.6.4 问题与思考 ················ 201
 8.7 本章小结 ················ 203
 参考文献 ················ 203

第9章 信息抽取在知识图谱构建中的应用 ················ 207
 9.1 引言 ················ 207
 9.2 指代消解方法 ················ 208
  9.2.1 基于逻辑规则的指代消解 ················ 208
  9.2.2 基于数据驱动的指代消解 ················ 210
  9.2.3 利用结构化信息的指代消解 ················ 213
  9.2.4 利用深层语义信息的指代消解 ················ 216
  9.2.5 跨文本的指代消解 ················ 218
 9.3 实体链接方法 ················ 221
  9.3.1 实体链接介绍 ················ 221
  9.3.2 实体链接基本架构 ················ 222
 9.4 总结分析 ················ 223
 参考文献 ················ 224

第10章 基于图谱知识的应用 ················ 230
 10.1 引言 ················ 230
 10.2 知识表示方法 ················ 232
  10.2.1 基于距离的知识表示方法 ················ 232
  10.2.2 基于翻译的知识表示方法 ················ 233
  10.2.3 基于双线性的知识表示方法 ················ 235
  10.2.4 基于神经网络的知识表示方法 ················ 236

- 10.3 知识推理 ········· 237
  - 10.3.1 基于语言模式的匹配方法 ········· 238
  - 10.3.2 基于分布式表示的识别方法 ········· 239
- 10.4 知识补全 ········· 240
  - 10.4.1 预备知识 ········· 241
  - 10.4.2 基于时序知识图谱的自动补全模型 ········· 243
- 10.5 基于知识图谱的推荐算法 ········· 245
  - 10.5.1 基于分布式表示的方法 ········· 245
  - 10.5.2 基于路径的方法 ········· 247
  - 10.5.3 基于传播的方法 ········· 248
- 10.6 基于知识图谱的自动问答 ········· 250
  - 10.6.1 常用知识图谱和问答数据集 ········· 250
  - 10.6.2 知识图谱简单关系问答 ········· 251
  - 10.6.3 知识图谱复杂关系问答 ········· 252
  - 10.6.4 知识图谱序列问答 ········· 254
  - 10.6.5 基于信息检索的知识图谱问答 ········· 254
  - 10.6.6 结合非结构化知识的知识图谱问答 ········· 255
  - 10.6.7 多结构或多语言的知识图谱问答 ········· 255
- 10.7 本章小结 ········· 255
- 参考文献 ········· 256

第11章 总结与展望 ········· 262
- 11.1 本书总结 ········· 262
- 11.2 未来研究展望 ········· 263
  - 11.2.1 命名实体识别技术展望与发展趋势 ········· 263
  - 11.2.2 关系抽取技术展望与发展趋势 ········· 264
  - 11.2.3 事件识别与抽取技术展望与发展趋势 ········· 265

第 1 章

绪论

1.1 研究背景及意义

近年来，随着互联网技术的发展和移动互联网的普及，用户产生的数据呈爆发式增长。根据国际互联网数据中心（IDC）做出的估测，全球数据现以每年 30% 的速率增长，人类在近几年产生的数据量相当于之前产生的全部数据量总和。新增的数据多以非结构化文本形式存在（如新闻、微博、文献等），且蕴含众多新增知识，这些新知识跟人力资源、生产资源一样，是重要的战略资源，隐含着巨大的经济价值。非结构化知识均以自然语言的形式体现，由于自然语言具有歧义性、非规范性和个性化表达等特点，同时语言还承载着丰富的知识积累以及在此基础上的思维推理过程，所以计算机难以对其进行直接处理和利用。因此，如何快速、精准地从大量非结构化文本数据中获取有效知识，并将之转化为易存储、可被计算机利用的形式成了亟待解决的问题。

信息抽取作为分析、抽取、管理文本知识的核心技术和重要手段，自诞生以来就得到了学术界与工业界的广泛关注。信息抽取系统可从海量非结构化文本（新闻、微博、文献等）中抽取结构化知识，在各领域有着广泛应用。例如，从新闻报道中抽取重要事件的发生时间、地点、任务等信息；从公告事件中抽取公司上市、合并、停牌等信息；从医生处方中抽取病因、病变位置、使用药物等信息。被抽取出的信息通常以结构化形式（知识三元组）存储，可以直接被计算机处理和利用，并进行查询和推理等。信息抽取是组织、管理和分析海量文本信息的核心技术和重要手段，是大数据时代的使能技术。随着计算机的普及及互联网的迅猛发展，大量的信息以数字化文档的形式被存储在计算机里。这些数据与自然资源、人力资源一样，是重要的战略资源，隐含着巨大的经济价值。如何充分组织、管理和利用互联网发展带来的海量数据，有效解决信息爆发带来的严峻挑战，已经成了信息科学的核心问题。通过将文本所表述的信息结构化和语义化，信息抽取技术给我们提供了分析非结构化文本的有效手段，它可以与医疗、法律、金融、教育等垂直领域深度结合，具有重要的研究价值和广阔的应用场景，主要体现在如下方面。

- **信息抽取技术可用于自动化更新知识库内容，构建大规模知识图谱。** 自 2012 年 Google 公司提出并将大规模知识图谱成功应用于搜索引擎以来，用户对智能服务的需求，已经从单纯的浅层信息搜索，逐渐转变为更为智能化、个性化、领域化的深层知识服务。许多面向特定领域的应用服务也应运而生。如医疗助手、智能司法搜索、银行自动客服等，这些新兴知识服务的成功应用依赖于丰富、全面、精准的领域知识图谱。现有的 WordNet、HowNet 等常识性知识图谱，多数依靠人工编撰。随着数据、知识爆发式增长，构建知识图谱遇到了极大的挑战。人为构建知识图谱不仅耗时、费力，而且存在数据稀疏、覆盖率低和知识更新缓慢等问题。此外，由于特定领域的图谱构建往往需要依赖于领域专家，因此以上问题在特定领域尤为严重。而利用信息抽取技术，我们可以从非结构化文本中抽取实体间的语义关系，并可根据抽取出的结构化知识自动生成、更新知识图谱。目前依靠信息抽取技术自动化构建的半结构化、结构化知识库有 DBpedia、Freebase 和 Yago 等。

- **信息抽取技术是语义深度理解和知识推理的关键技术之一，为复杂语义表示建模提供知识和推理支持。** 近年来，以深度学习为代表的、由数据驱动的自然语言处理方法取得了巨大的进展，然而由数据驱动的方法仍然是对训练数据进行拟合，缺乏对数据的理解能力。仅靠数据驱动难以实现具有语义理解与推理能力的自然语言处理系统，要实现真正的语义理解，还需要知识的引导。知识驱动的语义理解方法通过引入外部知识和对文本中包含的知识进行深层次建模，能够增强对文本内容的深度理解，弥补传统数据驱动方法中语义信息的缺失，增加理解深度。信息抽取可以在复杂语义表示建模过程中，捕获实体及句、篇章中实体间的语义联系，使各个孤立的实体联结起来，充分融合各种语义信息，增加语义理解深度，辅助自然语言处理相关任务。例如，在信息检索领域，我们不仅可以通过关系抽取技术构建知识图谱，进行深层的关联搜索和推理，还可以利用关系抽取分析复杂查询句来了解用户意图。

近年来，针对上述信息抽取的研究与应用成了自然语言处理、人工智能的热门研究领域。如何利用小规模标注语料学习有效的、泛化能力强的语义模式，快速、精准地构建健壮、易扩展的信息抽取系统，一直是该领域的研究重点。

1.2 基本定义及问题描述

1.2.1 概念

信息抽取系统处理各种非结构化或半结构化的文本输入（如新闻网页、商品页面、微博、论坛页面等），使用规则方法、机器学习、深度学习等多种知识挖掘技术，提取各种指定的结构化信息（如实体、关系、商品记录、列表、属性等），并将这些信息在不同的层面进行集成（知识去重、知识链接、知识系统构建等），最终形成结构化数据，便于计算机存储、管理和利用。根据提取的信息类别，目前信息抽取的核心研究内容可以划分为命名实体识别（Named Entity Recognition，NER）、关系抽取（Relation Extraction，RE）、事件抽取，以下分别介绍具体的研究内容。

1.2.2 命名实体识别

实体是文本中承载信息的重要语言单位，一段文本的语义可以表述为其包含的实体及这些实体相互之间的关联和交互。实体识别也就成了文本语义理解的基础。例如，"26日下午，一架叙利亚空军L-39教练机在哈马省被HTS使用的肩携式防空导弹击落"中的信息可以通过其包含的时间实体"26日下午"、机构实体"叙利亚空军"和"HTS"、地点实体"哈马省"及武器实体"L-39教练机"和"肩携式防空导弹"有效描述。实体也是知识图谱的核心单元，一个知识图谱通常是一个以实体为节点的巨大知识网络，包括实体、实体属性及实体之间的关系。例如，一个医学领域的知识图谱的核心单元是医学领域的实体，如疾病、症状、药物、医院、医生等。命名实体识别是指识别文本中的命名性实体，并将其划分到指定类别。常用的实体类别包括人名、地名、机构名、日期等，例如，"2016年6月20日，骑士队在奥克兰击败勇士队获得NBA冠军"这句中的地名（奥克兰）、时间（2016年6月20日）、球队（骑士队、勇士队）和机构（NBA）。命名实体识别系统通常包含两个部分：实体边界识别和实体分类，其中实体边界识别判断一个字符串是否组成一个完整实体，而实体分类将识别出的实体划分到预先给定的不同类别中去。命名实体识别是一项极具实用价值的技术，目前中英文中通用的命名实体识别（人名、地名、机构名）的F1值都能达到90%以上。命名实体识别的主要难点在于表达不规律，且缺乏训练语料的开放域命名实体类别（如电影、歌曲名）。

1.2.3 关系抽取

关系抽取指的是检测和识别文本中实体之间的语义关系，并将表示同一语义关系的指称（Mention）链接起来。图 1-1 所示为关系抽取的一个示例。输出通常是一个三元组（实体 1，关系类别，实体 2），表示实体 1 和实体 2 之间存在特定类别的语义关系。例如，句子"北京是中国的首都、政治中心和文化中心"表述的关系可以表示为（中国，首都，北京）、（中国，政治中心，北京）和（中国，文化中心，北京）。语义关系类别可以预先给定（如 ACE 评测中的七大类关系），也可以按需自动发现（开放域信息抽取）。关系抽取通常包含两个核心模块：关系检测和关系分类，其中关系检测判断两个实体之间是否存在语义关系，而关系分类将存在语义关系的实体对划分到预先指定的类别中。在某些场景和任务下，关系抽取系统也可能包含关系发现模块，其主要目的是发现实体和实体之间存在的语义关系类别。例如，发现人物和公司之间存在雇员、CEO、CTO、创始人、董事长等关系类别。

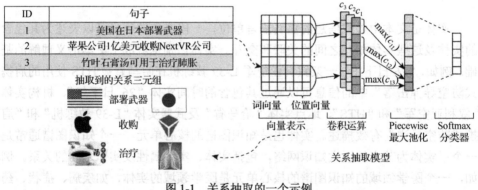

图 1-1 关系抽取的一个示例

1.2.4 事件抽取

事件（Event）的概念起源于认知科学，广泛应用于哲学、语言学、计算机等领域。遗憾的是，目前学术界对此尚没有公认的定义，针对不同领域的不同应用，不同学者对事件有不同的描述。在计算机科学的范畴内，最常用的事件定义有如下两种。

- 第一种源自信息抽取领域。最具国际影响力的自动内容抽取（Automatic Content Extraction，ACE）评测会议对其定义为：事件是发生在某个特定时间点或时间段、某个特定地域范围内，由一个或者多个角色参与的一个或者多个动作组成的事情或者状态的改变。
- 第二种源自信息检索领域。事件被认为是细化的、用于检索的主题。美国国防高级计划研究委员会主办的话题检测与追踪（Topic Detection and Tracking，TDT）评测指出：事件是由某些原因、条件引起，发生在特定时间、地点，涉及某些对象，并可能伴随某些必然结果的事情。

虽然两种定义的应用场景和侧重点略有差异，但均认为事件是促使事物状态和关系改变的条件。目前已存在的知识资源（如维基百科等）所描述的实体及实体间的关联关系大多是静态的，事件能描述粒度更大的、动态的、结构化的知识，是现有知识资源的重要补充。此外，很多认知科学家认为人类是以事件为单位来体验和认识世界的，事件符合人类正常的认知规律，如维特根斯坦在《逻辑哲学论》中论述到"世界是所有事实，而非事物的总和"。因此，事件知识学习，即将非结构化文本中自然语言所表达的事件以结构化的形式呈现，对于知识表示、理解、计算和应用均意义重大。接下来，本书将沿着上述两种定义对事件知识学习的任务、挑战、研究现状和趋势进行梳理和展望。

为了方便叙述，本书称针对第一种定义的相关研究为事件识别和抽取，针对第二种定义的相关研究为事件检测与追踪。图 1-2 所示为一个事件抽取的示例。事件识别和抽取研究如何从描述事件信息的文本中识别并抽取出事件信息并以结构化的形式呈现出来，包括其发生的时间、地点、参与角色以及与之相关的动作或者状态的改变，核心的概念如下。

- 事件描述（Event Mention）：客观发生的具体事件的自然语言描述，通常是一个句子或者句群。同一事件可以有很多种不同的事件描述，可能分布在同一文档的不同位置或不同的文档中。
- 事件触发词（Event Trigger）：事件描述中最能代表事件发生的词，是决定事件类别的重要特征，在 ACE 评测中事件触发词一般是动词或名词。
- 事件元素（Event Argument）：事件的参与者，是组成事件的核心部分，与事件触发词构成了事件的整个框架。事件元素主要由实体、时间和属性值等表达完整语义的细粒度单位组成。
- 元素角色（Argument Role）：事件元素与事件之间的语义关系，也就是事件元素在相应的事件中扮演什么角色。
- 事件类型（Event Type）：事件元素和事件触发词决定了事件的类别。很多评测和任务均制定了事件类别和相应模板，方便元素识别及角色判定。

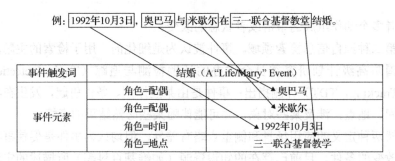

图 1-2 一个事件抽取的示例

事件检测与追踪旨在将文本新闻流按照其报道的事件进行组织,为传统媒体多种来源的新闻监控提供核心技术,以便让用户了解新闻及其发展。具体而言,事件检测与追踪包括三个主要任务:分割、发现和跟踪;将新闻文本分割为事件,发现新的(不可预见的)事件,并跟踪以前报道的事件的发展。事件发现任务又可细分为历史事件发现和在线事件发现两种形式,前者的目标是从按时间排序的新闻文档中发现以前没有识别的事件,后者的目标则是从实时新闻流中实时发现新的事件。

1.2.5 资源受限

当前,以大规模标注数据驱动为主的信息抽取方法取得了长足的发展。该类方法通过神经网络编码器学习词、句中的语义信息,得益于神经网络强大的表示学习能力,训练得到的信息抽取模型能有效地拟合训练数据、学习各信息类别所对应的复杂语义模式,并取得了较为理想的预测结果,标注资源丰富的领域的抽取技术已经达到了实用水平。例如,在新闻领域数据集 ACE 2005 上的英文关系识别 F1 值已达 0.77 以上,在通用领域 SemEval 2008 数据集上的关系识别 F1 值目前则已达 0.90 左右。

尽管信息抽取系统性能优异,但由于基于数据驱动的关系抽取方法缺乏对数据的理解能力,导致该类方法的领域泛化能力、系统可扩展性较差。例如,由于不同体裁的文本的语义特征分布不同,将使用新闻语料训练得到的模型应用于微博体裁的测试语料,信息抽取系统性能会大幅下降。另外,由于信息类别定义数量有限,所以现有方法无法抽取定义类别之外的语义知识。当需要识别新的信息类别时,需要相应地标注大量训练样例,在极端情况下甚至需要重新标注整个数据集,会花费大量人力成本。这些传统基于数据驱动方法的缺陷在资源受限领域中遗留并被放大。资源受限领域往往是医学、金融、法律等垂直领域,跟通用领域相比，这些垂直领域对标注数据的要求会更高，需雇佣大量领域专家，标注起来会更困难。

利用少量训练实例理解实体间关系并将关系应用到其他领域或拓展到其他类别对于机器来说很困难，但人类却能轻而易举地理解知识并学以致用，将知识拓展到其他领域。例如，人类在学会骑自行车之后，会很容易地学会骑摩托车——这是因为人类拥有许多从其他领域学到的知识，并能够利用这些知识迁移到新的领域。语言的理解建立在人类认知的基础上，如果想赋予机器语言认知能力，那么就需要赋予机器积累、迁移知识的能力。知识迁移是指存储从已有问题中学习到的知识，并将其应用在其他不同但相关问题上，它是人类学习的一种方法，反映了人类认知的本质。自古时起，人类就注意到了知识迁移对认知学习的重要性。春秋时期，孔子提出了"举一隅不以三隅反，则不复也"的说法；宋代朱熹提出了"举一而三反；闻一而知十"的思想。这些思想都认为人类需汇集各方面知识，掌握不同领域的共通性，进而可以快速将在一个领域内获得的知识理解迁移到其他领域中。

人类通过知识积累、迁移认知世界，知识迁移能力是人类认知世界的基础。毫无疑问，知识迁移能够促进人类学习的认知过程。同样，知识迁移也可以用于培育机器智能，赋予机器知识迁移能力，这是通向人工智能的征程中需迈出的至关重要的一步。因此，面向快速构建资源受限领域信息抽取的研究及应用需求，为了解决传统基于数据驱动方法在关系抽取上面临的挑战，需要设计知识迁移框架，积累从资源丰富领域学习到的共通性的知识，并迁移运用到资源受限领域，缓解模型对标注数据的依赖，进而实现低资源情况下对实体间语义信息的精准、高效表示建模。

1.2.6　信息抽取应用

信息抽取是构建知识图谱的核心技术之一，其广泛应用于智慧金融、智慧医疗、智能制造、智慧教育等领域。本节以信息抽取在金融领域的应用为例，进行简单的介绍。

1）智慧金融

信息抽取在智慧金融中的应用可分为金融监管、金融机构应用。金融监管是指国家金融监管机构对金融市场及相关机构与个人的监督管理；金融机构应用是指金融参与者利用知识图谱技术实现的风险预测、智能营销等应用。金融服务是指金融机构面向企业或公众提供的智能化金融服务。

2）金融监管

信息抽取在金融监管领域的应用包括资本市场监管、新型金融智能监管、债券市场风险监管、个人信用反欺诈、反洗钱。基于信息抽取的资本市场监管从企业关系分析出发，探索企业及其关联方在资本市场的行为表现，结合舆情事件的传递效应，构筑资本市场中的知识图谱，全方面识别企业行为风险，实现资本市场的风险监管与预警。基于信息抽取的新型金融智能监管系统紧扣新金融行业特点，运用信息抽取技术构建新型金融企业的实体风险画像，通过对全国所有企业信息的大数据挖掘分析，识别出新金融业态的企业，根据新金融业态企业的行业分类、风险特征、数据维度构建分行业的不同风险类型的特征风险模型，并按照风险指数等级进行分级管理。基于信息抽取的债券市场风险监管通过构建包括债券发行人的产业链上下游关系、投融资关系、债券发行人的信用状况、债券发行人日常经营状况、投融资关系等信息在内的知识图谱，提前判断企业经营效益，推理挖掘隐含的关联方资金占用倾向、洗钱骗税倾向等问题，对可能的违规行为进行提前预警，从而实现对信用评级的及时调整。基于信息抽取的个人信用反欺诈，通过构建已知的主要欺诈要素（包括手机号码、账号和密码、地理位置等）的关系图谱，全方位了解借款人风险数据的统计分析，基于信息抽取挖掘疑似欺诈用户，并对疑似欺诈用户进行规则判定、图谱验证、欺诈判定等，对潜在的欺诈行为做出及时而迅速的反应。基于信息抽取的反洗钱系统充分运用大数据技术中的分析和图挖掘技术，基于客户标签、画像开展客户立体化识别，并结合互联网大数据、第三方场景的数据等进行图层构建，对企业的关联网络特征进行图编码，并基于图层数据搭建目标企业关联概率网络，对图层进行叠加得到知识图谱，对企业关联结构进行深度解析，实现对隐性风险结构及关联主体的深度挖掘，以全息式多维度实时监控企业洗钱风险。

3）金融机构应用

信息抽取在金融机构应用领域的应用包括风险预测、智能投顾与智能投研、智能营销、智能搜索和可视化。风险预测基于多维度的数据建立客户、企业和行业间的知识图谱，从行业关联的角度预测行业或企业在未来可能面临的风险。风险预测包括两部分内容，其一是对潜在风险行业进行预测，其二是对潜在风险客户进行预测。在潜在风险行业预测方面，基于多维度数据对行业进行细分，依托行业信息、贷款信息等数据建立起的行业之间的知识图谱，可以发现不同行业间的关联程度。智能投顾是指根据投资者不同的理财需求，通过算法和产品搭建数据模型，实现传统上由人工提供的理财顾问服务。智能投顾可分为机器导向、人机结合及以人为主三种模式，且人机结合将是投顾未来的发展趋势。智能投研是指利用大数据和机器学习，对数据、信息、决策进行智能整合，并实现数据之间的智能化关联，从而提高投资者的工作效率和投资能力。智能投顾是近年来证券公司应用大数据技术匹配客户多样化需求的新尝试之一，目前已经成为财富管理新蓝海。信息抽取能够整合更丰富、更全面的用户信息，根据精准营销的不同角度设定不同类别的场景标签，通过知识图谱技术提供的分类标准，进行客户的标签化分类工作，建立合理的客户类型初分体系；同时结合黑白名单技术，对客户进行判断，对客户质量进行筛选与把控，并最终实现互联网金融产品推荐、客户准入、客户跟踪管理等高级营销策略。

1.3 基本研究方法与代表性系统

自 20 世纪 80 年代被提出以来，信息抽取一直是自然语言处理的研究热点。现有的信息抽取方法可以从不同维度进行划分。例如，根据模型的不同，信息抽取方法可以分为基于规则的方法、基于统计模型的方法、基于深度学习的方法和基于文本挖掘的方法；根据对监督知识的依赖，信息抽取方法可以划分为无监督方法、弱监督方法、知识监督方法和有监督方法；根据抽取对象的不同，信息抽取方法可以划分为实体识别方法、关系抽取方法、事件抽取方法等。以下按照模型的维度介绍目前的技术方法和研究现状。

1.3.1 基于规则的方法

许多现实生活中的信息抽取任务可以通过一系列抽取规则来进行处理。一个基于规则的抽取系统通常包括一个规则集合和规则执行引擎（负责规则的应用、冲突消解、优先级排序和结果归并）。规则系统对于抽取可控且表达规范的信息非常有效，如文本中的时间、电话号码、邮件地址，以及机器生成页面的结构化信息（如商品页面中的商品记录）。在早期，大部分信息抽取系统（如 MUC 评测中的信息抽取系统）都采用基于规则的方法。信息抽取系统的规则可以有多种不同的表现形式，如正则表达式、词汇-语法规则、面向 HTML 页面抽取的 Dom Tree 规则等。抽取规则可以通过人工编写得到或者使用学习方法自动学习得到。为了方便规则的编写，目前已有许多抽取规则开发平台被开放出来，如由 Apache 基金会推出的 UIMA Ruta 系统。与此同时，规则的自动学习也一直是研究界的关注所在，已经有许多自动规则学习方法被提出。抽取一类特定信息，通常需要一系列相关的抽取规则。在实际情况中，通常会存在规则相互冲突或规则不一致的情况。因此，抽取规则的管理、冲突消解和优先级排序也是基于规则的信息抽取研究内容。基于规则的方法在扩展性、表达性、组合性和调试性上都具有良好的表现，目前基于规则的方法仍然被广泛使用。如何构建更高效的规则执行引擎、更方便的规则开发平台、更具表达能力的规则表示语言是当前规则抽取系统的研究重点。同时，如何学习更精准的抽取规则、如何消除抽取规则的歧义、如何自动评估规则的效果也一直是基于规则的信息抽取系统的研究难点所在（如Bootstrapping系统通常会遇到的语义漂移问题）。

1.3.2　基于统计模型的方法

自20世纪90年代以来，基于统计模型的方法一直是信息抽取的主流方法，有非常多的统计方法被用来抽取文本中的目标信息，如最大熵分类模型、基于树核的SVM分类模型、隐马尔可夫模型、条件随机场模型等。基于统计模型的方法通常将信息抽取任务形式化为从文本输入到特定目标结构的预测，使用统计模型来建模输入与输出之间的关联，并使用机器学习方法来学习模型的参数。例如，条件随机场（Condition Random Field，CRF）模型是实体识别的代表性统计模型，它将实体识别问题转化为序列标注问题；基于树核的关系抽取系统则将关系抽取任务形式化为结构化表示的分类问题。

1.3.3　基于深度学习的方法

近年来，随着深度学习的引入，已有许多深度学习模型被用来进行信息抽取，如卷积神经网络、时序神经网络和递归神经网络。相比传统的统计信息抽取模型，这些深度学习模型无须人工定义的特征模板，能够自动地学习出信息抽取的有效特征；同时神经网络的深度结构使得深度学习模型具有更好的表达能力。因此，在标注语料充分的情况下，深度学习模型往往能够取得比传统方法更好的性能。深度学习模型往往需要大量的标注语料来学习，这导致构建开放域或互联网环境下的信息抽取系统时往往会遇到标注语料瓶颈。为解决上述问题，近年来已经开始研究高效的弱监督或无监督策略，如半监督算法、远距离监督算法、基于海量数据冗余性的自学习方法等。

1.3.4　基于文本挖掘的方法

除非结构化文本之外，互联网中还存在大量的半结构的高质量数据源，如维基百科、网页中的表格、列表、搜索引擎的查询日志等。这些结构往往蕴含丰富的语义信息。因此，半结构互联网数据源上的语义知识获取（Knowledge Acquisition），如大规模知识共享社区（如百度百科、互动百科、维基百科）上的语义知识抽取，往往采用基于文本挖掘的方法。代表性的文本挖掘抽取系统包括 DBPedia、Yago、BabelNet、NELL 和 Kylin 等。基于文本挖掘的方法的核心是构建从特定结构（如列表、Infobox）到目标语义知识（实体、关系、事件）的映射规则。由于映射规则本身可能带有不确定性和歧义性，同时目标结构可能会有一定的噪声，所以基于文本挖掘的方法往往基于特定算法来对语义知识进行评分和过滤。

基于文本挖掘的方法只从容易获取且具有明确结构的语料中抽取知识，因此抽取出来的知识质量往往较高。然而，仅仅依靠结构化数据挖掘无法覆盖人类的大部分语义知识：首先，绝大部分结构化数据源中的知识都是流行度高的知识，对长尾知识的覆盖不足；其次，现有结构化数据源只能覆盖有限类别的语义知识，相比人类的知识仍远远不够。因此，如何结合基于文本挖掘的方法（面向半结构化数据，抽取出的知识质量高但覆盖度低）和文本抽取方法（面向非结构化数据，抽取出的知识相比基于文本挖掘的方法质量低但覆盖度高）的优点，融合来自不同数据源的知识，并将其与现有大规模知识库集成，是基于文本挖掘的方法的研究方向之一。

1.4 本书章节组织架构

本书按照"明确研究问题→阐述基础支撑→分析理论模型→建模复杂结构→探索应用→总结研究成果"的结构组织内容。全书总共 11 章。其中，第 1 章绪论部分介绍了本书的研究背景及意义，并对本书拟解决的研究问题进行了详细描述和形式化定义。第 2 章和第 3 章分别介绍本书主要用到的自然语言处理相关基础理论知识及信息抽取相关评测和标注资源。第 4~6 章围绕实体间关系，从联合实体识别的关系抽取、弱监督的关系抽取、基于知识迁移的关系抽取三个角度，分析相关典型理论模型并概述现有研究的不足。第 7 章和第 8 章围绕更为复杂的事件结构，从多实例联合的事件抽取和无监督的事件模板推导两个方面，分析文本中事件和模板的建模方式及经典理论模型并概述现有研究的缺陷。综合第 4~8 章，第 9 章和第 10 章分别从图谱构建和图谱知识两个方面探索信息抽取在知识图谱中的应用。第 11 章对全书进行总结，并展望未来的研究趋势。本书组织结构及章节之间的关联关系如图 1-3 所示。

自然语言处理技术：文本信息抽取及应用研究

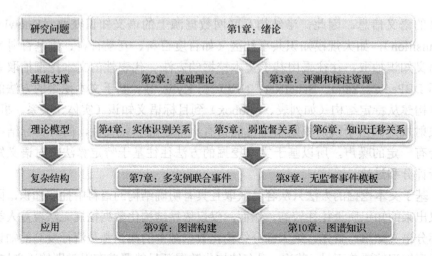

图 1-3　本书组织结构及章节之间的关联关系

第 2 章
基础理论

2.1 词汇语义表示

在语义表示学习领域，词汇表示（Word Representation）即词向量（Word Embedding），是主要的研究内容，也是其他粒度文本（如句子、段落、文档等）表示的基础。分布表示学习旨在从大规模的无标注语料中，学习词表 V 中每个词 w 的向量化表示 $v \in \mathbb{R}^d$，其中 d 是向量的维度并且 $d \ll |V|$。分布表示学习的理论基础是分布假说[1]，即具有相似上下文的词汇具有相似的语义。通常，分布表示学习利用无标注语料中的词汇上下文信息学习语义的向量化表示。学习方法主要分为两类：一类是基于矩阵分解的方法，即将语料建模为蕴含语义特征的共现矩阵，并借助数学方法（如矩阵分解）进行特征学习；另一类是基于预测任务的方法，即基于语言模型中的预测任务通过给定上下文信息预测词汇的任务学习语义特征。本节对这两类方法进行了介绍。

2.1.1 基于矩阵分解的方法

基于矩阵分解的方法将语料中的文档、句子、模式等不同粒度的统计信息构建成不同的矩阵，如词-文档共现矩阵、词-词共现矩阵等。

词-文档共现矩阵将词所在的文档作为上下文统计词与文档之间相关性的信息，矩阵中的每行对应一个词，每列对应一个文档，矩阵中的每个元素是统计的语料中词和文档的共现信息。这种分布表示方法基于词袋（Bag-of-Words）假说[2]，即文档中词出现的频率反映文档与词之间的相关程度，利用基于矩阵分解的方法将词和文档映射到同一个低维语义空间，获得词的向量化表示。代表性的方法是潜在语义分析[3]（Latent Semantic Analysis，LSA）。

词-词共现矩阵将目标词附近的几个词作为上下文，统计目标词与上下文中的各个词的相关性。通常，词-词共现矩阵中的每行对应一个目标词，每列对应上下文中的词，词-词共现矩阵中的元素代表语料中两个词的关联信息，由一个词可以联想到另外一个词则说明这两个词是语义相关的,反之是语义无关的。早期的代表性方法是 Brown Clustering 方法[4],利用层级聚类方法构建词与上下文之间的关系,根据两个词的公共类别判断这两个词的语义相近程度。2014 年,Pennington 等人提出了 GloVe 方法[5],是目前最具代表性的基于词-词共现矩阵的词汇语义表示方法。

GloVe 方法[5]将语料中的上下文信息构建为一个共现矩阵 $X \in \mathbb{R}^{|V| \times |V|}$,其中 $|V|$ 是词典的大小。矩阵中的元素 $X_{i,j}$ 表示词 w_j 作为词 w_i 上下文的出现次数。在具体实施过程中,GloVe 方法根据两个单词在上下文窗口的距离 d 提出了一个衰减函数 $f=1/d$,降低远距离词汇共现的权重。GloVe 方法使用比率(Ratio)而非共现概率(Probability)来表示词之间的关系。表 2-1 所示为 GloVe 方法的语料中词汇共现信息统计对比。给定两个词 w_i=ice 和 w_j=steam,它们与另外一个词 w_k 之间的比率分别记为 $p(w_k|w_i)=p_{ik}$ 和 $p(w_k|w_j)=p_{jk}$。

表 2-1 GloVe 方法的语料中词汇共现信息统计对比

比率和概率	w_k = solid	w_k = gas	w_k = water	w_k = fashion
$p(w_k|\text{ice})$	1.9×10^{-4}	6.6×10^{-5}	3.0×10^{-3}	1.7×10^{-5}
$p(w_k|\text{steam})$	2.2×10^{-4}	7.8×10^{-4}	2.2×10^{-3}	1.8×10^{-5}
$\dfrac{p(w_k|\text{ice})}{p(w_k|\text{steam})}$	0.86	8.5×10^{-2}	1.36	0.94

GloVe 方法采用了 AdaGrad 的梯度下降算法进行学习。最终为每个词学习得到两个向量 w 和 $\tilde{w}$,分别表示其作为目标词或者上下文的向量表示,记作目标向量和上下文向量。为了提高鲁棒性,GloVe 模型将最终的词向量设置为词汇的目标向量和上下文向量的和。

GloVe 方法为了尽可能保存词之间的共现信息,将词-词共现矩阵中的元素设置为统计语料中两个词共现次数的对数(即矩阵中第 i 行、第 j 列的值为词 w_i 与词 w_j 在语料中的共现次数的 log 值),用以更好地区分语义相关与语义无关。在矩阵分解步骤中 GloVe 模型使用隐因子模型(Latent Factor Model)的方法,在计算重构误差时只考虑共现次数非零的矩阵元素。GloVe 方法融合了全局矩阵和局部窗口,提出了对数双线性(Logarithm Bilinear)回归模型,利用隐因子分解的方法对矩阵进行处理。优势为在生成词-词共现矩阵的过程中,既考虑了语料全局信息又考虑了局部的上下文信息,并且可以合理地区分词的语义相关程度。GloVe 方法的训练结果在词相似度、词间关系推理、命名实体识别等任务中效果突出,也是目前较常用的词向量库。

2.1.2 基于预测任务的方法

基于预测任务的方法通常利用滑动窗口对语料进行建模,以训练语言模型为学习目标在优化模型的过程中学习词汇的语义表示。这类方法具有两个特点:①利用上下文窗口信息,是一种利用局部信息的语义特征学习方法;②神经网络结构对模型的发展具有决定性的作用,词向量通常作为神经网络的副产品被训练获得。本节对典型的基于预测任务的方法进行介绍。

2013 年,Mikolov 等人提出的 Word2Vec 方法[6,7]引起了学术界和工业界的高度重视,是分布语义表示发展过程中里程碑式的研究。Word2Vec 模型示意图如图 2-1 所示,该方法包含 CBOW 模型和 Skip-gram 模型,两个模型在语料建模过程中都选取固定长度为 n 的词序列作为窗口,窗口中心词设定为目标词,其余词为目标词的上下文。CBOW 模型的预测任务是使用上下文预测目标词,而 Skip-gram 模型的预测任务是使用目标词预测上下文。Word2Vec 方法利用固定长度的窗口信息最大化文本生成概率,相对于 NNLM 方法[8],在窗口信息处理、神经网络结构、方法优化等方面做了众多改进。

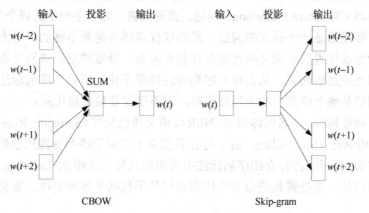

图 2-1　Word2Vec 模型示意图

(1) 移除窗口内的词序信息。 Word2Vec 方法利用固定长度为 n 的窗口作为模型输入信息,但是与 NNLM 方法将前 $n-1$ 个词拼接的方法不同,Word2Vec 方法选取窗口的中心词为目标词,对其余 $n-1$ 个词求平均值。因此,Word2Vec 方法不再保存词的顺序信息。CBOW 模型使用上下文预测目标词,映射层信息是输入层的向量平均值;Skip-gram 模型利用目标词预测上下文,映射层信息是目标词的向量。

(2) 单层神经网络结构。 Word2Vec 方法移除了 NNLM 方法中计算最复杂的非线性层,仅使用单层神经网络训练语言模型。这种神经网络结构可以大幅度降低模型运行的复杂度，实现了利用大规模语料高速地训练词向量。

（3）方法优化。为降低预测下一个词出现概率过程的计算复杂度，Word2Vec方法提出了基于哈夫曼树的层次方法和负采样方法两种优化方法。

2.2 序列标注

在机器学习领域中，序列标注（Sequence Labeling）是一种模式识别任务。这个任务的主要内容是为一个可观测的序列 T 生成一个等长的序列 L。通常称输入的序列 T 为观测序列（Observed Sequence），输出的序列 L 为标签序列（Label Sequence），且序列 T 中的符号与序列 L 中的标签一一对应。

自然语言处理研究中的词性（Part of Speech，POS）标注就是序列标注的一个典型任务。在这个任务中，需要给出现在句子中的每一个单词标注一个词性标签，表示单词具有何种词性。

序列标注问题可以看成一系列独立的词级别分类问题的结构性组合，属于一种结构预测（Structure Prediction）问题。直观来讲，对于序列中的每个单词来说，对它们打标签都是一个独立的问题。然而仅仅这样考虑是不够的，考虑到邻近的单词或者更远位置的单词之间可能存在相互关系，导致独立级别分类结果缺少单词间相互关系的约束，从而使得序列标注结果不佳。所以在序列标注问题中，需要得到的是整个序列中的全局最优解，而不仅仅是局部最优解。

除了词性标注，命名实体识别（NER）、语义角色标注（Semantic Role Labeling，SRL）和槽填充（Slot Filling，SF）等任务实质上都属于序列标注的范畴。下面以命名实体识别任务为例，介绍序列标注中常用的几种标注模式（Labeling Schema）。需要注意的是，此处提到的命名实体识别任务不包括非连续实体、重叠实体等复杂情况。

IO 模式（IO Schema）、BIO 模式[9]（BIO Schema）和 BILOU 模式[10]（BILOU Schema）是目前最流行的三种标注模式。本节假设实体的类别用 TYPE 来表示。

在 IO 模式中，仅有两种标签：I-TYPE 和 O，有时 I-TYPE 也省略地记为 TYPE。其中 TYPE 代表单词属于 TYPE 类型的实体；而 O 代表单词不属于任何实体，即在实体的外部（Outside）。

在 BIO 模式（也称为 IOB2 方案）中，有三种标签：B-TYPE、I-TYPE 和 O。其中 B-TYPE 代表实体的开始（Beginning），被标在实体的起始单词上；I-TYPE 代表实体的内部（Inside），被标在实体除起始符号串之外的所有单词上；O 代表实体的外部，会被标在不属于实体的单词上。

在 BILOU 模式（也称为 IOBES 方案）中，包含五种标签：B-TYPE、I-TYPE、L-TYPE、U-TYPE 和 O。其中 B-TYPE 代表实体的开始，被标在实体的起始单词上；L-TYPE 代表实体的尾部（Last），被标在实体的尾部单词上；I-TYPE 代表实体的内部，被标在实体除起始单词和尾部单词之外的所有单词上；U-TYPE 代表单个单词的实体（Unary），被标在单个单词实体上；O 代表实体的外部，会被标在不属于实体的单词上。

表 2-2 展示了在句子"Bill works for Bank of America and takes the Boston Philadelphia train"中进行序列标注时，采用上述三种标注模式产生的结果对比。该句子中存在一个人员（PER）类型的实体"Bill"、一个机构（ORG）类型的实体"Bank of America"，以及两个地理位置（LOC）类型的实体"Boston"和"Philadelphia"。

表 2-2 序列标注中各标注模式间的实例对比

标 注 模 式	Bill	works	for	Bank	of	America
IO	I-PER	O	O	I-ORG	I-ORG	I-ORG
BIO	B-PER	O	O	B-ORG	I-ORG	I-ORG
BILOU	U-PER	O	O	B-ORG	I-ORG	L-ORG
标 注 模 式	and	takes	the	Boston	Philadelphia	train
IO	O	O	O	I-LOC	I-LOC	O
BIO	O	O	O	B-LOC	B-LOC	O
BILOU	O	O	O	U-LOC	U-LOC	O

从表 2-2 中可以看出，对于实体"Boston"和"Philadelphia"的标注结果，IO 模式不能区分连续的"I-LOC I-LOC"标签子串是包含一个实体还是多个实体。相对的，BIO 模式在这种情况下能识别相邻实体边界的优势就发挥出来了。与 BIO 模式相比，BILOU 模式的优势在于扩展了标签的数量：一方面额外对实体尾进行了标注，使得对实体范围的控制更加精准；另一方面通过引入 U-TYPE 标签建模单个单词的实体，将 B-TYPE 与 U-TYPE 的标签含义划分，进一步控制实体的单词范围。这使得 BILOU 模式在大数据集比 BIO 模式具有更大的潜力。

2.3 条件随机场

条件随机场[11]（CRF）是解决序列标注任务的主要模型和方法，由 Lafferty 等人[11]于 2001 年提出。CRF 是一种条件概率分布模型[12]，由两组随机变量组成，也就是可以用一个无向图来表示各个随机变量之间的联合概率分布。本节接下来首先会给出 CRF 的定义，接着着重介绍线性链条件随机场，最后介绍 CRF 的概率计算方式、学习算法和预测算法。

设 X 与 Y 是两个随机变量组，假如随机变量组 Y 构成一个满足式（2-1）对任意节点成立的有向图 $G=(V,E)$，那么可以说给定 X 时 Y 的条件概率分布构成条件随机场。以上就是一般条件随机场的定义。

$$P(V|X,除V以外的点) = P(V|X,与V相连的点) \quad (2\text{-}1)$$

虽然在规定中不强求 X 和 Y 具有相同的图结构，但是在实现中的一般情况下，X 与 Y 的图结构是相同的。本节接下来假设 X 和 Y 的图结构都是线性链的情况，引出对线性链条件随机场（Linear Chain Condition Random Field，LCCRF）的介绍。

2.3.1 线性链条件随机场

图 2-2 所示为线性链条件随机场结构示意图，其中 Y 节点的图结构为一个线性链，X 节点的图结构省略了没有画出来，X 与 Y 的图结构不一定相等。图 2-3 所示为随机变量组 X 和 Y 具有相同图结构的线性链条件随机场，其中随机变量组 X 和 Y 的图结构都是线性链。在标注问题中，一般把输入的观测序列看成随机变量组 X，把输出的标签序列看成随机变量组 Y，这样就把 CRF 和标注问题联系起来了。

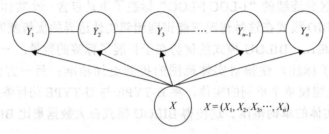

图 2-2　线性链条件随机场结构示意图

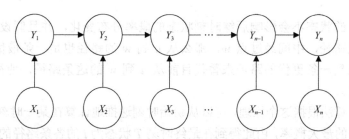

图 2-3　随机变量组 X 和 Y 具有相同图结构的线性链条件随机场

根据 Hammersley-Clifford 定理，概率无向图模型的联合概率分布 $P(Y)$ 可以表示为因式分解的形式。在线性链条件随机场中，各因子就是相邻节点的函数，假如随机变量 X 取值为 x，那么随机变量 Y 取值为 y 的概率可以表示为式（2-2）和式（2-3）。

$$P(y|x) = \frac{1}{Z(x)} \exp\left\{ \sum_{i,k} \lambda_k t_k(y_{i-1}, y_i, x, i) + \sum_{i,l} \mu_l s_l(y_i, x, i) \right\} \quad (2\text{-}2)$$

式中，$Z(x)$ 为规范化因子，即在所有可能输出序列上求和。

$$Z(x) = \sum_y \exp\left\{ \sum_{i,k} \lambda_k t_k(y_{i-1}, y_i, x, i) + \sum_{i,l} \mu_l s_l(y_i, x, i) \right\} \quad (2\text{-}3)$$

CRF 的概率计算使用的是类似隐马尔可夫模型（Hidden Markov Model，HMM）中的前向和后向算法。CRF 的学习算法有梯度下降法、拟牛顿的 BFGS 算法及改进的迭代尺度法 IIS 三种，这三种算法都属于极大似然估计和正则化的极大似然估计。CRF 的预测也叫解码过程，常用 Viterbi 算法实现。

2.3.2　Viterbi 算法

Viterbi 算法[13]由 Andrew J. Viterbi 提出，他为通信领域做出了巨大的贡献，比如，今天基于 CDMA 的 3G 移动通信标注主要就是他和 Irwin Mark Jacobs 创办的高通（Qualcomm）公司制定的。Viterbi 算法是一个基于动态规划（Dynamic Programming，DP）的算法，它的应用非常广泛。起初，Viterbi 算法是针对格图（Lattice Graph）这种特殊图的最短路径提出来的，随后，这个算法被发现凡是能用 HMM 描述的问题都可以用它来解码，包括数字通信、语音识别、机器翻译、拼音转汉字、分词等应用场合。

根据动态规划的理论，可以使用动态规划来求解的问题必须具有以下两个特征：无后效性和最优子结构。求解最优路径的问题满足这样的特性：在某一时刻所处于的状态不会影响后继时刻状态的概率分布变化,并且假设从 u 到 v 是一条最优路径,中间经过点 w,那么从 u 到 w 的路径也是一条最优路径,否则一定能找到一条更优的路径来替代目前从 u 到 w 的这条路径,使得从 u 到 v 的路径更优。

Viterbi 算法根据这个原理,可以从初始时刻递推地计算在某一时刻 t 状态为 i 的各条路径的最大概率,由此得到在最终时刻 T 状态为 i 的各条路径的最大概率。并且在递推过程中可以记录各个时刻的状态由哪个前驱转移而来,便于后续还原路径。得到各条路径的最大概率之后,通过比较选取最需要的路径,从后向前按照记录的前驱逐步回退就能获得最优路径。HMM 和 CRF 中的解码问题就可以转化为在一个如图 2-4 所示的格图示意图上求最短路径的问题,所以 HMM 和 CRF 的解码问题可以用 Viterbi 算法来进行求解。

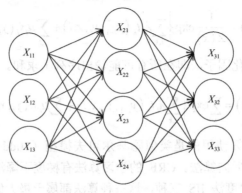

图 2-4 格图示意图

2.4 循环神经网络

本节介绍一种可以处理序列信息的神经网络结构——循环神经网络(Recurrent Neural Network,RNN)[14]。循环神经网络是神经网络家族中的一个重要分支,主要被用来操作和处理序列数据。循环神经网络接收的输入为包含 n 个 d_{in} 维向量的序列 $X = \boldsymbol{x}_{1:n} = \boldsymbol{x}_1, \boldsymbol{x}_2, \cdots, \boldsymbol{x}_n$($\boldsymbol{x}_i \in \mathbb{R}^{d_{in}}, i \in \{1,2,\cdots,n\}$),并且输出包含 n 个 d_{out} 维向量的序列 $Y = \boldsymbol{y}_{1:n} = \boldsymbol{y}_1, \boldsymbol{y}_2, \cdots, \boldsymbol{y}_n$($\boldsymbol{y}_i \in \mathbb{R}^{d_{out}}, i \in \{1,2,\cdots,n\}$),这个输出序列表示输入的向量序列经过循环处理之后所表示的信息。于是,一个循环神经网络的基本形式可以表示为式(2-4)。

$$\boldsymbol{y}_{1:n} = \mathrm{RNN}(\boldsymbol{x}_{1:n}) \tag{2-4}$$

本章定义循环神经网络的输出向量 y_n 可以用于进一步的预测，例如，已知输入序列 $x_{1:n}$，判断事件 $e=i$ 发生的条件概率，可以通过式（2-5）得到。

$$p(e=i\mid x_{1:n}) = \text{softmax}\left(y_n \cdot W + b\right)_i \tag{2-5}$$

具体来讲，式（2-4）中所述的一个循环神经网络由 n 步图 2-5 所示的循环神经网络单元（RNN Cell）算法操作得到。

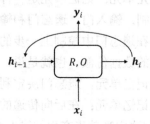

图 2-5　循环神经网络单元

单步循环神经网络单元操作如式（2-6）所示，接收一个状态向量 $h_{i-1}\in\mathbb{R}^{d_{\text{RNN}}}$ 和当前步输入 x_i 作为输入，依靠循环函数 $R(\cdot)$ 更新并得到状态向量 h_i，最后通过输出函数 $O(\cdot)$ 得到当前步输出 y_i。为了简洁，一般省略初始状态 h_0，设定其为零向量或者随机初始化。

$$\begin{aligned} h_i &= R(x_i, h_{i-1}) \\ y_i &= O(h_i) \end{aligned} \tag{2-6}$$

2.4.1　朴素循环神经网络

由文献[14]提出的朴素循环神经网络（Vanilla RNN）在本章中简称为 VRNN，其单元算法如式（2-7）所示，其中函数 [;] 代表向量拼接操作，函数 $g(\cdot)$ 为非线性的激活函数（Activation Function），在 VRNN 中通常使用 tanh 或者 ReLU。

$$\begin{aligned} h_i &= R_{\text{VRNN}}(x_i, h_{i-1}) = g([h_{i-1};x_i]W + b) \\ y_i &= O_{\text{VRNN}}(h_i) = h_i \end{aligned} \tag{2-7}$$

尽管在理论上，VRNN 可以胜任对任意长度的序列进行建模的任务。但是在实际研究和实践中发现，VRNN 存在梯度消失的问题[15,16]，并且还有可能会根据最近的输入产生偏置，很难有效地进行训练。具体来讲，梯度在反向传播的过程中到达序列中离当前步较远的位置时迅速减少，导致 VRNN 很难捕捉长距离的依赖信息。

2.4.2 长短期记忆网络

为了解决这个问题，Hochreiter 和 Schmidhuber[17]于 1997 年提出了长短期记忆（Long Short-Term Memory，LSTM）网络，LSTM 网络被用来解决无法学习到长距离的依存关系的问题。LSTM 网络解决这一问题的办法就是使用记忆单元来代替一般神经网络中的神经元单元。记忆单元是一种神经元的扩展，在原有单元的基础上新增了三个门控机制：输入门、遗忘门和输出门。在输入门中控制输入 LSTM 网络中的数据份额；在遗忘门中控制上一步的记忆单元的作用大小；在输出门中控制当前步输出信息的数据份额。也就是说，在前向传递的过程中，输入门决定激活在何时可以传入记忆单元，遗忘门决定利用多少上一步的信息，输出门决定激活在何时可以传出记忆单元；在后向传递的过程中，输入门决定何时让错误流流出记忆单元，遗忘门决定当前步产生的错误有多少应流入上一步决策中，输出门决定何时让错误流流入记忆单元。

$$
\begin{aligned}
&h_i = R_{\text{LSTM}}(x_i, h_{i-1}) = o \odot \tanh(c_i) \\
&c_i = f \odot c_{i-1} + i \odot z \\
&i = \sigma([h_{i-1}; x_i] W^i) \\
&f = \sigma([h_{i-1}; x_i] W^f) \\
&o = \sigma([h_{i-1}; x_i] W^o) \\
&z = \tanh([h_{i-1}; x_i] W^z) \\
&y_i = O_{\text{LSTM}}(h_i) = h_i
\end{aligned}
\quad (2\text{-}8)
$$

式（2-8）所示为 LSTM 网络的计算过程，与 VRNN 不同的是，LSTM 网络在计算状态向量 h_i 时先计算了门控向量 i、f 和 o，并通过计算更新候选 z 来计算用作记忆组件的记忆单元 c_i，进而对状态向量进行更新。

LSTM 网络是目前非常流行的一种循环神经网络变体，被广泛应用于众多序列建模任务。序列单元也从数值扩展到了文本、像素点，甚至是图像。这表明 LSTM 网络不仅活跃在自然语言处理应用中，也活跃在其他研究领域中。

2.4.3 门控循环单元

LSTM 网络中的计算十分复杂，引入的门控机制和参数也很多。文献[18]提出了门控循环单元（Gated Recurrent Unit，GRU），作为 LSTM 网络的一种替代方案。

式（2-9）展示了 GRU 的计算过程。总体来讲，GRU 相对于 LSTM 网络使用了更少的门并且没有单独的记忆单元。GRU 利用更新门 r 来控制前一个状态向量 h_{i-1} 的读写,并进而计算更新向量 $\widetilde{h}_i$。当前步的状态向量 h_i 作为 h_{i-1} 和 $\widetilde{h}_i$ 的插值,通过更新门 z 进行加权和计算。

$$\begin{aligned} h_i &= R_{\text{GRU}}(x_i, h_{i-1}) = (1-z) \odot h_{i-1} + z \odot \widetilde{h}_i \\ \widetilde{h}_i &= \tanh([r \odot h_{i-1}; x_i] W^h) \\ r &= \sigma([h_{i-1}; x_i] W^r) \\ z &= \sigma([h_{i-1}; x_i] W^z) \\ y_i &= O_{\text{GRU}}(h_i) = h_i \end{aligned} \quad (2\text{-}9)$$

GRU 在机器翻译等语言建模任务中应用十分广泛。但目前并没有研究表明 GRU 在所有的情况下都比 LSTM 网络要好,它们与循环神经网络的其他变体之间的结构和效果的比较也是目前比较活跃的研究主题。

2.4.4 双向循环神经网络

本节介绍 RNN 在实践时常用的技巧,即构建双向循环神经网络(Bidirectional Recurrent Neural Network,BiRNN)。

双向循环神经网络[19,20]是一类模型,因为 RNN 具有一系列的变体,如前几节中讨论的 VRNN、LSTM 网络和 GRU,所以这里就用 RNN 作为统称。

$$\begin{aligned} y_{1:n} &= \text{BiRNN}(x_{1:n}) = [\vec{y}_{1:n}; \overleftarrow{y}_{1:n}] \\ \vec{y}_{1:n} &= \overrightarrow{\text{RNN}}(x_{1:n}) \\ \overleftarrow{y}_{1:n} &= \overleftarrow{\text{RNN}}(x_{1:n}) \end{aligned} \quad (2\text{-}10)$$

如式(2-10)所示,BiRNN 采用两个顺序不同的 RNN(一般情况下为相同超参数的同种 RNN 实例),正向的 $\overrightarrow{\text{RNN}}$ 和反向的 $\overleftarrow{\text{RNN}}$,分别对输入序列 $x_{1:n}$ 进行建模。正向的 $\overrightarrow{\text{RNN}}$ 采用如式(2-11)所示的方式按照从 1 到 n 的顺序对序列进行建模,输出正向编码结果 $\vec{y}_{1:n}$。相似地,反向的 $\overleftarrow{\text{RNN}}$ 采用如式(2-12)所示的方式按照从 n 到 1 的顺序对序列进行建模,输出反向编码结果 $\overleftarrow{y}_{1:n}$。最后将相同下标的正、反向编码结果进行拼接,得到式(2-10)中的最终结果 $y_{1:n}$。

$$\begin{aligned} \vec{h}_i &= \vec{R}(x_i, \vec{h}_{i-1}) \\ \vec{y}_i &= O(\vec{h}_i) \end{aligned} \quad (2\text{-}11)$$

$$\tilde{h}_i = \tilde{R}(x_i, \tilde{h}_{i+1})$$
$$\tilde{y}_i = O'(\tilde{h}_i)$$
(2-12)

与单向 RNN 相比，BiRNN 在每个位置的输出向量 y_i 不仅包括正向信息，也包括反向信息，在每个位置产生的向量方面更全面地进行了编码，包含更完整的序列信息。BiRNN 在大部分序列建模任务中使用非常广泛。

2.5 卷积神经网络

本节介绍另一种目前十分流行的神经网络——卷积神经网络（Convolutional Neural Network，CNN）。卷积神经网络目前在很多研究领域取得了巨大的成功，如语音识别、图像识别、图像分割、自然语言处理等。

卷积神经网络是多层感知机（Multi-Layer Perceptron，MLP）的变种，由生物学家休博尔和维瑟尔的关于猫视觉皮层的早期研究发展而来，由纽约大学的 LeCun 等人于 1989 年提出[21]。卷积神经网络的本质是多层感知机，其成功的原因在于其所采用的局部连接和权值共享的方式，一方面减少了权值的数量使得网络易于优化；另一方面降低了模型的复杂度，也就是减小了过拟合的风险。

图 2-6 所示为卷积神经网络与多层感知机的对比图，第一层包含 4 个单元，第二层包含 2 个单元。在左边的多层感知机中，第二层每个单元都与第一层每个单元有连接关系；而在右边的卷积神经网络中，第二层每个单元都只与第一层的 3 个单元有连接关系。这体现了卷积神经网络的局部连接特性。除此之外，第二层中的每个单元与第一层的 3 个单元的连接权重是共享的，通过一个卷积核算子进行实现，这体现了卷积神经网络的权值共享特性。

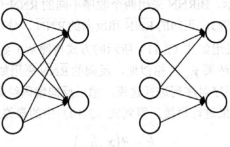

（a）多层感知机　　　（b）卷积神经网络

图 2-6　卷积神经网络与多层感知机的对比图

2.5.1 文本上的卷积

本节以一维卷积为例来说明卷积神经网络在文本中的应用[22]。图 2-7 所示为一维卷积神经网络在句子级文本分类中的应用。

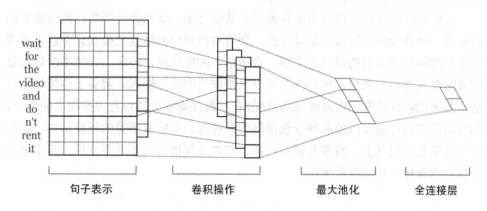

图 2-7 一维卷积神经网络在句子级文本分类中的应用

语言任务中的卷积的主要思想是为一句话中宽度为 k 的滑动窗口学习一个非线性组合函数。假设文本可以使用包含 n 个 d_{in} 维向量的向量序列 $X = \boldsymbol{x}_{1:n} = \boldsymbol{x}_1, \boldsymbol{x}_2, \cdots, \boldsymbol{x}_n$（$\boldsymbol{x}_i \in \mathbb{R}^{d_{in}}, i \in \{1, 2, \cdots, n\}$）进行表示。如式（2-13）所示，宽度为 k 的一维卷积在句子上作为一个长度为 k 的滑动窗口，对序列中的每个窗口 i 使用一个叫作"滤波器"（Filter）的卷积核算子 $\boldsymbol{w}$ 产生一个结果向量 $\boldsymbol{p}_i$。其中函数 $g(\cdot)$ 为一个非线性激活函数。

$$\boldsymbol{p}_i = g(\boldsymbol{x}_{i:i+k-1} \cdot \boldsymbol{w}) \tag{2-13}$$

在通常情况下，会使用不同的滤波器 $\boldsymbol{w}_1, \boldsymbol{w}_2, \cdots, \boldsymbol{w}_l$ 进行组合，并拼接成矩阵。同时也会采用不同宽度的滤波器集合，产生多个矩阵，利用池化方法进行合并。读者可自行推导有关池化、高维卷积的操作，本节也不关注卷积填充（Padding）和空洞卷积等操作。

从 n-gram 的角度来看，卷积神经网络也可以看成 n-gram 在神经网络中的一种建模手段。

2.5.2 卷积神经网络的优点

卷积神经网络具有一些传统技术所没有的优点：良好的容错能力、并行处理能力和自学习能力，可处理环境信息复杂、背景知识不清楚、推理规则不明确情况下的问题，允许样品有较大的缺损、畸变，运行速度快，自适应性能好，具有较高的分辨率。它通过结构重组和减少权值将特征抽取功能融合进多层感知器，省略识别前复杂的图像特征抽取过程。

卷积神经网络的泛化能力要显著优于其他方法，卷积神经网络已被应用于模式分类、物体检测和物体识别等方面。利用卷积神经网络建立模式分类器，将卷积神经网络作为通用的模式分类器，直接用于灰度图像。该优点在网络的输入是图像时表现得更为明显，使得图像可以直接作为网络的输入，避免了传统识别算法中复杂的特征提取和数据重建的过程，在二维图像的处理过程中有很大的优势，如网络能够自行抽取图像的特征包括颜色、纹理、形状及图像的拓扑结构，在处理二维图像的问题上，特别是识别位移、缩放及其他形式扭曲不变性的应用上具有良好的鲁棒性和运算效率等。

2.6 图卷积神经网络

现实世界中的许多数据都是以图的形式存储的，如社交网络、知识图谱、蛋白质相互作用网络、万维网等，最近有一些研究者把目光投向了通过建立一种通用的神经网络模型来处理图数据的研究。在此之前，该领域的主流方法是一些基于核方法或基于图的正则化技术，无法与深度学习进行无缝结合。

图的结构一般来说是十分不规则的，可以认为是一种无限维的数据，所以没有平移不变性。每一个节点的周围结构可能都是独一无二的，所以传统的卷积神经网络、循环神经网络无法对图结构的数据进行很好的建模。对图结构进行建模的研究很早就已兴起，涌现出了很多方法，如 DeepWalk[23]、node2vec[24]等。

图卷积网络（Graph Convolutional Network，GCN）[25,26]，可以看成图结构数据上的卷积神经网络，主要用于图数据中的特征提取。图卷积神经网络精妙地设计了一种从图数据中提取特征的方法，从而让我们可以使用这些特征去对图数据进行节点分类（Node Classification）、图分类（Graph Classification）、边预测（Link Prediction），还可以得到图的向量表示，用途广泛。

图 2-8 所示为使用一阶滤波器的双层图卷积神经网络。如无特殊说明，本节所使用的图卷积神经网络中大部分使用的都是一阶滤波器。

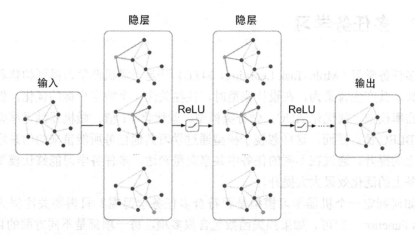

图 2-8　使用一阶滤波器的双层图卷积神经网络

这类网络从数学上来看，是想学习 $G=(V,E)$ 上的一个函数，该函数的输入为以下两项。

（1）节点特征矩阵 $X\in\mathbb{R}^{N\times D}$，矩阵中每一行为节点表示 $x_i\in\mathbb{R}^D$，$i\in\{1,2,\cdots,N\}$，其中 $N=|V|$ 代表图中的节点数，D 代表节点表示维度。

（2）图结构的表达，往往使用图的邻接矩阵 A 来表示。

该函数的输出为一个节点特征矩阵 $Z\in\mathbb{R}^{N\times F}$，$F$ 代表节点表示维度。每个 L 层的图卷积神经网络中每一层运算都可以写成如式（2-14）所示的非线性函数，其中 $H^0=X$ 且 $H^L=Z$。

$$H^l = g\left(H^{l-1}, A\right) \tag{2-14}$$

式（2-14）只是一个通式，在实际中可以考虑用式（2-15）所示的简单带权传播方式进行建模，其中 W^l 为第 l 层图卷积神经网络模型的参数。

$$H^l = g\left(H^{l-1}, A\right) = \sigma\left(AH^{l-1}W^l\right) \tag{2-15}$$

文献[25]提出了对式（2-15）的一种改进。如式（2-16）所示，首先在原图中加上反转边，每个节点加上一个自环，得到新图的邻接矩阵 $\hat{A}$。然后计算 $\hat{A}$ 的对角节点度矩阵 $\hat{D}$。最后使用度矩阵 $\hat{D}$ 对邻接矩阵 $\hat{A}$ 进行正规化。

$$H^l = g\left(H^{l-1}, A\right) = \sigma\left(\hat{D}^{-\frac{1}{2}}\hat{A}\hat{D}^{-\frac{1}{2}}H^{l-1}W^l\right) \tag{2-16}$$

本书将在第 5 章和第 7 章中详细讨论图卷积神经网络在事件抽取和关系抽取中的实际应用。

2.7 多任务学习

多任务学习（Multi-Task Learning，MTL）[27]是一类机器学习模型构建和训练的框架。其产生背景为，在设计模型时，往往关注一个特定指标的优化，例如，做点击率模型，就优化 AUC；做分类模型，就优化 F1 值；做机器翻译模型，就优化 BLEU 值。然而，这样忽视了模型通过学习其他任务所能带来的信息增益和效果上的提升。通过在不同的任务中共享向量表达，多任务学习能够让模型在各个任务上的泛化效果大大提升。

如何判定一个机器学习模型是否符合多任务学习呢？只需要关注损失函数（Loss Function）即可。如果损失函数包含很多项，每一项都是不同方面的目标，那么这个模型就符合多任务学习。但是有的时候，虽然设计的模型仅仅是优化一个目标，同样可以通过多任务学习，提升该模型的泛化效果。

2.7.1 多任务学习模式

本书将多任务学习框架划分为两种模式，分别为完全参数共享和不完全参数共享。

图 2-9 所示为完全参数共享式的多任务学习框架。这种框架思想比较简单，前几层神经网络层为各个任务共享，后面分离出适用于不同任务的输出层。这种方法有效降低了过拟合的风险，因为模型同时学习的任务数越多，模型在前面的共享层就要学到一个通用的向量表示使得每个任务都表现较好。

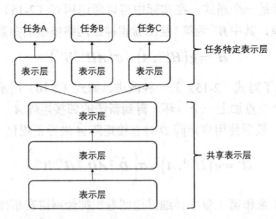

图 2-9　完全参数共享式的多任务学习框架

图 2-10 所示为不完全参数共享式的多任务学习框架。在这种框架下，每个任

务都有一套独立的模型和参数，但是对不同模型之间的参数是有限制的，不同模型的参数之间必须相似。因此，会有约束层或者约束项描述参数之间的相似度，作为额外的任务加入模型的学习中，类似正则化项的效果。

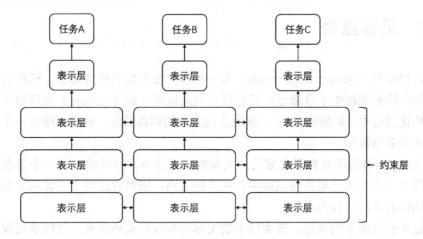

图 2-10　不完全参数共享式的多任务学习框架

2.7.2　多任务学习有效性分析

下面简单分析一下多任务学习有效的原因。本节认为主要存在以下几点原因。

（1）**隐式数据增强**。由于每个任务都有各自的训练实例，使用多任务学习，模型的实例量会提升很多。而且数据都会有噪声，如果单学习某个任务，那么模型会把对应数据的噪声也学习进去；如果是多任务学习，模型因为需要拟合其他任务，那么就会忽视掉单个任务数据中的噪声。因此多任务学习可以学习到一个更精确的向量表达。

（2）**注意力聚焦**。如果任务的数据噪声非常多，数据很少且非常高维，那么模型对相关特征和非相关特征就无法区分。多任务学习可以帮助模型聚焦到有用的特征上，因为不同任务都会反映特征与任务的相关性。

（3）**特征信息窃取**。有些特征在任务 B 中容易学习，在任务 A 中较难学习，主要原因是任务 A 与这些特征的交互更为复杂，且对于任务 A 来说其他特征可能会阻碍部分特征的学习，因此通过多任务学习，模型可以高效地学习每一个重要的特征。

（4）**表达偏差**。多任务学习使模型学习到所有任务都偏好的向量表示。这也将有助于该模型推广到未来的新任务中，因为假设空间对于足够多的训练任务表现良好，对于学习新任务也表现良好。

（5）正则化。对于一个任务而言，其他任务的学习都会对该任务有正则化效果。

2.8　远程监督

远程监督（Distant Supervision）是一种弱监督类型的任务场景。远程监督在关系抽取研究领域中十分流行，其将已有的知识库（如 Freebase）对应到丰富的非结构化数据中（如新闻文本），从而生成大量的训练数据，进而训练出一个效果不错的关系抽取器。

文献[28]将远程监督概念应用到关系抽取任务中，并且提出了一个著名的假设，即"两个实体如果在知识库中存在某种关系，则包含这两个实体的非结构化句子均能表示出这种关系"。

这个假设非常的宽泛，其实很多的实体对都没有实际关系，仅仅是出现在同一个句子中，有共现关系而已；而有的实体对之间的关系其实并不仅仅只有一种，可能有多种。比如，奥巴马和美国的关系，可能是"生于"（born in），也可能是"做总统"（is the president of）的关系。

本节归纳基于这个假设条件下的关系抽取工作存在的两个明显弱点。

（1）基于文献[28]给出的假设，训练集会产生大量的错误标签，如果两个实体有多种关系或者在这句话中根本没有任何关系，那么这样的训练数据会对关系抽取器产生影响。

（2）上游自然语言处理（Natural Language Processing，NLP）工具会带来误差，比如命名实体识别工具或者句法分析工具等。越多越复杂的特征工程会带来越多的误差，在整个任务的流程上会产生误差的传播和积累，从而影响后续关系抽取的精度。

本书将在第 5 章中详细讨论远程监督等弱监督下的关系抽取方法。

2.9　迁移学习

随着越来越多的机器学习应用场景的出现，现有表现比较好的监督学习需要越来越多的标注数据。数据标注是一项枯燥无味且花费巨大的工作，所以迁移学习[29]受到越来越多的关注。

迁移学习的目标为将某个领域或任务上学习到的知识或模式应用到不同但相

关的领域或问题中。其主要思想为从相关领域中迁移标注数据或者知识结构，完成或改进目标领域或任务的学习效果。

在相关研究[30-33]中，迁移学习主要关注以下研究方向。

（1）研究可以用哪些知识在不同的领域或者任务中进行迁移学习，即不同领域之间有哪些共有知识可以迁移。

（2）研究在找到了迁移对象之后，针对具体问题采用哪种迁移学习的特定算法，即如何设计出合适的算法来提取和迁移共有知识。

（3）研究什么情况下适合迁移，迁移技巧是否适合具体应用，其中涉及负迁移的问题。

下面介绍迁移学习主要的几种类型。

2.9.1 基于实例的迁移学习

基于实例的迁移学习研究的是如何从源领域中挑选出对目标领域的训练有用的实例。比如，对源领域的有标记数据实例进行有效的权重分配，让源领域的实例分布接近目标领域的实例分布，从而在目标领域中建立一个分类精度较高的、可靠的学习模型。因为，迁移学习中源领域与目标领域的数据分布是不一致的，所以源领域中所有有标记的数据实例不一定都对目标领域有用。文献[34]提出的TrAdaBoost算法就是基于实例的迁移方法。

2.9.2 基于特征的迁移学习

基于特征的迁移学习研究的是首先如何找出源领域与目标领域之间共同的特征表示，然后利用这些特征进行知识迁移，即如何将源领域和目标领域的数据从原始特征空间映射到新的特征空间中去。这样，在这个新的特征空间中，源领域数据与目标领域的数据分布相同，从而可以在新的空间中更好地利用源领域已有的有标记数据实例进行分类训练，最终对目标领域的数据进行分类测试。

2.9.3 基于共享参数的迁移学习

基于共享参数的迁移学习研究的是如何找到源数据和目标数据的空间模型之间的共同参数或者先验分布，从而可以通过进一步处理，达到知识迁移的目的，前提假设是，学习任务中的每个相关模型会共享一些相同的参数或者先验分布。

本书将在第 6 章中，在关系抽取这一研究场景下详细讨论迁移学习的应用。

参考文献

[1] Harris Z S. Distributional Structure[J]. Word, 1954, 10(2-3): 146-162.

[2] Salton G, Wong A, Yang C. A Vector Space Model for Automatic Indexing [J]. Communications of the ACM, 1975, 18 (11): 613-620.

[3] Deerwester S C, Dumais S T, Landauer T K, et al. Indexing by Latent Semantic Analysis [J]. JASIS, 1990, 41 (6): 391-407.

[4] Brown P F, Pietra V J D, De Souza P V, et al. Class-Based n-gram Models of Natural Language [J]. Computational Linguistics, 1992, 18 (4): 467-479.

[5] Pennington J, Socher R, Manning C D. Glove: Global Vectors for Word Representation [C]. Proceedings of the 2014 Conference on EMNLP, Doha, 2014: 1532-1543.

[6] Mikolov T, Chen K, Corrado G, et al. Efficient Estimation of Word Representations in Vector Space[J]. ArXiv Preprint ArXiv:1301.3781, 2013.

[7] Mikolov T, Sutskever I, Chen K, et al. Distributed Representations of Words and Phrases and Their Compositionality [C]. Proceedings of the 26th International Conference on NIPS, Lake Tahoe, 2013.

[8] Bengio Y, Ducharme R, Vincent P, et al. A Neural Probabilistic Language Model [J]. JMLR, 2003, 3: 1137-1155.

[9] Florian R, Jing H, Kambhatla N, et al. Factorizing Complex Models: A Case Study in Mention Detection[C]. International Conference on Computational Linguistics, Sydney, 2006.

[10] Settles B. Biomedical Named Entity Recognition Using Conditional Random Fields and Rich Feature Sets[C]. Proceedings of the International Joint Workshop on Natural Language Processing in Biomedicine and Its Applications (NLPBA/BioNLP), Geneva, 2004: 107-110.

[11] Lafferty J, Mccallum A, Pereira F C, et al. Conditional Random Fields: Probabilistic Models for Segmenting and Labeling Sequence Data[C]. Proceedings of the Eighteenth International Conference on Machine Learning, Williams College, 2001.

[12] Sutton C, McCallum A. An Introduction to Conditional Random Fields[J]. Foundations and Trends® in Machine Learning, 2012, 4(4): 267-373.

[13] Viterbi A J. Orthogonal Tree Codes for Communication in the Presence of White Gaussian Noise[J]. IEEE Transactions on Communications, 1967, 15(2): 238-242.

[14] Elman J L. Finding Structure in Time[J]. Cognitive Science, 1990, 14(2): 179-211.

[15] Bengio Y, Simard P Y, Frasconi P, et al. Learning Long-term Dependencies with Gradient Descent is Difficult[J]. IEEE Transactions on Neural Networks, 1994, 5(2): 157-166.

[16] Pascanu R, Mikolov T, Bengio Y. On the Difficulty of Training Recurrent Neural Networks[C]. International Conference on Machine Learning, Atlanta, 2013: 1310-1318.

[17] Hochreiter S, Schmidhuber J. Long Short-Term Memory[J]. Neural Computation, 1997, 9(8): 1735-1780.

[18] Cho K, Van Merriënboer B, Gulcehre C, et al. Learning Phrase Representations Using RNN Encoder-decoder for Statistical Machine Translation[J]. ArXiv Preprint ArXiv:1406.1078, 2014.

[19] Schuster M, Paliwal K K. Bidirectional Recurrent Neural Networks[J]. IEEE Transactions on Signal Process, 1997, 45(11): 2673-2681.

[20] Graves A, Fernández S, Schmidhuber J. Bidirectional LSTM Networks for Improved Phoneme Classification and Recognition[C]. Proceedings of the 15th International Conference on Artificial Neural Networks: Formal Model and Their Applications, Warsaw, 2005: 799-804.

[21] LeCun Y, Boser B, Denker J S, et al. Backpropagation Applied to Handwritten Zip Code Recognition[J]. Neural computation, 1989, 1(4): 541-551.

[22] Kim Y. Convolutional Neural Networks for Sentence Classification[C]. Proceedings of EMNLP, Doha, 2014: 1746-1751.

[23] Perozzi B, Al-Rfou R, Skiena S. Deepwalk: Online Learning of Social Representations[C]. Proceedings of the 20th ACM SIGKDD International Conference on Knowledge Discovery and Data Mining, New York, 2014: 701-710.

[24] Grover A, Leskovec J. Node2vec: Scalable Feature Learning for Networks[C]. Proceedings of the 22nd ACM SIGKDD International Conference on Knowledge Discovery and Data Mining, San Francisco, 2016: 855-864.

[25] Kipf T N, Welling M. Semi-supervised Classification with Graph Convolutional Networks[J]. ArXiv Preprint ArXiv:1609.02907, 2016.

[26] Defferrard M, Bresson X, Vandergheynst P. Convolutional Neural Networks on Graphs with Fast Localized Spectral Filtering[C]. Proceedings of the 30th

International Conference on Neural Information Processing Systems, Barcelona, 2016.

[27] Ruder S. An Overview of Multi-task Learning in Deep Neural Networks[J]. ArXiv Preprint ArXiv:1706.05098, 2017.

[28] Mintz M, Bills S, Snow R, et al. Distant Supervision for Relation Extraction without Labeled Data[C]. Proceedings of the ACL/IJCNLP, Singapore, 2009: 1003-1011.

[29] Yosinski J, Clune J, Bengio Y, et al. How Transferable Are Features in Deep Neural Networks[C]. Proceedings of the 27th International Conference on NIPS, Nevada, 2014: 3320-3328.

[30] Oquab M, Bottou L, Laptev I, et al. Learning and Transferring Mid-level Image Representations Using Convolutional Neural Networks[C]. 2014 IEEE Conference on CVPR, Columbus, 2014: 1717-1724.

[31] Glorot X, Bordes A, Bengio Y. Domain Adaptation for Large-Scale Sentiment Classification: A Deep Learning Approach[C]. Proceedings of the 28th International Conference on ICML, Washington, 2011: 513-520.

[32] Chen M M, Xu Z X, Weinberger K Q, et al. Marginalized Denoising Autoencoders for Domain Adaptation[C]. Proceedings of the 29th International Conference on ICML, Edinburgh, 2012.

[33] Ganin Y, Ustinova E, Ajakan H, et al. Domain-Adversarial Training of Neural Networks[J]. The Journal of Machine Learning Research, 2016, 17(1): 189-209.

[34] Dai W Y, Yang Q, Xue G R, et al. Boosting for Transfer Learning[C]. Proceedings of the 24th International Conference on Machine Learning, Oregon, 2007: 193-200.

第 3 章
信息抽取相关评测和标注资源

3.1 MUC 系列评测会议

由美国国防部高级研究计划局（DARPA）和中央情报局（CIA）联合资助，并由美国国家标准与技术研究院（NIST）协作的 TIPSTER 文本项目（TIPSTER Text Program）是信息抽取研究的主要发起和推动力量[1,2]。该项目于 1991 年开始实施，于 1998 年终止，其目标是通过政府、产业界和学术界的研究及开发人员的合作提高文本处理水平。它关注三项技术：文档侦测、信息抽取和摘要。在 TIPSTER 项目中，开展了 TREC、MUC 和 SUMMAC 等以相互交流、促进发展为目的的评测会议。其中，MUC（Message Understanding Conference）系列评测会议[3]对信息抽取这一研究方向的确立和发展贡献巨大，它所定义的各种信息抽取任务规范及评价体系已经成为信息抽取研究事实上的标准。下面重点介绍 MUC。

MUC 最为显著的特点在于对信息抽取系统的评测。各届 MUC 吸引了许多来自不同学术机构和业界实验室的研究者，只有参加信息抽取系统评测的单位才被允许参加 MUC。在每次 MUC 前，组织者首先向各参加者提供有关抽取任务的说明和作为样例的消息文本，然后各参加者根据预定的知识领域开发能够处理这种消息文本的信息抽取系统。在正式会议前，各参加者运行各自的系统来处理给定的测试消息文本集合。最后用组织者的评分系统与手工标注的标准结果相对照对结果进行打分。这些进行完之后才是所谓的会议，由参加者交流思想和感受。MUC 实际上是人们首次进行的大规模的自然语言处理系统评测。在 MUC 之前，评价这些系统没有章法可循，测试也通常在训练集上进行。

MUC 从 1987 年到 1998 年先后共举行了 7 届，其中影响力较大的后 4 届会议在 TIPSTER 项目中进行。各届研讨会的测试主题各式各样，包括拉丁美洲恐怖主义活动、合资企业、微电子技术和公司管理层的人事更迭。评测语料大都出自各大通讯社发布的新闻。

首届 MUC（1987 年 5 月）基本上是探索性的，没有明确的任务定义，也没有制定评测标准，总共有 6 个系统参评，所处理的文本是海军军事情报，每个系统的输出格式都不一样。MUC-2（1989年5月）有8个系统参评，处理与MUC-1一样的文本类型。但从MUC-2开始有了明确的任务定义，规定了模板及槽的填充规则，抽取任务被明确为一个模板填充的过程。从MUC-3（1991年5月）开始引入正式的评测标准，其中借用了信息检索领域采用的一些概念，如召回率和准确率等。这次会议有15个系统参评，任务是从新闻报告中抽取拉丁美洲恐怖事件的信息，定义的抽取模板由18个槽组成。

从MUC-4（1992年6月）开始，MUC被纳入TIPSTER文本项目。这次会议有17个系统参评，任务与MUC-3相同，仍是从新闻报告中抽取恐怖事件信息。但抽取模板变得更为复杂，共含24个槽。

MUC-5（1993年8月）共有17个系统参评，设计了两个目标场景：金融领域中的公司合资情况、微电子技术领域中四种芯片制造处理技术的进展情况。除英语外，MUC-5还对日语信息抽取系统进行了测试。在本次会议上，组织者尝试采用平均填充错误率作为主要评价指标。与以前相比，MUC-5抽取任务的复杂性更大，比如，公司合资场景需要填充11种子模板总共47个槽，仅任务描述文档就有40多页。MUC-5的模板和槽填充规范是MUC系列评测中最复杂的。

MUC-6（1995年9月）训练时的目标场景是劳动争议的协商情况，测试时的目标场景是公司管理人员的职务变动情况，共有16家单位参加。MUC-6的评测更为细致，强调系统的可移植性及对文本的深层理解能力。除了原有的场景模板（Scenario Template，ST）填充任务外，又引入了三个新的评测任务：命名实体（Named Entity，NE）识别、共指（Coreference）关系确定、模板元素（Template Element，TE）填充等。

MUC-7（1998年4月）共有18家单位参加。训练时的目标场景是飞机失事事件，测试时的目标场景是航天器发射事件。除MUC-6已有的四项评测任务外，MUC-7又增加了一项新任务——模板关系任务，它意在确定实体之间与特定领域无关的关系。值得注意的是，在MUC-6和MUC-7中开发者只允许用四周的时间进行系统的移植，而在先前的评测中常常允许有6~9个月的移植时间。MUC-7首次引入了RE的任务，MUC称其为TR（Template Relation），同时MUC中TR的任务就是抽取三个和组织机构（Organization）有关的关系，分别为employee_of、product_of、location_of。但是抽取的方法很容易扩展到其他关系的抽取中。

在MUC-6和MUC-7中，还增加了多语种实体任务（Multi-lingual Entity Task，MET），其中MUC-7/MET-2中第一次加入了中文系统的评测项目。

按照MUC-7给出的信息提取任务定义（MUC-7 IE Task Definition V 5.1）[4]，信息抽取过程包含了5个任务。

(1) 命名实体（NE）。
(2) 共指消解（Coreference Resolution）。
(3) 模板元素（TE）。
(4) 模板关系（Template Relation，TR）。
(5) 场景模板（ST）。

其中，命名实体任务，即提取文本中相关的命名实体，包括人名、机构/公司名称；共指消解任务完成代词、名词共指分析；模板元素任务提取文本中相关的命名实体，包括各种专有名词、时间词、数量词和词组等；模板关系任务提取命名实体之间的各种关系（事实）等，如 Location_of、Employee_of、Product_of 等；场景模板任务提取指定的事件，包括参与这些事件中的各个实体、属性或关系，例如，航天器发射事件及其涉及的运载工具、负载、时间和场地等。

例如，对于输入文本，"The shiny red rocket was fired on Tuesday. It is the brainchild of Dr. Big Head. Dr. Head is a staff scientist at We Build Rockets Inc."，命名实体任务应当识别出"rocket""Tuesday""Dr. Big Head""Dr. Head""We Build Rockets Inc."5 个命名实体。共指消解任务应当识别出上述实体中的"rocket"和文中第二句的"It"一词为共指，"Dr. Big Head"和"Dr. Head"两个实体是共指。模板元素任务应当识别出"rocket"是"shiny red"，而且是"Head"的"brainchild"。场景模板任务应当识别出"a rocket launching event occurred with the various participants"。而模板关系任务应当识别出"Dr. Head works for We Build Rockets Inc."。

近年来 MUC 的测试结果是令人鼓舞的，它表明现有的许多系统已经具备了相当程度的处理大规模真实文本的能力。在 2005 年，MUC 英文信息提取的各项指标达到了如下最好水平[5]：命名实体任务约为97%，共指消解任务为60%~70%，模板元素任务为60%~70%，模板关系任务为60%~70%，场景模板任务为60%~70%（但人工也只能做到大致 80%）。这些指标也自然地反映了（英文）自然语言处理在各个层次上的难度。其他显著的进步是，越来越多的机构可以完成最高组别的任务，这要归功于技术的普及和整合。

3.2 ACE 系列评测会议

由 DARPA 资助并正在进行的"跨语言信息检测、抽取和摘要"（Translingual Information Detection，Extraction and Summarization，TIDES）项目[6]是 TIPSTER 项目的后继。该项目的目标是开发高级的语言处理技术，以使英语使用者在不需要外语知识的情况下找到并理解多种语言中的关键信息。阿拉伯语和汉语是TIDES项目关心的重点语种。该项目研究的主要内容之一是语言信息检测、抽取和摘要的关键算法，这些算法用于多语种、大规模的语音或语言文本处理中。该项目还将研究严格、客观的评测方法。该项目的外部组被邀请参加NIST每年举办的信息检索（Information Retrieval，IR）评测、主题侦测和跟踪（Topic Detection and Tracking，TDT）评测、自动内容抽取（Automatic Content Extraction，ACE）评测和机器翻译评测。其中，ACE研究的主要内容是自动抽取新闻语料中出现的实体、关系、事件等内容，是当前正在推动信息抽取研究进一步发展的主要动力之一。

和系列MUC类似，系列ACE评测会议[7]也由美国国家标准技术研究院（NIST）组织。ACE与TIDES项目之间存在着协作关系：ACE评测会议将提供基础的人类语言理解技术以支持更高层的自动语言处理应用，它只面向英语；TIDES项目则将基本技术集成化和工程化，在人类语言理解技术的应用方面做出革命性的进展，它面向多语言。

ACE评测会议从1999年7月开始酝酿，2000年12月正式启动。ACE评测会议分阶段进行，最初开始的阶段是ACE Pilot阶段（1999年7月至2000年12月），其主要任务由EDT Phase-1构成。ACE Phase 2阶段从2001年1月开始，其主要任务包括EDT Phase-2和新加入的RDC（Relation Detection and Characterization）任务。在ACE Phase 2阶段，已经举办过3次评测会议，分别是2002年的2月至9月的ACE Phase 2夏季评测、ACE 2003 Evaluation和ACE 2004 Evaluation。ACE 2005 Evaluation于2005年秋季进行。

这项评测旨在开发自动内容抽取技术以支持对三种不同来源（普通文本、由自动语音识别ASR得到的文本、由光学字符识别OCR得到的文本）的语言文本的自动处理，研究的主要内容是自动抽取新闻语料中出现的实体、关系、事件等内容，即对新闻语料中实体、关系、事件的识别与描述。其五年期目标是开发自动内容抽取技术以从人类语言中提取文本形式的信息，为文本挖掘、信息抽取、自动摘要等新型应用提供支持。与MUC相比，目前的ACE评测会议不针对某个具体的领域或场景，采用基于漏报（标准答案中有，而系统输出中没有）和误报（标准答案中没有，而系统输出中有）为基础的一套评价体系，还对系统跨文档处理（Cross-document Processing）能力进行评测。这一新的评测会议将把信息抽取技术研究引向新的高度。

下面分别介绍ACE Phase 2的主要任务：实体侦测与追踪任务和关系识别与描述任务。

实体侦测与追踪（Entity Detection and Tracking，EDT）任务由四个子任务复

合而成，它们分别如下所述。

- 实体侦测（Entities Detection）：这是最基本的共同任务，也是其他任务的基础，所以是所有参评系统必须完成的任务（要求找出实体，但实体类型和名称的确定是下一任务的工作）。实体侦测限于 5 类实体（PER、ORG、GPE、LOC、FAC），其中 GPE（Geographical-Political Entity）表示按政治因素定义的地理区域，如"中华人民共和国"，FAC（Facility）表示建筑和民用工程方面的人造设施，如"帝国大厦"。
- 实体属性识别（Attribute Recognition）：标识实体的基本任务。本任务在实体侦测任务的基础上进行，也是所有参评系统必须完成的任务。属性识别的性能评测只在已经识别出的实体上计算。
- 实体指称侦测（Mention Detection）：实体追踪。它是可选任务，用于度量系统正确标识提及某一实体的集合的能力。本项任务的性能评测也只在已经识别出的实体上计算。这里的"指称"实际上是指对实体及其描述的直接或间接引用。
- 提及范围识别（Extent Recognition）：可选任务，用于度量系统确定提及某一实体的范围的能力。具体来说，是指给出提及某一实体的内容的前后边界。本项任务的性能评测也只在已经识别出的实体上计算。

关系识别与描述（Relation Detection and Characterization，RDC）任务的目标是识别并标识出 EDT 实体之间的关系，例如，某人位于某地，这种关系可能有自己的属性，如上述关系成立的特定时间范围。具体的识别目标包括角色（Role）关系、位置（Location）关系和参与（Part）关系。每种关系都把两个 EDT 实体联系在一起。所有的关系都有时间属性，用于标识根据文档内容该关系在什么时间范围内成立。其中的角色关系还有"角色"属性，用于标识该人物与 ORG 或 GPE 实体之间的关系。

为了更精细地度量系统性能，RDC 任务中的关系分为 A、B 两类，其中 A 类关系显式地表现在文本中，B 类关系需要阅读者从上下文中推断出来。下面的例子中同时包含了 A 类和 B 类关系。

Israeli policemen fired live rounds in the air Thursday to disperse hundreds of young Palestinians who blocked a major West Bank road to show their support for Saddam Hussein.

在人名实体"Palestinians"和地名实体"a major West Bank road"之间存在着位置关系。这是一个 A 类关系，因为两个实体都是事件"blocked"的参数，这显式地体现在文本中。同时，在人名实体"Israeli policemen"和地名实体"a major West Bank road"之间也存在着位置关系，尽管可以从上下文中推断这一关系成立，但它并没有在文本中直接体现出来。

ACE 2004 评测（ACE 2004 Evaluation）会议的信息抽取评测项目包括 3 种语言（英文、中文、阿拉伯文），主要由 6 项具体任务组成。

（1）EDR（Entity Detection and Recognition）任务：识别 ACE 定义的实体及它们的属性，包括它们被提及的情况。此外，不但要识别出所提到的实体，还要弄清它们被引用的关系，也就是要进行共指消解。

（2）EMD（Entity Mention Detection）任务：是对 EDR 任务的补充。它采用与 EDR 相同的计分机制，但不考虑共指消解问题，也可认为所有识别出的实体都是独立的并只出现一次。

（3）EDR 共指（EDR Coreference）任务：只需要解决实体的共指问题，即由评测方给出正确的实体标注结果。为了不妨碍 EDR 评测的公正进行，本项任务在 EDR 项目结束后进行。

（4）RDR（Relation Detection and Recognition）任务：识别 ACE 定义的关系及它们的属性，包括它们被提及的情况。正确识别这些关系意味着要同时找出作为它们各自的参数的相关实体。因此 EDR 任务的性能对 RDR 任务也有很大影响。

（5）RMD（Relation Mention Detection）任务：类似于前面 EMD 任务中的情况，RMD 任务是对 RDR 任务的补充。它采用和 RDR 相同的计分机制，但不考虑共指消解问题，也可认为所有识别出的关系都是独立的并只出现一次。

（6）给定正确实体的 RDR（RDR Given Correct Eentity）任务：本任务在不受实体识别效果影响的情况下考察关系的识别能力，即由评测方给出正确的实体标注结果。为了不妨碍其他任务评测的公正进行，本项任务在 RDR 任务和 EDR 共指任务结束后进行。

3.3 TAC-KBP 系列评测会议

文本分析会议（Text Analysis Conference，TAC）是一系列用于鼓励自然语言处理研究和相关应用的评测研讨会，其形式为提供大量测试数据集、通用的评测流程和一个用于参赛组织分享结果的论坛。在 TAC 中，不同的评测任务种类称为赛道（Track），每一个赛道专注于一类特别的 NLP 子问题。TAC 的各赛道都专注于端用户任务，也包括端用户任务其中的一些组件任务评测。

TAC 由美国国家标准与技术研究院（NIST）信息技术实验室的信息访问部（Information Access Division，IAD）检索组组织。TAC 始于 2008 年，源于 NIST 的文本摘要文档理解会议（Document Understanding Conference，DUC）和文本检索会议（Text Retrieval Conference，TREC）的问答环节。TAC 由 NIST 和其他美国政府机构赞助，并由一个由政府、行业和学术界代表组成的咨询委员会监督。

TAC 的主要愿景是支持自然语言处理领域内的研究，为 NLP 方法的大规模评估提供必要的基础设施。TAC 的主要目的不是竞争基准，而是通过评估结果提升技术水平。据 NIST 官方资料显示，TAC 研讨会系列有以下目标。

（1）促进基于大量公共测试集合的自然语言处理研究。

（2）改进自然语言处理的评价方法和措施。

（3）建立一系列测试集合，以预测现代自然语言处理系统的评估需求。

（4）通过建立一个开放的交流研究思想的论坛，加强工业界、学术界和政府之间的交流。

（5）通过展示 NLP 方法在现实世界问题上的实质性改进，加速技术从研究实验室向商业产品的转移。

每一年的 TAC 都遵循大致相似的流程周期，每个 TAC 周期都随着日历年初发布参赛邀请而开始，在次年二月结束，届时会议记录和赛道的跟踪数据存档在 TAC 网站上，并向公众提供。对于每个 TAC 周期，NIST 为每个赛道分发测试数据，参与者在数据上运行自己的 NLP 系统，并将结果返回 NIST，NIST 汇集单个结果，判断其正确性，并评估结果。在 TAC 周期结束之前，一般不会向非参与者提供数据和评估结果。TAC 周期的最后一个阶段是一个研讨会，该研讨会是一个论坛，供与会者分享经验，并规划未来的任务/评价。该研讨会通常于美国感恩节前的最后一周在 NIST 举行。TAC 研讨会的出席向公众开放，但研讨会参与者必须预先注册才能进入 NIST 园区。

每个 TAC 周期都由一组赛道组成，其中定义了关注的特定 NLP 任务领域。这些赛道有多个用途：首先，赛道作为孵化器，对新的研究领域进行实验。新赛道第一次的运作目的通常是定义问题的实质，并创建所必要的基础设施（测试集合、评估方法等），以支持对其任务的研究。其次，赛道还证明了核心 NLP 技术的鲁棒性，因为相同的技术通常适合于各种任务。最后，赛道通过提供与更多群体的研究兴趣相匹配的任务，使 TAC 对更广泛的社区具有吸引力。

TAC 从 2008 年开始举办至 2020 年，共举办了 13 届，现有赛道分为六类。

（1）问答（Question Answer），举办年份包括 2008 年和 2020 年。

（2）文本蕴含（Textual Entailment），举办年份包括 2008 年、2009 年、2010 年和 2011 年。

（3）摘要（Summarization），举办年份包括 2008 年、2009 年、2010 年、2011 年和 2014 年。

(4)知识库填充（Knowledge Base Population），举办年份包括2009年、2010年、2011年、2012年、2013年、2014年、2015年、2016年、2017年、2018年、2019年和2020年。

(5)药品标签抽取（Extraction from Drug Labels），举办年份包括2017年、2018年和2019年。

(6)系统综述信息抽取（Systematic Review Information Extraction），举办年份包括2018年。

由此可以看出知识库填充赛道，即TAC-KBP，连续举办了12年，是TAC会议中一项十分重要的赛道。

TAC-KBP 2009会议[8]关注实体链接（Entity Linking）和槽填充。实体链接的目的是将文本中识别的实体指称对应到外部知识库中的实体中。槽填充的目的是从文本中抽取片段，填充至预先设计好的槽中，从而将无结构的文本转化为结构化的表格知识，从而填充至知识库中。

TAC-KBP 2010会议[9]延续了前一年的任务目标，也关注实体链接和槽填充这两个任务。但与2009年的会议不同的是，在TAC-KBP 2010中，对这两个任务的评测指标和运行准则进行了修订和统一，并扩充了对应的训练和测试数据。

TAC-KBP 2011会议[10]也关注实体链接和槽填充这两个任务。其在TAC-KBP 2010的基础上，扩充了槽填充任务，新引入了时间槽填充（Temporal Slot Filling），即除了抽取槽内容，还需要标注槽内容有效的时间范围，为动态知识库更新技术提供了基础。

TAC-KBP 2012会议[11]除了关注知识库填充中的两个重要方面：实体链接和槽填充，还尝试了冷启动知识库填充（Cold Start Knowledge Base Population），即给定一个空知识库和预先定好的知识结构描述体系或模板，从文本中从零开始构建一个知识库。

TAC-KBP 2013会议[12,13]在2012年的基础上，扩充了槽填充任务，新增了三项子任务，包括2011年预先试行过的时间槽填充、新加入的情感槽填充（Sentiment Slot Filling）和西班牙语槽填充。研究者可以通过对槽填充关系添加时间约束、使用涉及KBP实体之间的情感的关系来扩充知识库，以及使用来自英语和西班牙语文档的信息来填充知识库。除此之外，还提出了一个全新的任务，即槽验证（Slot Validation），通过组合来自多个槽填充系统的信息，或者应用更密集的语言处理来验证候选槽填充，从而细化槽填充系统的输出。

TAC-KBP 2014会议第一次引入了事件方面的评测任务，提出了事件要素抽取（Event Argument Extraction）任务，对"（事件类别、实体、角色）"三元组进行抽取，采用的模板是基于ACE 2005数据集的。

TAC-KBP 2015 会议[14,15]对多个任务进行了合并，将任务重新规划为了四类：冷启动 KBP、三语实体发现与链接（Tri-Lingual Entity Discovery and Linking）、事件相关任务和槽填充验证组合（Validation and Assembling）任务。其中事件相关任务除了前一年的事件要素抽取，还提出了事件块抽取任务。事件块定义为一段表示事件触发信息的可不连续的文本片段，是事件触发词的更一般情况。

TAC-KBP 2016 会议[15-17]新提出了置信与情感（Belief and Sentiment，BeSt）任务，旨在检测一个实体之于其他实体、关系和事件的置信度和情感极性。

TAC-KBP 2017 会议[18-20]延续了 2016 年的 5 大任务设定，但是重新关注了槽填充任务，并将其与槽填充验证组合任务进行替换。与 2016 年的会议不同的是，TAC-KBP 2017 会议中的 EDL 任务语言扩展到了 13 种语言。

从 2018 年开始，TAC-KBP 2018 至 TAC-KBP 2020 会议[21]对赛道和任务进行了重新规划。EDL 从一个任务发展成了一个赛道，关注的目标是从更多的语种中进行实体的发现与链接，到目前为止已经能处理几百种语言的文本。KBP 主要关注的应用目标变成了流式多媒体（Streaming Multimedia）下的知识库填充。

3.4 其他研究活动

除美国之外，国际学术界也开展了其他一些信息抽取领域的评测项目。

在 2002 年和 2003 年连续两年的 CoNLL（Conference on Natural Language Learning）中，都把会议的共享任务定为"语种独立的命名实体识别"，研究机器学习方法在多语种命名实体识别中的作用，其中定义了 4 种命名实体：PER、LOC、ORG 和 MIS（其他）。其中，CoNLL-2002 在西班牙语（Spanish）和荷兰语（Dutch）上进行评测，CoNLL-2003 在英语和德语上进行评测。

1998～1999 年，日本情报处理学会整合各相关组织共同完成了面向信息检索和信息抽取两方面研究的 IREX（Information Retrieval and Extraction Exercise）评测项目[22]。其中的命名实体任务仿照 MUC/MET 的命名实体任务进行，所不同的是，引入了一种新的实体类别"artifact"，用于识别产品名称、服务名称等。

3.5 信息抽取标注资源

信息抽取的研究主要围绕三个方面：实体抽取、关系抽取和事件抽取。信息抽取的标注资源种类很多，但也主要以实体、关系和事件作为主要标注对象。下面分别介绍一些具有代表性的,常在研究中用于验证算法性能好坏的标注数据集。

首先介绍一些主要标注实体的数据集。

CoNLL-2002 数据集[23]是一个西班牙语和荷兰语的实体识别数据集,主要讨论四类命名实体:人员(PER)、地点(LOC)、组织(ORG)和不属于前三类的杂项实体(MISC)。西班牙数据是西班牙 EFE 通讯社提供的 2000 年 5 月发布的新闻连线文章的集合。标注由加泰罗尼亚理工大学(UPC)的 TALP 研究中心和巴塞罗那大学(UB)的语言与计算中心(CLiC)完成。荷兰语的数据包括 2000 年比利时报纸"De Morgen"的四个版本(6 月 2 日、7 月 1 日、8 月 1 日和 9 月 1 日)。这些数据被标注为安特卫普大学 Atranos 项目的一部分。

CoNLL-2003 数据集[24]是一个英语和德语的实体识别数据集。与 CoNLL-2002 数据集一样,也标注了人员、地点、组织和杂项这四类命名实体。英文资料是路透社语料库的新闻连线文章的集合。德国的数据是法兰克福 Rundschau 的文章的集合。标注均由安特卫普大学完成。

OntoNotes 数据集来源于 OntoNotes 项目,是 BBN Technologies、科罗拉多大学、宾夕法尼亚大学和南加州大学信息科学研究所的合作成果。该项目的目标是对一个大型语料库进行注释,该语料库由三种语言(英语、汉语、阿拉伯语)的各种文本类型(新闻、电话会话、博客、usenet 新闻组、广播、脱口秀)组成,标注内容包括结构信息(语法和谓词论元结构)和浅层语义(词义与本体和共指相联系)。该数据集一共有 5 个版本,其中最后一个版本包含了之前的所有版本。

GENIA 数据集[25]提供了 1999 年生物医学研究文献摘要的实体标记和相关引用。与上述实体识别数据集不同的是,GENIA 数据集关注医学领域的五个实体类别,如 DNA、RNA 和蛋白质等。由于领域的特殊性,这些类别的实体存在不连续和嵌套的特性,由此衍生出实体识别中的非连续实体和嵌套实体问题。

在关系抽取相关研究方面,存在以下具有代表性的数据集。

NYT 数据集[26]是句子级别的远程监督关系抽取任务广泛使用的数据集。该数据集通过将 Freebase 知识库的三元组与纽约时报语料库进行对齐而生成,以纽约时报 2005—2006 年的数据作为训练数据集,以 2007 年的数据作为测试数据集。该数据集共有 53 种关系,其中包含没有关系这种类型。其中,训练数据集包含 522611 个句子、281270 个实体对和 18252 个关系事实。测试数据集包含 172448 个句子、96678 个实体对和 1950 个关系事实。

WebNLG 数据集[27]最初是为自然语言生成(Natural Language Generation)任务而构建的,后来被研究人员添加标注,并应用到了实体关系联合抽取领域[28]。该数据集包含 246 个预定义关系。

SciERC 数据集[29]为 500 篇人工智能论文摘要提供了实体、共指和关系注释,并定义了专门为人工智能领域知识图构建而设计的科学术语类型和关系类型。

DocRED 数据集[30]是目前规模最大的篇章级别的关系抽取数据集。该数据集包含 5053 个人工标注的篇章、56354 个关系事实和 63427 个关系实例。此外，DocRED 数据集还提供了大规模的远程监管数据，其中包含 101873 个篇章、881298 个关系事实和 1508320 个关系实例，这些数据由远程监督的方法标注完成。

ACE 2004 和 ACE 2005 语料库包含英语、汉语和阿拉伯语的标注语料，提供了用于来自各种领域和体裁（如新闻专线、广播新闻、广播谈话、博客、论坛和电话谈话）的文档集合的实体和关系标签。此外，ACE 2005 语料库还提供了事件相关的标注资源，包括 7 种实体类型、6 种粗粒度关系类型、33 种事件类型和 22 种参数角色。

除了 ACE 之外，还有在 Deep Exploration and Filtering of Test（DEFT）程序下创建的实体、关系和事件（Entities，Relations and Events，ERE）标注任务派生出的另一个数据集 ERE。ERE 涵盖了与 ACE 相似的文本体裁，包含更多且较新的文章。ERE 数据集分批发布在 LDC 网站上（如 LDC2015E29、LDC2015E68 和 LDC2015E78），规模为至少 458 个文档和 16516 个句子，共包含 7 种实体类型、5 种关系类型、38 种事件类型和 20 个参数角色，且一般与 TAC-KBP 2015—2017 年发布的测试集进行协同使用。

参考文献

[1] Merchant R H. Tipster Program Overview[C]. Proceedings of A Workshop on Held at Fredericksburg, Virginia, 1993: 1-2.

[2] Crystal T H. TIPSTER Program History[C]. Proceedings of A Workshop on Held at Fredericksburg, Virginia, 1993: 3-4.

[3] Sundheim B M, Chinchor N. Survey of the Message Understanding Conferences[C]. Human Language Technology: Proceedings of A Workshop Held at Plainsboro, New Jersey, 1993.

[4] Chinchor N, Marsh E. Muc-7 Information Extraction Task Definition[C]. Proceeding of the Seventh Message Understanding Conference (MUC-7), Fairfax, 1998: 359-367.

[5] Cunningham H. Information Extraction, Automatic[J]. Encyclopedia of Language and Linguistics, 2005, 3(8): 10.

[6] Cieri C, Liberman M. TIDES Language Resources: A Resource Map for Translingual Information Access[C]. Proceedings of the Third Conference on Language Resources and Evaluation, Las Palmas de Gran Canaria, 2002.

[7] Doddington G R, Mitchell A, Przybocki M A, et al. The Automatic Content Extraction (ACE) Program-Tasks, Data, and Evaluation[C]. Proceedings of the Fourth Conference on Language Resources and Evaluation, Lisbon, 2004.

[8] McNamee P, Dang H T. Overview of the TAC 2009 Knowledge Base Population Track[C]. Text Analysis Conference (TAC), Gaithersburg, 2009.

[9] Ji H, Grishman R, Dang H T, et al. Overview of the TAC 2010 Knowledge Base Population Track[C]. Text Analysis Conference (TAC), Gaithersburg, 2010.

[10] Ji H, Grishman R, Dang H T, et al. Overview of the TAC 2011 Knowledge Base Population Track[C]. Text Analysis Conference (TAC), Gaithersburg, 2011.

[11] Mayfield J. Overview of the TAC 2012 Knowledge Base Population Track[C]. Text Analysis Conference (TAC), Gaithersburg, 2012.

[12] Mihai S. Overview of the TAC 2013 Knowledge Base Population Evaluation: English Slot Filling and Temporal Slot Filling[C]. Text Analysis Conference (TAC), Gaithersburg, 2013.

[13] Mitchell M. Overview of the TAC 2013 Knowledge Base Population Evaluation: Sentiment Slot Filling[C]. Text Analysis Conference (TAC), Gaithersburg, 2013: 1-6.

[14] Ji H, Nothman J, Hachey B, et al. Overview of TAC-KBP 2015 Trilingual Entity Discovery and Linking[C]. Text Analysis Conference (TAC), Gaithersburg, 2015: 1-3.

[15] Mitamura T, Liu Z, Hovy E H. Overview of TAC-KBP 2015 Event Nugget Track[C]. Text Analysis Conference (TAC), Gaithersburg, 2015: 1-4.

[16] Ji H, Nothman J, Dang H T, et al. Overview of TAC-KBP 2016 Trilingual EDL and Its Impact on End-to-End Cold-start KBP[C]. Text Analysis Conference (TAC), Gaithersburg, 2016: 1-5.

[17] Rambow O, Yu T, Radeva A, et al. The Columbia-GWU System at the 2016 TAC KBP BeSt Evaluation[C]. Text Analysis Conference (TAC), Gaithersburg, 2016: 1-31.

[18] Getman J, Ellis J, Song Z, et al. Overview of Linguistic Resources for the TAC KBP 2017 Evaluations: Methodologies and Results[C]. Text Analysis Conference (TAC), Gaithersburg, 2017: 1-13.

[19] Ji H, Pan X, Zhang B, et al. Overview of TAC-KBP 2017 13 Languages Entity Discovery and Linking[C]. Text Analysis Conference (TAC), Gaithersburg, 2017: 1-14.

[20] Mitamura T, Liu Z, Hovy E H. Events Detection, Coreference and Sequencing: What's next? Overview of the TAC KBP 2017 Event Track[C]. Text Analysis Conference (TAC), Gaithersburg, 2017: 1-10.

[21] Ji H, Sil A, Dang H T, et al. Overview of TAC-KBP 2019 Fine-grained Entity Extraction[C]. Text Analysis Conference (TAC), Gaithersburg, 2019: 1-7.

[22] Sekine S, Isahara H. IREX: IR & IE Evaluation Project in Japanese[C]. Proceedings of the Second Conference on Language Resources and Evaluation, Athens, 2000: 1977-1980.

[23] Erik F, Sang T K. Introduction to the CoNLL-2002 Shared Task: Language-Independent Named Entity Recognition[C]. COLING, Taipei, 2002: 1-4.

[24] Sang E F, De Meulder F. Introduction to the CoNLL-2003 Shared Task: Language-Independent Named Entity Recognition[C]. Proceedings of the Seventh Conference on Natural Language Learning at HLT-NAACL, Edmonton, 2003: 142-147.

[25] Kim J D, Ohta T, Tateisi Y, et al. GENIA Corpus—A Semantically Annotated Corpus for Bio-textmining[J]. Bioinformatics, 2003, 19(s1): 180-182.

[26] Riedel S, Yao L, McCallum A. Modeling Relations and Their Mentions without Labeled Text[C]. Joint European Conference on Machine Learning and Knowledge Discovery in Databases, Berlin, 2010: 148-163.

[27] Gardent C, Shimorina A, Narayan S, et al. Creating Training Corpora for NLG Micro-planning[C]. The 55th Annual Meeting of the Association for Computational Linguistics (ACL), Vancouver, 2017: 179-188.

[28] Zeng X, Zeng D, He S, et al. Extracting Relational Facts by An End-to-end Neural Model with Copy Mechanism[C]. Proceedings of the 56th Annual Meeting of the Association for Computational Linguistics, Melbourne, 2018: 506-514.

[29] Luan Y, He L, Ostendorf M, et al. Multi-task Identification of Entities, Relations, and Coreference for Scientific Knowledge Graph Construction[J]. ArXiv Preprint ArXiv:1808.09602, 2018.

[30] Yao Y, Ye D, Li P, et al. DocRED: A Large-scale Document-level Relation Extraction Dataset[J]. ArXiv Preprint ArXiv:1906.06127, 2019.

第 4 章
联合实体识别的关系抽取

4.1 引言

随着互联网的兴起,每时每刻都有不同形式的大量文本数据产生:新闻、研究文献、博客、论坛文字及社交媒体评论等,很多重要且有用的信息都隐藏其中。如何从这些形式自由的非结构化文本中自动抽取出结构化的有用信息,是分析、挖掘、利用这些互联网信息的关键步骤。因此,人们迫切地需要一种自动化工具,用于及时、准确地获取所关注的信息。面对这一需求,信息抽取技术应运而生。信息抽取是自然语言处理领域的一个重要任务,旨在从自然语言文本中自动抽取出特定的实体、关系、事件等要素信息,形成结构化数据,便于对这些信息内容进行存储、分析和重构等操作。

近年来,随着知识图谱(Knowledge Graph)对人工智能领域强大的推动作用,研究人员更为关注结构化知识的抽取。知识图谱的基本单元是形如(头实体,关系,尾实体)的知识三元组,如(北京,首都,中国)等。按照"先发现实体,再确定实体之间关系"的逻辑,以往的研究工作将知识三元组抽取分为命名实体识别(NER)[1]和关系抽取(RE)[2]两个独立任务:前者用于识别句子中的如人名、地名、机构名等命名实体;后者结合文本语义,探测实体对之间可能存在的关系。然而,这种流水线式(Pipelined)的做法忽略了两个任务之间的联系,容易产生错误传播问题[3],即实体识别过程中的错误会影响关系抽取的准确性。为了缓解这一问题,研究人员提出了联合抽取模型。联合抽取模型将两个子模型统一建模,可以更好地利用两个任务之间的潜在信息,以缓解错误传播,并取得了显著进展。

近年来,随着深度神经网络(Deep Neural Network)的发展,越来越多的研究人员利用参数共享的方式将实体识别模型和关系抽取模型结合在一起,形成了真正意义上的实体关系联合抽取方法[4-10]。这些方法的基本思路:首先,利用实体识别模型探测出句子中所有可能的实体;然后,将所有实体两两组合进行关系分类,从而构建三元组。但是在实际场景中,很多实体对之间是不包含任何关系的。例如,在"北京是中国的首都,而不是上海"中,"北京"与"上海"之间没有关系关联。如果将所有实体对都进行关系分类,就必然会产生很多冗余预测(Redundant Prediction),降低了模型的可靠性。

为了减少冗余预测,Zheng 等人[11]提出了一种新的标注技术,将实体识别和关系抽取转化为序列标注任务。但是,该方法认为一个实体只能有一种关系,与事实是相悖的。例如,在"奥巴马出生在美国檀香山市"中,"奥巴马"与"美国"和"檀香山"之间都有"出生地"的关系。这一缺陷导致该方法无法识别出句子中的重叠三元组(Overlapping Triples)。

重叠三元组示意图如图 4-1 所示。在非结构化自然语言中,根据句子中包含的三元组是否重叠,可以分为三类情形:无重叠三元组(Normal),即句子中的实体和关系没有交叉现象;实体对重叠的(Entity Pair Overlapped,EPO)三元组,即句子中的两个实体之间存在多种关系,例如,"北京是中国的首都"这句话,既表达了(北京,首都,中国),又表达了(北京,城市,中国),即"北京"与"中国"这个实体对之间存在两个重叠的关系;单个实体重叠的(Single Entity Overlapped,SEO)三元组,即一句话中有一个实体同时属于两个三元组,例如,在"奥巴马出生在美国夏威夷"中,存在三个三元组(奥巴马,出生于,美国)、(奥巴马,出生于,夏威夷)及(夏威夷,属于,美国)。其中,"奥巴马"、"夏威夷"和"美国"这三个实体都在不同的三元组中出现。

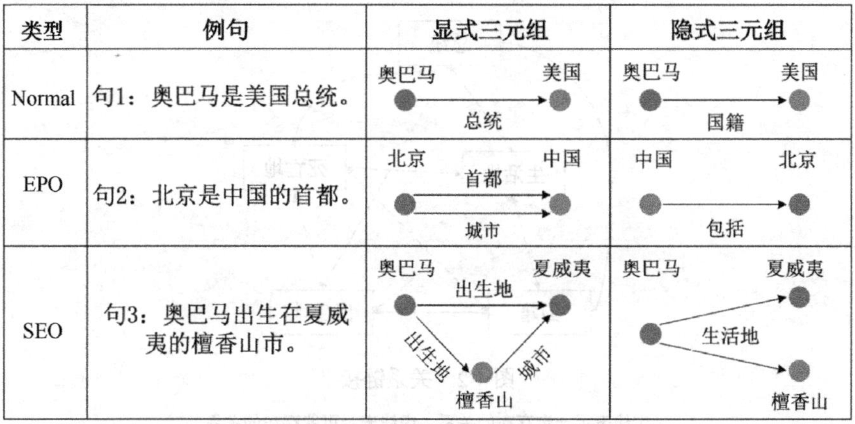

类型	例句	显式三元组	隐式三元组
Normal	句1:奥巴马是美国总统。	奥巴马 —总统→ 美国	奥巴马 —国籍→ 美国
EPO	句2:北京是中国的首都。	北京 —首都/城市→ 中国	中国 —包括→ 北京
SEO	句3:奥巴马出生在夏威夷的檀香山市。	奥巴马 —出生地→ 夏威夷,奥巴马 —出生地→ 檀香山,檀香山 —城市→ 夏威夷	奥巴马 —生活地→ 夏威夷,奥巴马 →檀香山

图 4-1 重叠三元组示意图

最近,研究人员提出了大量的联合抽取模型同时考虑冗余预测和重叠三元组的问题。这些方法可以被粗略地分为两类:第一类方法利用编、解码器架构

（Encoder-Decoder Framework）[12]，编码器将句子编码为一个特定长度的语义向量，解码器以该向量为输入，迭代地生成句子中包含的知识三元组；第二类方法通过设计复杂的实体标注，将实体类型、位置、与其相关的关系等信息融合到统一的标注中，利用序列标注配合特定解码过程识别句子中的重叠三元组[13]。除此以外，Takanobu等人[14]提出了层次化的强化学习模型，利用两种策略分别识别关系和实体。Yuan等人[15]利用注意力机制，学习与关系语义相关的句子表示，从而更加准确地获取与特定关系相关的实体对。

除此以外，关系链接（Relation Linking）也是实体关系联合抽取中所要考虑的重要任务之一。关系链接如图 4-2 所示。如果一个实体对（奥巴马，美国）之间存在关系"President of（总统）"，那么我们可以确定，它们之间还一定存在关系"Place lived（生活地）"和"Nationality（国籍）"。除此以外，"Place of birth（出生地）"和"Place of death（死亡地）"也大概率存在于这两个实体之间。显然，考虑关系链接可以有效地降低实体关系联合抽取模型的潜在搜索空间，显著地提升实体关系联合抽取模型的抽取效果。例如，"北京是中国的首都"这句话，因为其中包含"首都"这一关键词，模型可以很容易地获取"北京"和"中国"之间存在"首都"关系，而（北京，城市，中国）（北京，属于，中国）这两个三元组中的"城市"和"属于"两个关系就很难从句子中直接获取。与之相反，如果模型具备学习关系链接的能力，"首都"这一关系成立，就会成为"城市"和"属于"这两个关系成立的充分条件。

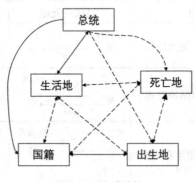

图 4-2　关系链接

（实线表示一定存在的关系，虚线表示可能存在的关系）

本章所介绍的实体关系联合抽取方法围绕"冗余预测""重叠三元组""关系链接"三个研究内容展开。

4.2 问题描述

给定一个非结构化的自然语言句子 s 和关系集合 $R = \{r_1, r_2, \cdots, r_k\}$，k 是数据集中预定义的关系数量，实体关系联合抽取任务的目标是，识别出句子 s 中包含的所有实体对 (e_h, e_t)。其中，e_h 是头实体，e_t 是尾实体，它们之间的关系为 $r_i \in R$。

4.3 基于序列建模的实体识别

基于序列标注的实体关系联合抽取方法[13]，将实体关系联合抽取问题转化为一个序列标注问题。其核心思想是用人工构建的"标注策略"（Tagging Strategy）将实体识别出来，并在此基础上构建实体和关系之间的联系，以达到从非结构化文本中发掘知识三元组的目的。

给定训练数据 D，x_j 是其中一个带标注的句子，实体关系联合抽取的过程可以通过下面的条件概率公式表示：

$$\prod_{j=1}^{|D|} \left[\prod_{(h,r,t) \in T_j} p((h,r,t)|x_j) \right] = \prod_{j=1}^{|D|} \left[\prod_{h \in T_j} p(h|x_j) \prod_{r,t \in T_j|h} p((r,t)|h,x_j) \right]$$
$$= \prod_{j=1}^{|D|} \left[\prod_{h \in T_j} p(h|x_j) \prod_{r \in T_{jh}} p(t|h,x_j) \prod_{r \in R \setminus T_j|s} p(t_c|h,x_j) \right]$$
(4-1)

式中，$h \in T_j$ 表示实体 h 是三元组 T_j 的头实体；$T_j|h$ 表示很多由 h 作为头实体的三元组的集合；r 和 t 分别表示关系和尾实体。基于序列标注的实体关系联合抽取方法，就是利用上面的公式进行知识三元组抽取的。具体地，首先，从句子中检测出头实体；然后，以该头实体的信息和句子信息为依据，检测尾实体。在第二步骤中，可以利用多个分类器，每一个分类器对应一个关系，相当于将关系抽取与实体识别融合在一起。这样做，只用进行两次实体识别的序列标注任务，就可以从句子中抽取出知识三元组。

4.3.1 基于 BERT 的句子编码

在深度学习框架下，从非结构化语句中识别出实体和关系的第一步就是要将非结构化自然语言句子转换为计算机可以理解的地位空间稠密向量。能够完成该任务的方法有多种，如卷积神经网络（CNN）、长短期记忆（LSTM）网络，以及近来 Google 公司所提出的 BERT。其中，BERT 是众多基于 Transformer 的预训练语言模型中的一种，一经提出就打破了多项自然语言处理任务的纪录。BERT 由 N 个独立的 Transformer 层组成，本书将一个 Transformer 层的运算表示为 $\mathrm{Trans}(\cdot)$，用 x 表示模型的输入，那么 BERT 编码器的运算过程可以表示如下：

$$h_0 = S\,W_s + W_p \tag{4-2}$$

$$h_\alpha = \mathrm{Trans}(h_{\alpha-1}), \quad \alpha \in [1, N] \tag{4-3}$$

式中，S 是一个表示单词索引的 one-hot 向量；W_s 和 W_p 分别是语义单元的向量表示矩阵和位置特征的向量表示矩阵；h_α 是第 α 层的 Transformer 的输出；N 是 Transformer 层的总数。

4.3.2 头实体识别

确定一个实体的依据有很多，例如，广为人知的 BIO 标签体系，即如果一个字符是一个实体的开头，那么它所对应的标签就是 B；如果一个字符是一个实体的非开头部分，那么它所对应的标签就是 I；除此之外，所有的字符所对应的标签都是 O。以一句话"北京理工大学位于中关村"为例，这句话经过序列标注之后的标签结果应该是"北-B 京-I 理-I 工-I 大-I 学-I 位-O 于-O 中-B 关-I 村-I。"可以看出，实体识别的过程就是给句子中的每一个字符分配它所对应的标签，这也是"序列标注"这个词语的含义。

与单纯的命名实体识别任务不同，实体关系联合抽取任务的两个子任务"实体识别"和"关系抽取"是互相影响、互相依赖的，即关系抽取的结果和学习到的特征也会影响实体识别的性能。因此，基于序列标注的实体关系联合抽取使用最简单的标注策略发掘句子中包含的实体信息，即只寻找出一个实体对应的头字符和尾字符。更进一步地，可以将该任务简化为两个独立的 0-1 二分类问题，即创建两个独立的二分类器：第一个分类器负责判断句子中的每一个字符是否是一个实体的开头；第二个分类器负责判断句子中的每一个字符是否是一个实体的结尾，确定出的实体就是从头字符到尾字符之间的字符序列。通过这种方式，仅仅利用两个简单的二分类器，就可以实现对实体的判断。整个计算过程可以被形式化地描述为以下内容：

$$p_i^{\mathrm{start_h}} = \sigma(W_{\mathrm{start}}\,x_i + b_{\mathrm{start}}) \tag{4-4}$$

$$p_i^{\mathrm{end_h}} = \sigma(W_{\mathrm{end}}\,x_i + b_{\mathrm{end}}) \tag{4-5}$$

式中，$p_i^{\mathrm{start_h}}$ 和 $p_i^{\mathrm{end_h}}$ 分别表示第 i 个字符是头实体的开头的概率和它是头实体的结尾的概率。在实体识别过程中可以通过设置阈值的方式确定某个字符是否是一个实体的开头或者结尾。例如，设置阈值 $\theta = 0.5$，若 $p_i^{end_h} > 0.5$，则表示第 i 个字符是一个头实体的结尾，反之，则表示第 i 个字符不是一个头实体的结尾。

一句话中可能包含多个头实体。换而言之，模型从一句话中可能会识别出多个实体的开头和实体的结尾。在这种情况下，一般会采取"就近原则"构建实体，即一般确定位于实体开头之后的，且距离开头最近的结尾字符为实体的结尾，将开头和结尾之间的所有字符组合在一起成为一个实体。

4.3.3 尾实体识别

在识别出头实体之后，就需要在特定关系条件下去识别尾实体。"特定关系条件下"的意思是，用一个分类器表示一个关系。例如，一共有 k 种不同的关系，则模型尝试创建 k 个独立的分类器。如果尾实体是由第 i 个分类器发现的，那么头实体和尾实体之间就存在第 i 个关系。

这样做的好处是将实体识别和关系抽取两个差异性较大的任务转变为一个只有实体识别的过程，仅仅通过"序列标注"的方法就可以获取句子中包含的所有知识三元组。形式化的，以上过程可以定义如下：

$$p_i^{start_t} = \sigma\left(W_{start}^r \left(x_i + v_h^k\right) + b_{start}^r\right) \tag{4-6}$$

$$p_i^{end_t} = \sigma\left(W_{end}^r \left(x_i + v_h^k\right) + b_{end}^r\right) \tag{4-7}$$

式（4-6）和式（4-7）中的符号表示与式（4-4）和式（4-5）类似，需要注意的是，其中的 v_h^k 表示第 k 个头实体的向量表示，上标 r 表示关系。上述两个表达式就可以确定出在特定头实体和关系场景下所对应的尾实体。同样，尾实体的开头和结尾的判断依据也是人工设置的阈值 θ。若所有的尾实体的开头和结尾的字符所对应的概率值都小于阈值，则说明本句话中不存在以 h 为头实体的三元组，也就可以有效地避免冗余预测情况。

4.4　基于生成的实体关系联合抽取

基于生成的实体关系联合抽取[12]任务的核心思路，是将三元组的抽取过程转化为类似于机器翻译一样的生成过程，所用的基本架构就是文本生成中所常见的 Encoder-Decoder（编、解码器）模型。它是自然语言处理领域中的一种常见的模型架构，被广泛地应用于机器翻译、语音识别等任务。Encoder-Decoder 模型不具体指某一种算法，而是一类算法的统称。其中，Encoder 称为"编码器"，Decoder 称为"解码器"。Encoder-Decoder 的输入可以是任意形式的文字、语音、图像、视频等，输出也可以是任意形式的文字、语音、图像、视频等。具体的 Encoder 和 Decoder 在实现过程中可以灵活、多变、按需要采用多种不同的模型，如卷积神经网络（CNN）、循环神经网络（RNN）、长短期记忆（LSTM）单元、Transformer 等。所以，基于 Encoder-Decoder 框架可以设计出各种各样的应用算法。

Encoder-Decoder 架构有一个最显著的特征就是，它是一个端到端（End-to-End）的算法。如果应用在自然语言处理中，Encoder-Decoder 框架的编码对象（输入）是一串非结构化文本，解码目标（输出）也是一段非结构化文本，那么将这一类模型称为 Sequence-to-Sequence（Seq2Seq）模型。在这种情况下，编码就是将输入的非结构化自然语言文本转化为固定长度的向量，解码就是将编码结果转化为对应的输出序列。

与普通的 Encoder-Decoder 模型相似，基于 Encoder-Decoder 模型的实体关系联合抽取任务，就是将非结构化文本作为模型的输入，从而让编码器将其编码为一个固定长度的低维向量。与机器翻译、文本生成等任务不同的是，基于生成的实体关系联合抽取在生成时，"实体"是从输入语句中发现的特定的单词，而"关系"是预定义好的关系当中的一个或者几个。例如，在"汉语-英语"机器翻译任务中，输入的语句是"北京是中国的首都"，输出的语句是"Beijing is the capital of China"。显然，输出语句中的每一个词都不在输入语句中，或者说输出语句的词表空间与输入语句的词表空间是完全不同的。而在实体关系联合抽取任务中，如果输入的语句是"北京是中国的首都"，那么模型的输出就是（北京，Capital of，中国）。显然，头实体"北京"和尾实体"中国"都是在原来的句子"北京是中国的首都"中出现的。而关系"Capital of"是预先定义好的。这一现象是由实体关系联合抽取任务决定的，即实体关系联合抽取的目的，是从输入语句中抽取出实体，以及实体之间可能存在的关系。因此，在这种情况下，编码器所输出的实体一定是在句子中出现过的。

除此以外，与普通的编、解码任务不同，实体关系联合抽取所生成的三元组之间是没有顺序要求的。例如，在机器翻译任务中，如果输入的语句是"奥巴马是美国总统"，那么其对应的输出语句是"Obama is the president of the United States"。其中，每一个单词都是有严格的先后顺序规定的。在"is the president of"中，"is"必须在"the president of"的前面。同样的，"president"也必须出现在"of"

之前。而在实体关系联合抽取中，如果输入的语句是"Obama is the president of the United States"，那么输出的三元组是（Obama，president of，United States）、（Obama，born in，United States）、（Obama，nationality，United States）及（Obama，lived in，United States）。需要注意的是，这四个三元组之间是没有顺序要求的，即模型可以先预测出（Obama，president of，United States），也可以先预测出（Obama，nationality，United States）。如果使用普通的 Encoder-Decoder 模型，那么模型会不自觉地学习单词之间的相对顺序，从而带来不必要的学习负担，也会因为顺序出错导致模型的预测结果错误。因此，在基于生成的实体关系联合抽取任务中，需要将三元组之间的相对顺序淡化，转变成一个集合预测任务（Set Prediction Task）[16]。集合预测，就是只考虑每一个应该预测出的元素是否预测出来了，而不考虑元素之间的相对顺序。下面对这种方法进行详细描述。

4.4.1　句子编码

句子编码器的任务是将一个非结构化的自然语言句子编码为一个固定长度的低维空间向量。从理论上说，任何一种编码模型都可以完成这个任务。此处使用 BERT 作为句子编码器。

首先，一个输入的非结构化自然语言句子，会使用字节对编码器（Byte Pair Encoder，BPE）算法进行编码，这种编码方式又称为双字母组合编码（Digram Coding）。其主要目的是压缩数据，算法执行的过程是字符串中最常见的一对字符被一个没有在这个字符串中出现的字符所层层迭代的过程。最终，使用一个常常出现的字符就可以组成所有的单词，在一定程度上显著降低了整体词表的大小。因为在这种算法中，每一个单词都是由常见的字符组合而成的，所以可以有效解决超越词表问题（Out of Vocabulary Problem，OOVP）。与之相反，普通的基于预训练词向量（Word Embedding）的方法，若遇到不在词表中的单词，则会将其表示为"Unknown"特殊字符。如果遇到的不认识的单词过多，那么 Unknown 字符就会造成语义混淆，给模型的整体准确率造成影响。除此之外，BPE 算法是基于最常见的字符单元组成的，可以有效学习到字符的变化信息。例如，英文单词的"时态"信息：两个单词 read 和 reading。模型在大量学习过程中，学到了"-ing"表示"正在进行的动作"，那么在对非结构化语句进行语义建模的过程中，通过"reading"中的"-ing"字符，就可以学习到这句话表示"正在阅读"这样一个语义内涵。

通过 BPE 算法对句子进行编码后，BERT 的输出是每一个字符所对应的地位空间向量表示，记作 $H_e \in \mathbb{R}^{l \times d}$。其中，$l$ 是句子的长度（句子当中包含字符的个数）。值得注意的是，在计算句子长度时，实际上包含了两个特殊的字符[CLS]和[SEP]：前者表示一句话的开头；后者表示一句话的结尾；d 就是字符向量的维度。

4.4.2 基于集合预测的解码过程

如上面所述，与普通的 Seq2Seq 任务不同，实体关系抽取所生成的三元组是没有顺序的，要"弱化"生成序列时各个三元组之间的"序列"关系。因此，此处采用基于集合预测的解码过程。

解码器由 N 个 Transformer 组成，在每一层 Transformer 中，使用多头自注意力机制（Multi-head Self-attention Mechanism）学习句子内部的特征。Transformer 的输出 H_d 被输入一个独立的全连接网络（FFN）中：

$$p^r = \text{softmax}(W_r h_d) \tag{4-8}$$

与 4.3 节中的方式一样，对头实体和尾实体的预测是通过针对实体开头字符和结尾字符的 0-1 分类完成的。具体计算过程如下：

$$p^{\text{h-start}} = \text{softmax}\left[V_1^T \tanh\left(W_1 h_d + W_2 H_e\right)\right] \tag{4-9}$$

$$p^{\text{h-end}} = \text{softmax}\left[V_2^T \tanh\left(W_3 h_d + W_4 H_e\right)\right] \tag{4-10}$$

$$p^{\text{t-start}} = \text{softmax}\left[V_3^T \tanh\left(W_5 h_d + W_6 H_e\right)\right] \tag{4-11}$$

$$p^{\text{t-end}} = \text{softmax}\left[V_4^T \tanh\left(W_7 h_d + W_8 H_e\right)\right] \tag{4-12}$$

式中，$W_r \in \mathbb{R}^{t \times d}$ 和 V 都是网络中需要学习的参数，t 是数据集中预先定义的关系数量；H_e 是 BERT 编码器的输出。通过上述过程，就可以确定出 Encoder-Decoder 模型所生成的三元组。

接下来，问题的核心就是，如何在"不考虑三元组顺序的情况下"将预测结果与标注数据进行对比，从而训练模型。以往的交叉熵损失函数（Cross-Entropy Loss Function）是对顺序敏感的，即预测结果和标签之间必须一一对应。为了适应集合预测的特点，此处采用人工设计的基于"二分图"的损失函数。

具体地，首先，将模型预测出的三元组作为一个序列，将训练数据的标签作为另一个序列，彼此之间构建出一个"二分图"；然后，让二分图的左右两边自动化匹配。此处使用已经非常成熟且经典的匈牙利算法（Hungarian Algorithm）完成二分图左右两边的匹配工作，将其记作 $C_{\text{match}}\left(Y_i, \overline{Y}_j\right)$。最终，模型的损失函数定义如下：

$$L\left(Y, \overline{Y}\right) = \sum_{i=1}^{m} \left[-\log p_{\pi}^r(r_i)\right] + I_{\{r_i\}} \left[-\log p_{\pi}^{\text{h-start}}\left(h_i^{\text{start}}\right) \right.$$
$$\left. -\log p_{\pi}^{\text{h-end}}\left(h_i^{\text{end}}\right) - \log p_{\pi}^{\text{t-start}}\left(t_i^{\text{start}}\right) - \log p_{\pi}^{\text{t-end}}\left(t_i^{\text{end}}\right)\right] \quad (4\text{-}13)$$

式中，π 是匈牙利算法中第一步计算出来的结果。通过上述人工设计的损失函数，可以实现基于生成的实体关系抽取过程，采用集合预测方式进行训练。

大量实验证明，这种基于集合预测的 Encoder-Decoder 架构，相比于其他的方式，可以取得当前所有实体关系联合抽取方法中最好的效果。

4.5　基于翻译的实体关系联合抽取

知识图谱表示学习（Knowledge Graph Representation Learning）任务的目的是将知识图谱中的诸如实体、关系等元素表示为低维空间中的稠密向量，在学习过程中保留知识图谱元素之间的关联关系。因此，在完成知识图谱表示学习之后，可以根据头实体、关系预测其对应的尾实体，根据头实体和尾实体的表示预测二者之间的关系。以最经典的知识图谱表示学习算法 TransE[17] 为例，TransE 算法假设知识图谱中的头实体、关系、尾实体的表示之间存在关系 *h*+*r*=*t*。其中，*h*、*r*、*t* 分别是头实体、关系、尾实体的表示。因此，我们可以利用 *r*=*t*−*h* 计算出两实体之间对应的关系。这样的关系预测方法被称为"基于翻译"的方法。

4.5.1　输入编码

与前面几节介绍的内容相似，实体关系抽取的第一步是将非结构化的自然语言输入表示为固定长度的低维空间向量。这里采用 BERT（Bidirectional Encoder Representations from Transformers）将非结构化文本编码为包含上下文语义信息的低维空间稠密向量。模型的输入由 Token Embedding、Segment Embedding 和 Position Embedding 三部分组成。其中，Token Embedding 是单词的向量表示；Segment Embedding 用来区分句子；Position Embedding 表示对应的单词在句子中的位置信息。对于输入语句表示 *X*，首先计算其对应的 *Q*、*K*、*V* 向量：

$$Q = W_q X + b_q, \quad K = W_k X + b_k, \quad V = W_v X + b_v \quad (4\text{-}14)$$

然后，利用自注意力机制计算句子中单词之间的依赖关系：

$$Z = \mathrm{softmax}\left(\frac{QK^\mathrm{T}}{\sqrt{d_k}}\right)V \quad (4\text{-}15)$$

紧接着，通过两个全连接层得到句子编码结果：

$$\mathrm{FFN}(Z) = \max(0, ZW_1 + b_1)W_2 + b_2 \quad (4\text{-}16)$$

以上部分为一个编码层（Encoder）。此处可以利用多层堆叠的编码层实现对非结构化文本的高质量编码。

4.5.2 实体识别

实体识别本质上是一个序列标注任务，即针对输入语句 s 中的每一个单词 w_i，输出其对应的实体标签（例如，BIO 标签分别表示 w_i 是一个实体的开头、实体的内部及当前单词并非一个实体）。设 h_i 为语义单元 w_i 经过 BERT 编码后的语义表示，其对应的实体标签可以通过简单的分类网络实现：

$$p(h_i) = \mathrm{softmax}(W_{\mathrm{ner}}h_i + b_i) \quad (4\text{-}17)$$

在此基础上，通过对单词标签进行解码，就可以得到对应的实体范围。例如，非结构化文本"北京是中国的首都"经过序列标注之后的各个语义单元对应的标签为"B，I，O，B，I，O，B，I"，则可以解码出"北京""中国""首都"为该非结构化文本中包含的三个实体。

还有很多其他的方式同样可以高效地完成实体识别任务，如 Bi-LSTM+CRF、BERT+Bi-LSTM+CRF 等。同样地，除了 BIO 标注外，还有种类众多的实体标注方法。因为命名实体识别这一任务并非本任务研究的重点，所以此处采用上述简洁、高效的实体识别方式。

4.5.3 关系预测

知识图谱表示学习的目的是将知识图谱中的元素（实体、关系等）表示为低维空间中的稠密向量，同时保留各元素之间的关联关系。以经典算法 TransE 为例，给定一个知识三元组（h,r,t）。其中，h，r，t 分别是头实体、关系、尾实体的向量表示，TransE 假设知识元素之间满足如下关系：

$$h + r \approx t \qquad (4\text{-}18)$$

换而言之，对于一个实体关系联合抽取模型获取的知识三元组，可以利用 $r = t - h$ 来预测头实体和尾实体之间正确的关系。基本思路如下：首先，利用尾实体表示减去头实体表示，便可以得到当前头、尾实体对的"理想关系表示"；然后，在所有关系与该"理想关系表示"之间计算相似度并排序，相似度越高，表示该关系越有可能是正确的；与之相反，相似度越低，表示该关系越有可能是错误的。模型的整体计算框架如图 4-3 所示。

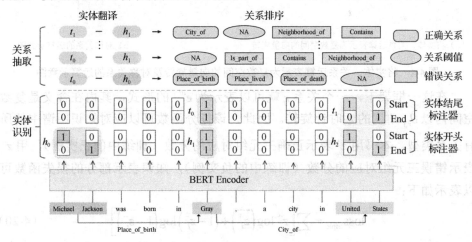

图 4-3 模型的整体计算框架

除此以外，知识三元组中的关系可能存在对称（Symmetric）、非对称（Asymmetric）、逆反（Inversive）、组合（Compositional）等多种性质。其中，关系 r 具有对称性，对于一个实体对 (h,t)，若 (h,r,t) 成立，则 (t,r,h) 也成立，如"配偶"关系；关系 r 具有非对称性，若 (h,r,t) 成立，则 (t,r,h) 一定不成立，如"父亲"关系；两个关系 r_1 与 r_2 具有逆反性，若 (h,r_1,t) 成立，则 (t,r_2,h) 必然成立，如"上位词"与"下位词"关系；r_1 是 r_2 与 r_3 的组合关系，可表示为 $r_1 = r_2 \rightarrow r_3$，如"某人母亲的丈夫是他的父亲"。众所周知，TransE 算法是无法建模如此复杂的关系类型的（如对称关系）。针对这一问题，可以利用一种基于复数空间的实体关系打分函数：

$$t = h \Diamond r, \text{ where } |r_i| = 1 \qquad (4\text{-}19)$$

式中，h, r, t 均为复数中的向量；$\Diamond$ 表示 Element-wise Product。这样做，就把实体

与关系之间的相互作用由 TransE 算法中的简单线性加和转换为复数空间的向量旋转,如图 4-4 所示。

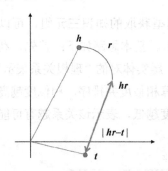
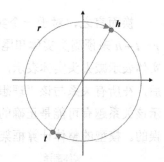

(a)将实体、关系运算表示为复数空间的向量旋转　　　　(b)对称关系的运算示意图

图 4-4　将实体、关系运算表示为复数空间的向量旋转及对称关系的运算示意图

在这一框架下,一个关系 r_i 就可以表示为 $e^{i\theta_{r,i}}$ 的形式,其内在含义是复数空间内以 $\theta_{r,i}$ 角度的顺时针旋转。因此,该打分函数可以应对知识图谱中的所有关系类型。本书用 z^+ 表示正确三元组对应的分数(训练中的正实例),用 z^- 表示错误三元组对应的分数(训练中的负实例),知识表示部分的损失函数可以表示如下:

$$\text{loss}_{\text{triple}} = \sum \left[z_i^+ \log\left(\overline{z_i^+}\right) + \left(1 - z_i^-\right) \log\left(1 - \overline{z_i^-}\right) \right] \quad (4\text{-}20)$$

式中,$\overline{z_i^+}$ 与 $\overline{z_i^-}$ 表示实体关系联合抽取模型所计算出的正实例和负实例所对应的分数。此处可以采用联合训练的方式完成实体关系联合抽取及关系预测,总体的损失函数定义如下:

$$\text{LOSS} = \text{loss}_{\text{re}} + \lambda \text{loss}_{\text{triple}} \quad (4\text{-}21)$$

式中,loss_{re} 表示实体关系联合抽取模型的损失函数;$\text{loss}_{\text{triple}}$ 是关系预测模块的损失函数;λ 是一个超参数,用于调整两个损失函数之间的权重配比。显然,λ 越大,关系预测的要求就越高,模型所产生的知识三元组的准确率也越高;相反,模型的召回率就越小。α 越小,模型产生的知识三元组数量越多,对应的准确率越低,召回率越高。基于上述原理,我们可以通过人工设置超参数 λ 的值,让模型满足特定领域或者应用场景下的需求,也可以利用算法学习 λ,在特定数据集上自适应地决定模型需求。具体的,λ 对模型表现的影响如图 4-5 所示。

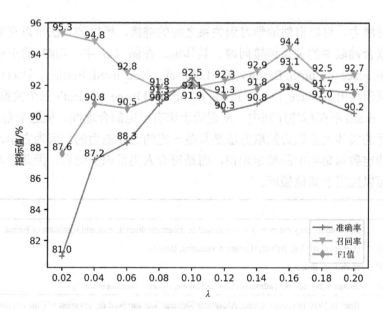

图 4-5 λ对模型表现的影响

图 4-5 中表示的是 λ 的变化在实际情况中对模型的影响。此处利用准确率、召回率和 F1 值（准确率和召回率的调和均值）来表示模型的性能。整体而言，这三个指标数值越高，对应的模型性能越好。反之，指标越低，对应的模型性能越差。图中的纵坐标是对应的指标值，横坐标是 λ，在[0.02, 0.20]之间变化。上述实验结果是在实体关系联合抽取的通用数据集 WebNLG 上得到的。从图中可以清晰地看出，λ 的设置是存在最优值的。当 λ 小于该最优值时，模型整体性能（F1）呈现上升趋势；当 λ 大于该最优值时，模型的整体性能会呈现出一个下降的趋势。

4.5.4 基于翻译的实体关系联合抽取案例

下面通过一组实际数据集中的样例，说明基于翻译的实体关系联合抽取在实际应用中的效果。上述样例中的句子选自纽约时报（*New York Times*），它是自然语言处理领域最常用的数据来源之一。

实际效果展示如图 4-6 所示。基于翻译的实体关系联合抽取最终得到的是一个"关系排名"，即排序越高的关系越有可能是正确的，排序相对较低的关系则有可能是错误的。因为该方法是将所有的实体对两两组合进行预测，因此可以有效解决重叠三元组的问题。除此之外，通过给该方法引入动态阈值 NA，可以有效过滤掉预测过程中的错误关系。因此，该方法可以有效解决实体关系联合抽取中的冗余预测问题。最终，因为基于翻译的知识图谱表示学习方法具备天然的知识图谱学习能力，可以自然地学习到关系之间的链接，所以该方法可以有效解决实体关系联合抽取中的关系链接问题。具体地，在图 4-6 中，句#3 的正确标注是（Lubitsch, place_of_birth, Berlin）和（Lubitsch, place_lived, Berlin）。针对这个实体对，模型预测出了 Place_lived、Place_of_birth 和 Place_of_death 三个关系。其中，Place_of_death 不在标注序列中，从逻辑上讲有一定的合理性。从这个角度来说，基于翻译的实体关系联合抽取方法是具备一定的泛化能力的，因为它学习到的不仅仅是特定数据集当中的特定知识，而是符合人类常识的信息，因此学习到的知识表示可以应用于其他领域。

例句	
句#1：	In Lebanon, they are mostly concentrated in mountain districts east and southeast of Beirut.
正确三元组：	(Lebanon, capital, Beirut) (Lebanon, contains, Beirut)
预测实体对：	(Lebanon, Beirut)
预测关系：	contains, capital, NA, administrative_divisions, /sports_team/location
句#2：	Born in 1939 in Hunan, China, Alexander Shikuan Sun survived the invasion of China during WWII.
正确三元组：	(Hunan, country, China) (China, administrative_divisions, Hunan) (China, contains, Hunan)
预测实体对1：	(Hunan, China)
预测关系1：	country, NA, neighborhood_of, person/children, person/nationality
预测实体对2：	(China, Hunan)
预测关系2：	administrative_divisions, contains, NA, capital, /sports_team/location
句#3：	Lubitsch in Berlin. The director Ernst Lubitsch is best known for the continental fantasies he created during his tenure at Paramount in Hollywood, films like "Trouble in Paradise" (1932) and "Ninotchka" (1939), which took place in a Paris of infinite elegance, wit and sexual tolerance.
正确三元组：	(Lubitsch, place_of_birth, Berlin) (Lubitsch, place_lived, Berlin) (Lubitsch, place_of_death, Hollywood)
预测实体对1：	(Lubitsch, Berlin)
预测关系1：	place_lived, place_of_birth, place_of_death, NA, nationality
预测实体对2：	(Lubitsch, Hollywood)
预测关系2：	place_of_death, place_lived, NA, religion, place_of_birth

图 4-6 实际效果展示

4.6 实验验证

本节通过实验验证上述三种方法的性能：首先，介绍数据集和评价指标；其次，介绍实验采用的对比模型和算法；再次，展示上述三种方法及其对比方法的实验结果；最后，进行深入的实验分析和讨论。

4.6.1 数据集和评价指标

本节所使用的数据集是 NYT 和 WebNLG。其中，NYT 数据集包含 24 个关系，是通过远程监督方法构建的，最先应用于远程监督关系抽取领域。远程监督是一个数据构建的假设。因为关系抽取任务是一个典型的监督学习任务，需要大量的标注数据。在不同场景、不同领域、不同任务需求下需要的关系类型是不同的。每一个关系对应数据集中的一个"标签"，因此，要满足不同领域的应用就需要大量的标注数据，这无疑是不现实的。因此，远程监督方法便应运而生。它的基本假设：如果知识图谱中存在一个三元组（h, r, t），那么所有同时包含头实体 h 和尾实体 t 的句子便会表达 r 这个关系。显然，远程监督的假设是存在问题的，因此 NYT 数据集中包含一定程度的噪声。正因如此，本节的对比实验中还使用了 WebNLG 数据集。该数据集最初是为自然语言生成任务而构建的，后来被研究人员添加标注，并应用到实体关系联合抽取领域。该数据集包含 171 个预定义关系。这两个数据集的统计信息如表 4-1 所示。

表 4-1 这两个数据集的统计信息

类别	NYT		WebNLG	
	训练集	测试集	训练集	测试集
Normal	37013	3266	1596	246
EPO	9782	978	227	26
SEO	14735	1297	3406	457
ALL	56195	5000	5019	703

表 4-1 描述了 NYT 和 WebNLG 两个数据集中的统计信息，其中的数字代表特定数据集中对应的句子的数量。Normal 表示一句话中只包含一个三元组的情况；EPO 表示一句话中包含重叠实体对三元组的情况；SEO 表示一句话中包含单个实体重叠的情况；ALL 表示当前数据集中的句子总数。

在实验过程中，本书采用实体关系联合抽取领域内最常用的准确率、召回率和 F1 值（准确率和召回率的调和均值）来反映模型的性能。在实验过程中，模型超参数（Hyper-parameters）设置严格遵循 4.6.2 节中所提到的原始论文中的参数设置。

4.6.2 对比算法

本书验证和对比上述实体关系联合抽取算法的性能，主要是对"基于序列建模的方法"、"基于生成的方法"和"基于翻译的方法"三类方法进行对比实验，概述如下。

NovelTagging：文献[11]最先将实体关系联合抽取问题转化为序列标注问题，采用特定的标注方法将实体和实体之间的关系表示出来，预测的时候同样存在编码与解码过程。

CasRel：文献[13]提出了一种基于层次二分类的序列表示方法，首先识别出句子中的头实体，然后根据头实体预测相应的关系和尾实体，最后得到对应的三元组。

CopyRE：文献[18]最先提出了基于生成的实体关系联合抽取架构，并采用Encoder-Decoder 模型实现。与普通的生成问题不同的地方是，普通的生成模型生成的内容与原始文本之间的联系和限制较为自由，而实体关系联合抽取生成的三元组的实体必须是原始句子中出现过的单词，因此文献[18]的作者提出了一种基于"复制机制（Copy Mechanism）"的方法，将原始句子中最有可能是实体的单词直接复制到生成的结果中。

SPN：文献[16]研究的同样是基于生成的实体关系联合抽取方法，关注的主要问题是三元组生成过程中的顺序问题，通过集合预测的方式，排除掉解码过程中对三元组顺序的学习。

TME：文献[9]首先提出了基于翻译的实体关系联合抽取方法，通过头实体和尾实体的向量运算来决定二者之间的关系，在预测关系时，采用排序并设置阈值的方式。

TransRel：本书提出的一种同样基于知识翻译的实体关系联合抽取方法。与TME 方法不同的是，本书提出的方法采用了动态阈值划分方式，即不需要设置阈值，使整个学习过程更加智能、高效。

上述方法中，NovelTagging 和 CasRel 是基于序列标注的实体关系联合抽取方法；CopyRE 和 SPN 是基于生成的实体关系联合抽取方法；TME 和 TransRel 是基于翻译的实体关系联合抽取方法。

4.6.3 实验结果

在 NYT 数据集和 WebNLG 数据集上，对本章介绍的三类、六种方法进行对比实验。实验过程中，一个三元组是正确的，当且仅当它所对应的头实体、关系、尾实体都是正确的。在实体解码过程中，采用"最近原则"，即一个实体开头字符与距离它最近且在它之后的第一个头实体结尾字符一起组成同一个单词。

三元组抽取实验结果如表 4-2 所示。从表格中可以看出，在 NYT 数据集上，SPN 取得了最好的准确率和 F1 值，本书所提出的 TransRel 方法取得了最好的召回率。在 WebNLG 数据集上，基于序列标注的 CasRel 取得了最好的准确率，基于翻译的 TransRel 方法取得了最好的召回率，基于 Encoder-Decoder 架构的 SPN 方法取得了最好的 F1 值。以上实验结果反映了以下内容。

（1）相比于传统的基于 Encoder-Decoder 框架的模型 CopyRE，SPN 所做的改进主要体现在"集合预测"方面，即在预测三元组时，通过设计特殊的损失函数，忽略掉解码部分对三元组顺序的学习，减少模型的学习负载，提升模型的整体性能。实验结果充分说明，采用"集合预测"策略是非常有效的。

（2）相比于 TME 需要设置超参数以确定每一个实体对中包含的三元组数量的情况，TransRel 采用了动态阈值的方式，可以更加灵活、动态地确定每一个实体对中包含的关系的数量，从而极大地提升了三元组预测的准确率和召回率。这一实验结果充分说明，本书所设计的基于动态阈值和知识翻译的实体关系联合抽取方法，克服了传统联合抽取方法的不足，取得了更好的效果。

（3）本书提出的 TransRel 方法有一个明显的特点，就是召回率很高，但准确率较低。这最主要的原因是动态阈值 NA 的表示是很难学习的，如果 NA 的表示不够准确，则会导致一些错误的关系在排名的时候也排到 NA 的前面。所以，模型的准确率较低但是召回率很高。

（4）整体而言，三类主流的实体关系联合抽取方法"基于序列标注的方法"、"基于生成的方法"和"基于翻译的方法"之间，并没有明显的优劣之分。每类方法都有自身的长处和短处，导致其在不同的数据集上整体表现各有优劣。

表 4-2　三元组抽取实验结果

模 型	NYT			WebNLG		
	准确率	召回率	F1 值	准确率	召回率	F1 值
NovelTagging	61.5	41.4	49.5	—	—	—
CasRel	89.7	89.5	89.6	**93.4**	90.1	91.8
CopyRE	61.0	56.6	58.7	37.7	36.4	37.1
SPN	**93.3**	91.7	**92.5**	93.1	93.6	**93.4**
TME	69.6	47.8	56.7	—	—	—
TransRel	85.8	**93.6**	89.5	91.9	**94.4**	93.1

4.6.4　问题与思考

如前面所述，尽管研究人员已经设计出多种不同类型的实体关系联合抽取算法，但是其核心任务依旧是"实体识别"和"关系抽取"两个关键步骤。因此，本书分析模型可能产生错误的地方，从而探索如何进一步提升模型在实体关系联合抽取任务上的性能。

1）实体识别错误

实体关系抽取的基本步骤，就是先识别出句子中可能的实体，而后基于实体判断可能存在的关系。如果实体识别错误，那么会影响后续的多项工作的进行。尽管当前的联合抽取算法可以在一定程度上，通过关系抽取的结果影响或者修正实体识别的结果，但是实体识别的错误依旧广泛存在于现有方法中。实体识别错误主要体现在两个方面：①实体主体识别正确，但边界识别错误；②实体识别正确，但角色识别错误，即将原来文本中的头实体识别为尾实体，或者将尾实体识别为头实体。

2）关系分类错误

关系分类错误体现在两个方面：①两个实体对之间原本不存在关系，但是系统为它们预测了一个关系；②两个实体之间存在关系 α，但是系统预测成了 β。这两方面的错误：第一种可以通过引入负实例避免；第二种可以通过学习高效的实体关系表示避免。与传统的分类任务中的负实例标签不同，在实体关系联合抽取任务中，标注数据里面只有正确的三元组，而没有错误的三元组。因此，如何构建关系负实例及三元组负实例，也是实体关系联合抽取领域存在的一个重要的难点与挑战。

3）未检测出三元组

实体关系联合抽取的评价指标主要是准确率、召回率和 F1 值。如果模型存在没有预测出的三元组，则会影响召回率。其中，模型未预测出三元组主要有以下原因：①三元组中的头实体或者尾实体未识别出来，以 TransRel 中的二元标注方法为例，就是头实体或者尾实体的开头或者结尾单词的对应概率小于预定阈值 0.5；②在关系分类的时候，将对应的实体对分类到了 NA 标签，即负实例的质量差或者缺乏高质量的负实例特征表示。

4.7 本章小结

本章对融合实体识别的关系抽取任务的基本架构、存在的问题、关键挑战和主流方法等进行了梳理，分别针对实体关系联合抽取中的冗余预测、重叠三元组和关系链接三个问题进行了阐述，并详细描述了解决这些问题的代表性方法。最后，本章从可能产生错误的角度，分析可能提升实体关系联合抽取模型性能的方法。

参考文献

[1] Chiu J P C, Nichols E. Named Entity Recognition with Bidirectional LSTM-CNNs[J]. Transactions of the Association for Computational Linguistics, 2016, 4: 357-370.

[2] Shang Y, Huang H Y, Mao X L, et al. Are Noisy Sentences Useless for Distant Supervised Relation Extraction[C]. Proceedings of the AAAI Conference on Artificial Intelligence, New York, 2020.

[3] Li Q, Ji H. Incremental Joint Extraction of Entity Mentions and Relations[C]. Proceedings of the 52nd Annual Meeting of the Association for Computational Linguistics, Baltimore, 2014: 402-412.

[4] Liu L, Shang J, Ren X, et al. Empower Sequence Labeling with Task-aware Neural Language Model[C]. Proceedings of the AAAI Conference on Artificial Intelligence, New Orleans, 2018.

[5] Miwa M, Bansal M. End-to-End Relation Extraction Using LSTMs on Sequences and Tree Structures[C]. Proceedings of the 54th Annual Meeting of the Association for Computational Linguistics, Berlin, 2016: 1105-1116.

[6] 鄂海红, 张文静, 肖思琪, 等. 深度学习实体关系抽取研究综述[J]. 软件学报, 2019, 30(6): 1793-1818.

[7] Sun C, Gong Y, Wu Y, et al. Joint Type Inference on Entities and Relations via Graph Convolutional Networks[C]. Proceedings of the 57th Annual Meeting of the Association for Computational Linguistics, Florence, 2019: 1361-1370.

[8] Fu T J, Li P H, Ma W Y. GraphRel: Modeling Text as Relational Graphs for Joint Entity and Relation Extraction[C]. Proceedings of the 57th Annual Meeting of the Association for Computational Linguistics, Florence, 2019: 1409-1418.

[9] Tan Z, Zhao X, Wang W, et al. Jointly Extracting Multiple Triplets with Multilayer Translation Constraints[C]. Proceedings of the AAAI Conference on Artificial Intelligence, Honolulu, 2019.

[10] Liu J, Chen S, Wang B, et al. Attention as Relation: Learning Supervised Multi-head Self-Attention for Relation Extraction[C]. Proceedings of the Twenty-Ninth International Joint Conference on Artificial Intelligence, Yokohama, 2020.

[11] Zheng S, Wang F, Bao H, et al. Joint Extraction of Entities and Relations Based on A Novel Tagging Scheme[C]. Proceedings of the 55th Annual Meeting of the Association for Computational Linguistics, Vancouver, 2017: 1227-1236.

[12] Ye H, Zhang N, Deng S, et al. Contrastive Triple Extraction with Generative Transformer[C]. Proceedings of the AAAI Conference on Artificial Intelligence, Vancouver, 2021.

[13] Wei Z, Su J, Wang Y, et al. A Novel Cascade Binary Tagging Framework for Relational Triple Extraction[C]. Proceedings of the 58th Annual Meeting of the Association for Computational Linguistics, Washington, 2020: 1476-1488.

[14] Takanobu R, Zhang T, Liu J, et al. A Hierarchical Framework for Relation Extraction with Reinforcement Learning[C]. Proceedings of the AAAI Conference on Artificial Intelligence, Honolulu, 2019.

[15] Yuan Y, Zhou X, Pan S, et al. A Relation-Specific Attention Network for Joint Entity and Relation Extraction[C]. Proceedings of International Joint Conference on Artificial Intelligence, Yokohama, 2020: 4054-4060.

[16] Sui D, Chen Y, Liu K, et al. Joint Entity and Relation Extraction with Set Prediction Networks[J]. ArXiv Preprint ArXiv:2011.01675, 2020.

[17] Bordes A, Usunier N, Garcia-Duran A, et al. Translating Embeddings for Modeling Multi-relational Data[C]. Neural Information Processing Systems (NIPS) Conference, Lake Tahoe, 2013: 1-9.

[18] Zeng X, Zeng D, He S, et al. Extracting Relational Facts by An End-to-end Neural Model with Copy Mechanism[C]. Proceedings of the 56th Annual Meeting of the Association for Computational Linguistics, Melbourne, 2018: 506-514.

第 5 章
弱监督的关系抽取

5.1 引言

随着互联网技术的飞速发展，大量的非结构化数据充斥着计算机网络，其中含有丰富的经济、人文、军事、政治等信息，增长速度快、信息繁杂、噪声大。传统的人工方法很难在短时间内对大量的互联网数据进行信息抽取，因此激励并推动了关系抽取技术的发展。关系抽取的目的是从海量的非结构化文本中抽取实体间的关系，并将其存储为结构化的形式。这项任务有益于众多应用，如问答系统[1-4]、搜索引擎系统[5]和机器翻译[6]等。本章首先介绍弱监督关系抽取的基本概念，然后以远程监督的关系抽取为主要线索介绍一些基于弱监督的关系抽取的方法和应用。

现有的关系抽取方法大致可以分为三类：基于有监督学习的关系抽取、基于半监督学习的关系抽取和基于无监督学习的关系抽取。基于有监督学习的关系抽取需要大量高质量的带有标签的数据作为训练集，使模型能够学习到准确的知识。该方法通常以单一的句子作为标注实例，首先确定实例中的实体，然后确定两个实体之间的关系，并且每个实例仅存在一种关系。如果实体对之间不存在预先定义好的关系，那么标注成"NA"。基于有监督学习的关系抽取方法性能优异，但是需要耗费大量的人力、物力来进行数据标注。基于半监督学习的关系抽取方法解决了基于有监督学习的关系抽取方法依赖于大规模标注数据的问题。基于半监督学习的关系抽取方法需要大量未标注的数据和一些感兴趣的关系类别的种子样例就可以训练模型，但是效果弱于有监督学习方法的性能。基于无监督学习的关系抽取方法一般是聚类的方法，利用实体对之间的上下文信息构建实体向量，计算它们之间的相似度，最后根据相似度进行聚类，并为每个类别赋予关系标签。这些关系抽取方法严重依赖于现有的标注数据，但是已有的标注数据往往存在受限于特定的领域及更新迭代慢等问题。在面临新的领域和非结构化数据时，需要消耗大量的时间和精力标注该数据才能进行关系抽取任务。因此，Mintz等人[7]在2009年提出了远程监督的关系抽取以解决这种矛盾。该方法的主要思路是使用启发式匹配的方法将知识图谱中的三元组关系事实对齐到无标记的纯文本中，获取关系抽取的带有标签的正实例数据集。而负实例数据则是随机抽取知识图谱中不存在的关系对进行对齐，进而得到带有"NA"标签的负实例数据。例如，知识库存在三元组关系事实：（奥巴马，美国，总统），根据远程监督的构造方法，文本中存在奥巴马和美国的语句。

- 美国的第 44 任总统是奥巴马。
- 奥巴马，1961 年 8 月 4 日生，美国民主党籍政治家，第 44 任美国总统，美国历史上第一位非裔美国总统。
- 1991 年奥巴马以优等生身份从美国的哈佛大学法学院毕业，而后在芝加哥大学法学院教授宪法长达 12 年（1992—2004 年）。
- 奥巴马执政 8 年，美国经济从衰退到复苏，创造了大量就业岗位，美国家庭年收入在 2016 年创下历史上的最大增幅。
- 奥巴马执政后，将医改作为美国国内"新政"的主要工程之一，在推行改革的过程中，奥巴马吸取了 20 世纪 90 年代克林顿执政时期医改失败的教训，采取了一些新策略。

……

这些带有实体对的句子都将作为描述语句，描述实体对（奥巴马，美国）之间的关系（领导）。通过远程监督的方法可以搭建知识库和文本之间的联系，在短时间内构造大量带有标签的关系抽取数据集。

5.2 问题分析

远程监督的关系抽取方法解决了已有关系抽取中标签数据消耗大量的人力、物力和时间的问题，又在一定程度上避免了无监督关系抽取方法准确率低等问题。由于现有的知识库不够完善，有些关系并没有被标注出来，因此基于远程监督构造的数据集不可避免地存在一些问题。通过对数据集进行分析，远程监督数据集主要存在以下三个问题。

- 多实例问题[8]。由于远程监督的关系抽取方法存在一个比较强的假设，即若知识库两个实体对存在某种关系，则包含这两个实体对的句子都能够描述这种关系，因此会存在噪声标注的问题。Riedel 等人[9]采用一个假设：实体对所在的句子至少存在一个能够描述该实体对的关系。另外通过一个因子图模型来预测实体对之间的关系及能够描述这种关系的句子。该工作通过将知识库中的关系事实与纽约时报对齐构造了 NYT 数据集，该数据集被后续研究工作作为远程监督关系抽取的基准数据集。综上所述,该方法将存在某一实体对的句子组成一个实例包,使用实例包的标签代替句子的标签,有效地提高了远程监督的关系抽取性能。多实例图如图 5-1 所示。若包中有一个正实例,则包的标签为正标签。

图 5-1 多实例图

(圆圈代表正实例,三角代表负实例。若包中存在一个正实例,则包的标签为正标签)

- 多实例多标签问题。当知识库中的实体对之间存在多个关系时,在对齐文本中的句子后就会存在多标签的问题,如(奥巴马,美国,出生)和(奥巴马,美国,总统)。Hoffmann 等人[10]提出了使用概率图模型来处理多标签的问题。Surdeanu 等人[11]提出了基于隐变量的概率图模型来解决多实例多标签问题,并使用最大期望(Expectation Maximization,EM)算法来对模型的参数进行学习。
- 噪声数据的问题。由于知识库的不完备性和非结构化文本更新迭代快等问题,训练数据的构造过程会存在大量的噪声数据。Lin 等人[12]使用句子级别的注意力机制解决包中的噪声数据问题。噪声数据图如图 5-2 所示。苹果和乔布斯存在两种关系,但是知识库中存在一种关系,第一个句子的描述被认为是正实例数据,第二个句子的描述被认为是噪声数据。如上所述,解决噪声数据的根本在于筛选出噪声数据和正实例数据。

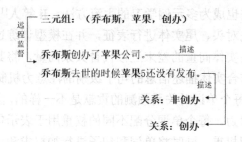

图 5-2 噪声数据图

[通过三元组(乔布斯,苹果,创办)可以抽取出不同的关系描述]

综上所述，为了解决远程监督关系抽取方法存在的问题，Hoffmann 等人[10]提出了一种经典的多示例学习（MultiR）方法，为每个句子分配与关系数量相等的隐变量，并分别进行错误标签预测。MultiR 方法通过对包内句子预测结果取并集来表示每个包的预测结果，采用类似于感知机的模型来学习参数。Surdeanu 等人[11]则在 MultiR 方法的基础上做出改进，提出一种新的多示例多标记（MIML）方法，基本思路是对模型捕捉包与不同标签的相关性进行预测。不同于 MultiR 方法，该方法依然采用基于概率统计的贝叶斯模型学习参数，在准确率与时空复杂度上都优于 MultiR 方法。Min 等人[13]和 Xu 等人[14]发现由于知识库不全及噪声产生了大量的假负（False Negative）例数据，通过概率图模型，使用 EM 算法预测每个句子是否为真。Ritter 等人[15]同时兼顾假正（False Positive）例和假负例，并使用一种软性约束机制缓解句子与包标签不匹配问题。

深度学习的快速发展为远程监督关系抽取方法提供了新的解决方案，如基于注意力机制的远程监督关系抽取方法、基于非独立同分布的远程监督关系抽取方法和基于图卷积的远程监督关系抽取方法等。Zhang 等人[16]提出了一种切分卷积神经网络（Piecewise Convolutional Neural Network，PCNN）来自动捕捉上下文信息。首先使用预训练的词向量将单词映射到低维度向量空间，然后使用卷积神经网络对文本进行特征提取。不同于传统文本分类的 CNN，其根据两个实体将文本划分为三段，并为每一段进行最大池化，可以有效地处理长文本表征能力，降低时间复杂度。另外，Zeng 等人[17]还使用了位置嵌入（Position Embedding），使得模型可以更好地学习到实体在文本中的结构化信息，进一步提升泛化能力。

Lin 等人[12]针对 At-Least-One Assumption 分类时只选择一个句子会损失大量的语义信息，提出了一种句子级别的注意力（Sentence-Level Attention）机制。首先使用 PCNN 对包内的句子进行卷积核最大池化，然后对每个句子与关系向量计算相似度并使用 softmax 归一化权重，以此对包内句子进行加权求和获得包嵌入（Bag Embedding），最后直接应用一层神经网络对这个包进行分类。基于句子级别的注意力的降噪方法也成为多示例学习的主流方法。Ji 等人[18]改进了 Lin 等人的权重分配方法。首先对头、尾实体进行表征，并在模型训练过程中进行微调，然后用尾实体向量与头实体向量的差来近似代替关系向量，将其与每个句子计算权重，从而提出一种结合实体描述信息的句子级别的注意力机制。

Jat 等人[19]认为每个单词对关系预测的贡献是不一样的，因此提出一种基于单词和实体级别的注意力，每个单词分配不同的权重用于表示句子向量，实体则用于对不同的句子分配权重。同时将单词和句子进行加权求和可以提取更关键的语义成分来提升预测能力。

Wu 等人[20]则在 PCNN 的基础上添加了神经噪声转换器（Neural Noise

Converter），通过学习结构化的转移矩阵来获得含有噪声的数据集，并使用条件最优选择器（Conditional Optimal Selector）从噪声中选择权重最大的句子用于分类。

5.3 基于注意力机制的弱监督关系抽取

本节介绍弱监督关系抽取任务中存在的挑战及解决方法。现阶段的模型直接在远程监督数据集上进行关系抽取，数据集中存在大量的噪声实例，会对模型产生严重的干扰。因此如何解决远程监督数据集中的噪声成了一个亟待解决的问题。已有的远程监督关系抽取模型[12,16-18,21-23]使用多实例的方法来解决噪声问题，即存在相同的实体对的实例被认为是一个实例包，使用包的标签代替句子的标签。基于注意力机制的远程监督关系抽取的目的是筛选出包中重要的关系描述句子。Zeng 等人[17]使用多实例学习的方法，筛选出了最有用的关系描述句子。Lin 等人[12]给包中的句子分配不同的权重，对包中的句子进行筛选，抽取出了重要的关系特征。Ji 等人[18]引入了实体描述来计算包中句子的重要性。这些方法均是降低包中噪声的关系描述。

5.3.1 基于切分卷积神经网络的关系抽取

基于切分卷积神经网络的关系抽取模型[17,24]主要分为两个部分：切分卷积神经网络和多实例学习。该方法是为了解决两个问题：①在远程监督方法中，已有的知识库启发式地与文本对齐，将对齐结果视为标记数据，然而启发式对齐并不准确，可能会标记错误；②在传统的方法中，统计模型使用句子的特征进行关系抽取，而特征提取过程产生的噪声可能会导致性能不佳。针对第一个问题，为了抽取句子的更多特征，切分卷积神经网络通过使用具有分段最大池化的卷积结构来自动学习相关特征。针对第二个问题，多实例学习考虑到包中标签的不确定性，从实例包中抽取出对当前实体对关系有用的描述句子。下面具体介绍切分卷积神经网络和多实例学习。

1）切分卷积神经网络模型

切分卷积神经网络模型共分为四个部分：词向量表示部分、卷积神经网络部分、切分最大池化部分和分类器部分。切分卷积神经网络框架图如图 5-3 所示。

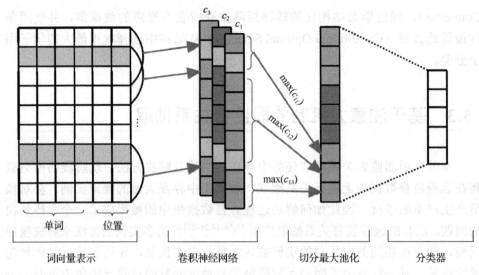

图 5-3　切分卷积神经网络框架图

（1）词向量表示

在该部分，自然语言的句子被转化为词向量表示。许多 NLP 任务使用预训练词向量可以取得优异的性能表现。词向量是单词的分布式表示，可以将文本中的每个词映射到一个低维的向量空间。词向量通常利用无标记文本中单词的共现结构，以一种无监督的方式进行学习。该工作使用 Skip-gram 模型[25]来训练词向量。为了更好地考虑句子中实体对的信息，引入了实体对的相对位置向量[17]信息。

相对位置距离如图 5-4 所示。"中国的首都是北京"中"首都"相对于实体"中国"和实体"北京"的距离分别是 2 和-2，有了位置向量，可以帮助模型锁定实体对的位置。最后，将每个单词的词向量和位置向量拼接起来，组成当前单词的向量。假设句子中存在 n 个单词，第 i 个单词的词向量是 w_i，由于有两个实体对，因此位置向量存在两个，分别是 p_i^1, p_i^2，则当前单词的向量表示为 $x_i = [w_i, p_i^1, p_i^2]$。

图 5-4　相对位置距离

（2）卷积神经网络

卷积神经网络[26]通过卷积核来学习局部特征。这些特征不限制它们的绝对位置,具有位移不变性。卷积操作最大的优势在于权值共享,通过不同的卷积核捕获不同的通道的特征,每个通道的特征具有相同的权重,有效地减少了神经元的数量,提升了学习的有效性和计算性能。

假设卷积核的个数是 $w(w=3)$,步长为 1,将词向量表示的句子序列 $X=[x_1,\cdots,x_i,\cdots,x_n]$ 作为输入。卷积运算就是将卷积核与句子序列做点积,获得一个新的序列,计算过程如下:

$$c_j = wx_{j-w+1:j} \tag{5-1}$$

式中,$x_{j-w+1:j}$ 表示第 $j-w+1$ 个词到第 j 个词的序列。为了捕获句子的特征,需要多个卷积核共同操作。因此,本书使用 m 个卷积核来捕获句子的特征,计算方法如下:

$$c_{ij} = w_i x_{j-w+1:j}, \quad 1 \leqslant i \leqslant m \tag{5-2}$$

经过卷积的句子结果是一个矩阵 $C=[c_1,\cdots,c_m]$。

(3)切分最大池化

为了后续的计算方便,通常将卷积层提取出来的特征进行组合,使其与句子长度无关。在传统的卷积神经网络中,采用最大池化的方法抽取句子的特征。最大池化的目的是捕获句子最重要的特征,即向量中具有最高的值。但是,这种方法忽略了句子中一些重要的特征,如实体对之间的结构化信息等。原因是最大池化的方法过于粗糙且无法捕捉句子的细粒度信息。因此,Zeng 等人提出使用切分最大池化的方法,捕获句子的细粒度特征。具体思路是根据实体对的位置将句子分为 3 段,分别对每一段句子使用最大池化。假设卷积的句子序列为 $C=[c_1,\cdots,c_m]$,其中实体对位于第 a 个位置和第 b 个位置。首先将句子分为三段,分别是 $C_1=[c_1,\cdots,c_a]$,$C_2=[c_a,\cdots,c_b]$,$C_3=[c_b,\cdots,c_m]$。然后使用最大池化抽取出句子的特征: $P=[\max(C_1),\max(C_2),\max(C_3)]$。

(4)分类器

在这个部分,使用 softmax 分类器,得到一个句子所有关系类型的条件预测概率。

2)多实例学习

为了降低实例包中噪声标签的影响,在此使用多实例学习的方法解决该问题。假设训练数据的第 i 个实例包 B_i 由 5 个实例组成,即 $B_i=[P_1,P_2,P_3,P_4,P_5]$,对应的标签是 r_i。从实例包中选择最大关系预测概率的实例进行训练,实例选择的计算公式如下:

$$j = \arg\max\left(p\left(r_i \mid \boldsymbol{B}_i^j; \theta\right)\right) \quad (5\text{-}3)$$

式中，$\boldsymbol{B}_i^j$ 为第 i 个实例包中的第 j 个实例描述；$p(r_i \mid \boldsymbol{B}_i^j; \theta)$ 表示由 PCNN 计算得到的实例的预测关系概率，θ 为模型参数。该方法的核心思想是使用实例包中最有可能的一个实例作为关系的实例描述来作为训练数据。

5.3.2 基于句子级别的注意力机制的远程监督关系抽取

基于句子级别的注意力机制的远程监督关系抽取模型[12]的主要贡献在于提出了在实例包中使用句子级别的注意力机制的方法，动态地抽取实例包中关系的重要描述。该方法的主要目的是解决在远程监督的数据构造过程中产生的噪声标签问题。下面介绍基于句子级别的注意力机制的关系抽取模型，包括四个部分：词向量部分、切分卷积神经网络部分、句子级别的注意力机制部分和分类器部分。其中，词向量部分、切分卷积神经网络部分、分类器部分和 5.3.1 节中的相似，在此不再赘述。

句子级别的注意力机制模型的主要思想是利用实例包中的所有实例信息，主要的解决方法有两种：求均值和注意力机制。假设实例包 $\boldsymbol{B}$ 存在 n 个实例，经过卷积神经网络，抽取到句子的特征：

$$\boldsymbol{B} = \text{CNN}\left(\left[x_1, \cdots, x_i, \cdots, x_n\right]\right) \quad (5\text{-}4)$$

1）求均值

所有实例都存在能够描述实体对的关系信息，并且具有相同的重要性，这意味着将对所有的向量相加求平均，包中每个实例的权重都是 $\dfrac{1}{n}$，具体算法如下：

$$s = \frac{1}{n}\sum_i x_i \quad (5\text{-}5)$$

式中，x_i 表示第 i 个实例；s 为实例包的关系描述表示。

2）注意力机制

考虑到实例包中实例的多样性，使模型自动地选择关系描述句子，为不表示目标关系的句子分配较小的权重，反之分配较大的权重。句子级别的注意力机制框架图如图 5-5 所示。根据实例包的关系为不同的实例分配不同的权值，进而降低噪声实例的影响，提高模型的抽取效果。

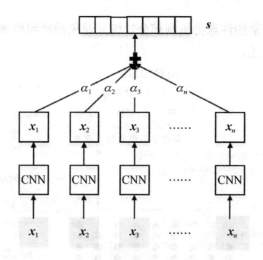

图 5-5 句子级别的注意力机制框架图

x_i 表示实例包中的第 i 个实例，α_i 表示第 i 个实例对应的权重。模型通过动态地学习包中实例的权重，达到减弱噪声标签的影响，计算公式如下：

$$s = \sum_i \alpha_i x_i \qquad (5\text{-}6)$$

式中，权重 α_i 采用选择性注意力机制获取，计算方式如下：

$$\alpha_i = \frac{\exp(e_i)}{\sum_k \exp(e_k)} \qquad (5\text{-}7)$$

式中，e_i 代表实例 x_i 和实例包的关系向量表示是 r_i 的匹配程度，计算公式如下：

$$e_i = x_i A r_i \qquad (5\text{-}8)$$

式中，A 表示加权对角矩阵。

5.3.3 基于实体描述的句子级别的注意力机制的远程监督关系抽取

基于实体描述的句子级别的注意力机制的远程监督关系抽取模型[18]的主要贡献在于使用实体描述信息为预测关系提供背景信息并提高实体表示。该方法的目的与基于句子级别的注意力机制的远程监督关系抽取方法相似，都是为了充分利用远程监督语料的信息。实体描述信息是使用传统的卷积神经网络模型从 Freebase 或者维基百科中抽取的实体的特征。基于实体描述的句子级别的注意力机制的远程监督关系抽取框架图如图 5-6 所示。基于实体描述的句子级别的注意力机制的远程监督关系抽取模型包括两个部分：切分卷积神经网络部分和实体描述的句子级别的注意力机制部分。切分卷积神经网络部分与 5.3.1 节中的类似，在此不再赘述。

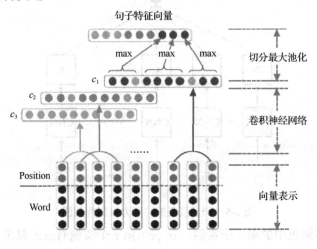

（a）切分卷积神经网络部分

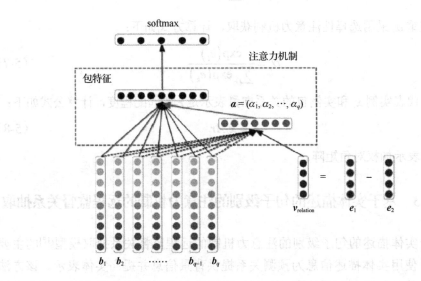

（b）实体描述的句子级别的注意力机制部分

图 5-6　基于实体描述的句子级别注意力机制的远程监督关系抽取框架图

（框架图分为两个部分：切分卷积神经网络部分和实体描述的句子级别的注意力机制部分。e_1 和 e_2 是实体对，$v_{relation}$ 表示实体描述向量）

实体描述的句子级别的注意力机制模型的主要思想是利用实体描述的信

息作为查询信息，计算实体描述信息和实例包中的实例的相似性，进而计算出实例包中句子的权重。实体描述的思想受启发于 Trans E 模型，使用 $e_2 + r = e_1$ 来对三元组进行建模，并取得了较好的结果。另外还受 word2vec 的启发，$v_{美国} - v_{华盛顿} = v_{中国} - v_{北京}$，它们也能够表示某种关系。因此，在此使用 $e_1 - e_2$ 来表示关系向量。

1）注意力机制层

该方法存在的一个假设是实体描述向量 $v_{relation}$ 包含实例包的关系 r，实体描述向量 $v_{relation} = e_1 - e_2$。实例包中的每个实例都能够表示某种关系，若实例包中的句子和实体描述向量存在较高的相似度，则该实例将被分配较高的权重；反之，若相似度较低，则被分配较低的权重。在图 5-6（b）中，实例包 $B = [b_1, \cdots, b_i, \cdots, b_q]$ 表示包中实例的特征向量，在此使用 $v_{relation} = e_1 - e_2$ 来表示实例包的关系向量，因此，实例包中实例的权重计算公式如下：

$$\alpha_i = \frac{\exp(\omega_i)}{\sum_{j=1}^{q} \exp(\omega_j)} \tag{5-9}$$

$$\omega_i = W_a^T \left(\tanh([b_i, v_{relation}]) \right) + b_a \tag{5-10}$$

式中，W_a^T 和 b_a 为可训练的参数；$\alpha = [\alpha_1, \cdots, \alpha_i, \cdots, \alpha_q]$ 是实例包中实例的权重矩阵。因此实例包被表示为 s，计算公式如下：

$$s = \sum_i \alpha_i b_i \tag{5-11}$$

2）实体描述

实体描述能够提供丰富的背景知识。因此，使用传统卷积神经网络（包含一个卷积层和最大池化层）来抽取实体描述的特征向量。使用集合 $D = \{(e_i, d_i) | i = 1, \cdots, |D|\}$（实体，描述）表示实体描述。$d_i$ 是实体的描述向量，从 Freebase 和维基百科中抽取出来，使用传统的卷积神经网络模型抽取实体的描述向量。从实体描述中提取的背景知识不仅为预测关系提供了更多信息，而且还为注意力模块带来了更好的实体表示形式。在 Freebase 中，有 25271 个具有特殊描述的实体。其他 14257 个实体在 Freebase 中没有特殊的描述，本书在维基百科页面上提取它们的描述。对于没有特殊描述的实体，有 3197（8.1%）个实体描述包含字符串"可能引用"，意味着它们是模棱两可的，因此不使用它们，仅提取前 80 个单词进行描述。

5.3.4 基于非独立同分布的远程监督关系抽取

基于非独立同分布的远程监督关系抽取模型[27]的主要贡献在于使用线性衰减筛选句子中重要的单词和使用非独立同分布的思想解决实例包中的噪声标签问题。该方法解决两个问题：①在使用远程监督方法构造数据集的过程中，在启发式地与文本进行对齐时，句子中会引入大量的噪声单词，它们会导致实例句子描述的关系信息不准确；②在启发式地与文本进行对齐时，会将实例句子的标签标记错误。针对第一个问题，提出使用线性衰减来拟合实体和单词之间的联系。针对第二个问题，提出使用非独立同分布的思想来解决该问题。基于非独立同分布的远程监督关系抽取框架图如图 5-7 所示。基于非独立同分布的远程监督关系抽取模型共分为两个部分：切分卷积神经网络部分和注意力机制部分。切分卷积神经网络部分与传统的切分卷积神经网络部分的不同之处在于在词向量部分加入了线性衰减。注意力机制部分使用非独立同分布的方法计算实例包中各个实例句子之间的联系，筛选出能够表示实例包关系的实例句子。

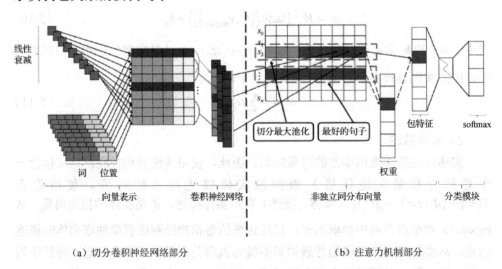

(a) 切分卷积神经网络部分　　　　(b) 注意力机制部分

图 5-7　基于非独立同分布的远程监督关系抽取框架图

1）线性衰减

在关系抽取中，重要的单词和能够表示关系的单词通常位于实体对的附近。相反，当某些单词的相对距离较大时，这些单词被认为存在实例包的关系信息较少或无用。

假设存在包含实体对的句子 $X = [w_1, w_2, \cdots, w_k]$，该句子包含 k 个单词。为了

有效地利用句子中的单词信息,给句子中的每个单词向量添加一个权重γ_i,则句子的表示形式如下:

$$X = [\gamma_1 w_1, \gamma_2 w_2, \cdots, \gamma_k w_k] \tag{5-12}$$

通常情况下,权重γ_i的计算方法有两种:①权重为1;②权重不为1。

(1) 权重为 1。一般情况下,我们认为句子中的单词对于关系描述具有相同的贡献。将权重γ_i设置为1,则句子的表示形式如下:

$$X = [w_1, w_2, \cdots, w_k] \tag{5-13}$$

(2) 权重不为 1。随着单词和实体对距离的增加,目标单词对实体对关系的重要程度也在不断地减小。因此,如果我们直接认为句子中的所有单词具有相同的权重,在训练和测试的时候,不重要的单词和重要的单词将会被认为具有同等的作用,不具有区分性。所以,本书使用线性衰减来计算句子中单词的权重。具体的计算公式如下:

$$\gamma_i = \begin{cases} \left(1 - \dfrac{|d_{i1}|}{D}\right) + \left(1 - \dfrac{|d_{i2}|}{D}\right), & d_{ij} \leqslant D \\ 0, & d_{ij} \geqslant D \end{cases} \tag{5-14}$$

式中,j表示1或者2,1表示头实体,2表示尾实体;d_{i1}是目标单词相对于头实体的相对位置距离;d_{i2}是目标单词相对于尾实体的相对位置距离;D是一个阈值。如果目标单词的相对位置距离超过了阈值D,则单词的权值γ_i为0。线性衰减图如图5-8所示。"in"关于头实体"Obama"的相对位置距离为3,关于尾实体"the United States"的相对位置距离是1。因此,单词"in"的权重是$2 - \dfrac{4}{D}$。

$1 - \dfrac{3}{D}$ $1 - \dfrac{1}{D}$

Obama was born in **the United States** just as he has always said

图 5-8 线性衰减图

2) 非独立同分布

该方法的一个假设是实例包中必然存在一个能够表示实例包的关系的实例句子,而且实例包中的句子并非完全独立存在的,它们之间存在着相互联系,并且服从相同的分布。

假设存在实例包$B = [b_1, \cdots, b_i, \cdots, b_q]$,实例包的关系为$r$,实例$b_i$是最能够表示关系$r$的句子。该方法认为实例包中的实例是非独立同分布的,使用b_i和剩余句子的余弦相似度来表示实例包中句子的权值。高的余弦相似度意味着具有较高的权重，具体的计算公式如下：

$$\alpha_{ij} = \frac{e_{ij}}{\sum_k e_{ik}} \tag{5-15}$$

式中，α_{ij} 表示实例句子 b_j 的权重；e_{ij} 表示实例句子 b_i 和 b_j 之间的关联程度。e_{ij} 的计算方式如下：

$$e_{ij} = \frac{b_i \cdot b_j}{|b_i| \times |b_j|} \tag{5-16}$$

式中，b_i 是最能够表示实例包关系 r 的句子。因此实例包被表示为 s，其计算公式如下：

$$s = \sum_j \alpha_{ij} b_j \tag{5-17}$$

5.4 基于图卷积的远程监督关系抽取

本节主要介绍图卷积神经网络[28,29]在远程监督关系抽取中的应用。基于依存树的模型在关系抽取中被证明是非常有效的，因为它能够捕获形式上模糊的远距离的依存信息。图卷积神经网络是一种能够利用句子的依存信息构建邻接矩阵并进行卷积操作的神经网络模型。因此，图卷积神经网络能够捕获句子的长距离和非序列特征，在自然语言处理中具有广泛的应用。

5.4.1 基于依存树的图卷积关系抽取

现有的远程监督关系抽取模型容易忽略依存树的关键信息或者难以在不同的依存树上并行计算，使得计算效率低下。图卷积关系抽取模型能够高效地使用依存树的依存信息并能够捕获句子的长距离依存关系[30-33]。因此，Zhang 等人[16]提出了图卷积神经网络的扩展模型，可以有效地在任何依存树上合并信息。为了融合相关信息，删除冗余信息，使用了修剪依存树的策略，该策略保留两个可能存在关系的实体之间的最短路径中的词。该模型分为两个部分，即图卷积神经网络部分和依存树修剪部分。

1) 图卷积神经网络

图卷积神经网络是卷积神经网络的一种。给定一个具有 n 个节点的集合，则可以使用一个邻接矩阵 $A \in \mathbb{R}^{n \times n}$ 来表示节点之间的图结构。若第 i 个节点到第 j 个节点存在联系，则 $A_{ij}=1$。在 L 层的图卷积神经网络中，将第 l 层的第 i 个节点的输入向量记为 h_i^{l-1}，输出向量记为 h_i^l，具体的计算公式如下：

$$h_i^l = \sigma\left(\sum_{j=1}^n A_{ij}W^l h_i^{l-1} + b^l\right) \tag{5-18}$$

式中，W^l 和 b^l 为可训练的参数；σ 为激活函数，一般使用 ReLU 作为激活函数。使用斯坦福的依存分析工具分析句子的依存关系，获得依存树进而转换成依存矩阵。依存树和相应的邻接矩阵如图 5-9 所示。

	Bush	held	a	talk	with	Tom
Bush	1	1	0	0	0	0
held	1	1	0	1	0	1
a	0	0	1	1	0	0
talk	0	1	1	1	0	0
with	0	0	0	0	1	1
Tom	0	1	0	0	1	1

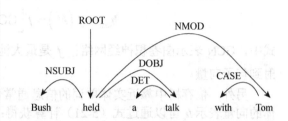

图 5-9 依存树和相应的邻接矩阵

在图 5-9 中，可以看出邻接矩阵中节点与节点之间的关系。如果节点 i 和节点 j 存在依存关系，则 $A_{ij}=1$。另外，该方法认为自身也存在着某种联系，所以 $A_{ii}=1$。在进行卷积操作时，可能会导致节点表示的结果大不相同，因为节点的度变化很大，这会使我们的句子表示偏向于高度节点。为了解决这个问题，该方法使用归一化操作加以解决，具体计算方法如下：

$$h_i^l = \sigma\left(\sum_{j=1}^n \frac{A_{ij}W^l h_i^{l-1}}{d_i} + b^l\right) \tag{5-19}$$

式中，d_i 是节点 i 在邻接矩阵上的度。

GCN 编码：令句子表示向量为 $X=[x_1,x_2,\cdots,x_n]$，其中包含 n 个单词。使用头实体和尾实体形成两个区间，分别是 $X_s=[x_{s1},\cdots,x_{s2}]$ 和 $X_o=[x_{o1},\cdots,x_{o2}]$。使用给定的向量 X,X_s,X_o 来预测实体对的关系 r。图卷积神经网络如图 5-10 所示。使用 L 层图卷积神经网络之后，得到了每个单词的隐藏层向量，其中包含句子的依存信息和序列信息。

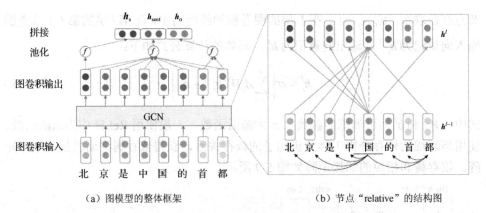

(a) 图模型的整体框架　　　　　　(b) 节点 "relative" 的结构图

图 5-10　图卷积神经网络

为了充分利用句子的隐藏层向量,可用如下方法计算这些向量:

$$\boldsymbol{h}_{\text{sent}} = f(\boldsymbol{h}^L) = f\left[\text{GCN}(\boldsymbol{h}^0)\right] \qquad (5-20)$$

式中,GCN 表示图卷积神经网络;f 是最大池化,即 $\mathbb{R}^{d \times n} \to \mathbb{R}^d$,从 n 个输出映射到句子向量。

另外,依存树中靠近实体单词的信息通常包含更多的关系特征。因此,头实体的向量表示 $\boldsymbol{h}_s$ 可以通过式(5-21)计算获得:

$$\boldsymbol{h}_s = f\left(\boldsymbol{h}^L_{s1:s2}\right) \qquad (5-21)$$

同理,尾实体的向量表示 $\boldsymbol{h}_o$ 也可通过这种方式计算得到。

最后,将句子和实体表示进行拼接,获得用于分类的最终表示,并将它们输入一个前馈神经网络(FFNN)中:

$$\boldsymbol{h}_{\text{final}} = \text{FFNN}\left(\left[\boldsymbol{h}_{\text{sent}}, \boldsymbol{h}_s, \boldsymbol{h}_o\right]\right) \qquad (5-22)$$

2)依存树修剪

依存树提供了可以在关系抽取中利用的丰富结构,但是与关系相关的大多数信息通常包含在以两个实体的最近共同祖先(LCA)为根的子树内[34,35]。之前的研究已经表明,通过消除句子中的冗余信息,移除此范围之外的词有助于关系抽取。因此,本书希望将图卷积神经网络模型与树的剪枝策略相结合,以进一步提高性能。然而,过于激进地剪枝(如仅保留依赖路径)可能导致关键信息丢失,反而会降低模型的鲁棒性。例如,当模型仅限于查看实体之间的依赖路径时,会忽略一些重要的关系。同样,在句子"她去年被诊断出患有癌症,并在今年 6 月死亡"中,依赖路径"她←诊断→癌症"不足以证明癌症是主语实体"她"死亡的原因,除非将"死亡"的依赖也加入进来。受这些观察的启发,提出了以路径为中心的剪枝技术,是一种将信息从依赖路径中合并起来的新技术。其通过在

LCA 子树中保留到依赖路径距离为 K 的词的方式来实现。$K=0$，表示将树剪枝到依赖路径即可；$K=1$，表示保留直接连接到依赖路径的所有节点；$K=\infty$，表示保留整个 LCA 子树。本书将这种修剪策略与 GCN 模型相结合，将修剪过的树直接送入图卷积层。当 $K=1$ 时，进行剪枝可以实现保留相关信息（如否定和连接）和尽可能多地去除冗余信息之间的最佳平衡。

5.4.2 基于注意力机制引导的图卷积神经网络关系抽取

虽然依存树能够包含丰富的依存信息和结构化信息，但是现有的方法采用规则的硬修剪的策略来提取依存树的信息可能并不能够产生较好的效果。因此，Guo 等人[36]提出了基于注意力机制引导的图卷积神经网络关系抽取方法，其目的是解决如何从依存树中获取有效的信息同时又能够忽略依存树中的无关信息这一问题。基于注意力机制引导的图卷积神经网络关系抽取模型可以理解为一种软修剪方法，可以自动学习如何有选择地参与对关系提取任务有用的相关子结构。该模型主要包含两个部分：注意力机制引导层和密集连接层。注意力机制引导的图卷积神经网络框架图如图 5-11 所示。

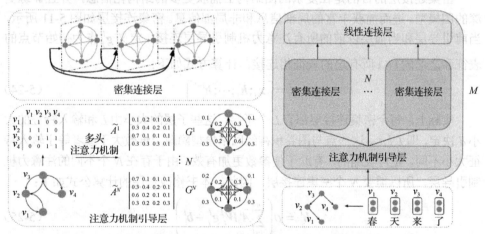

图 5-11 注意力机制引导的图卷积神经网络框架图

1）注意力机制引导层

注意力机制引导层是一种软修剪策略，其目的是解决依存树的修剪问题，克服硬修剪依存树造成的信息损失问题。在注意力机制引导层构造一个注意力引导的邻接矩阵 $\tilde{A}$，将原始的依存树转换成全连接的加权图矩阵。每个 $\tilde{A}$ 代表某个完全连接的图矩阵，$\tilde{A}_{ij}$ 表示从节点 i 到节点 j 的权重。如图 5-11 所示，$\tilde{A}^1$ 表示全连接图 G^1。邻接矩阵 $\tilde{A}$ 可以使用自注意力机制构建，能够捕获序列中任意两个节点之间的相互联系，并可以作为图矩阵直接输入图卷积中。构造注意力机制引导的图矩阵的核心思想是利用注意力机制来诱导节点之间的关系，尤其是那些通过间接多跳路径连接的节点[37,38]。软关系可以通过模型中的不同函数来捕获。图 5-11 展示了一个例子，即原始邻接矩阵转换为多个注意力导向的邻接矩阵。因此，输入依存树被转换为多个完全连接的全连接图矩阵。在实际应用中，将原始邻接矩阵视为初始化矩阵，可以在节点表示形式中捕获依存关系信息。

在模型中使用多头注意力来计算图矩阵 $\tilde{A}$，多头注意力机制可以关注来自不同表示子空间的信息，计算公式如下：

$$\tilde{A}^t = \text{softmax}\left[\frac{QW_i^Q \times (KW_i^K)^T}{\sqrt{d}}\right]V \quad (5\text{-}23)$$

式中，Q, K 是模型在图卷积上一层的特征表示；W_i^Q 和 W_i^K 是可训练的参数；$\tilde{A}^t$ 是第 t 个注意力机制引导的邻接矩阵，最多可以存在 N 个注意力引导的邻接矩阵，N 为超参数。

2）密集连接层

密集连接层的目的是在复杂的图结构上捕获更多的结构化信息，并且训练更深的图模型，进而捕获丰富的局部信息和非局部信息。密集连接层如图 5-11 所示，当前引导层和当前层以前的所有注意力机制引导层连接。定义 g_j^l 作为初始节点的表征和之前的 $l-1$ 所有层的表征相连接，计算方式如下：

$$g_j^l = \left[x_j; h_j^0; \cdots; h_j^{l-1}\right] \quad (5\text{-}24)$$

实际上，每个密集连接层都有 L 个子层，这些子层的大小由 L 和输入特征的大小 d 决定，即 L/d。这一点与图卷积神经网络模型隐藏层维数大于或者等于输入特征大小不同，是可收缩的，有助于使参数更加有效。由于存在 N 个不同的注意力机制引导层，所以需要 N 个密集连接层。因此，本书修改每层的计算公式如下：

$$h_{t_i}^l = \rho\left(\sum_{j=1}^n \tilde{A}_{ij}^t W_t^l g_j^l + b_t^l\right) \quad (5\text{-}25)$$

式中，$t = 1, 2, \cdots, N$；W_t^l 和 b_t^l 为可训练的参数；$\tilde{A}_{ij}^t$ 表示第 t 个注意力机制引导的图矩阵。最后使用全连接层来融合 N 个不同密集连接层的向量特征。全连接层的定义如下：

$$h_{\text{comb}} = W_{\text{comb}} h_{\text{out}} + b_{\text{comb}} \quad (5\text{-}26)$$

式中，h_{out} 为 N 个密集连接层的拼接，$h_{\text{out}} = \left[h^1, h^2, \cdots, h^N\right]$；$W_{\text{comb}}$ 和 b_{comb} 为可训练的参数。

5.5 基于篇章级别的远程监督关系抽取

远程监督的关系抽取方法已被广泛应用于构建带有标签的句子级别的关系抽取数据集，并且取得了优异的性能，但是现有的远程监督模型无法直接应用到更具有挑战性的基于文档级别的远程监督关系抽取中。原因是远程监督关系抽取方法在构造文档级别的训练数据时的噪声信息是成倍增长的，并且传统经典的远程监督关系抽取模型在面对长距离的文档时，往往束手难测。因此，Xiao 等人[39]提出了基于篇章级别的远程监督关系抽取新方法。

基于句子级别的远程监督关系抽取专注于句子中实体对之间的关系，但是由于很多关系事实位于句子之间，需要依靠多个句子共同判定实体对的关系，因此，现有的基于句子级别的远程监督关系抽取方法很难被直接移植到基于篇章级别的远程监督关系抽取模型中。现实的关系抽取任务往往是应用于篇章级别的，经过统计表明，从维基百科构建的关系抽取数据集，其中可以从多个句子中推断出至少 40.7% 的关系事实。因此，基于篇章级别的远程监督关系抽取被用于预测位于句子内部和句子之间实体对的关系。图 5-12 所示为基于篇章级别的远程监督关系抽取示例图。

[0] ', officially the ', ( ) , or simply known as City , is a   in the province of , ... [2] It is the capital city of the province of *Bulacan* as the seat of the provincial government . [3] The city is north of Manila , the capital city of the *Philippines* . [4] It is one of the major suburbs conurbated to *Metro Manila* , situated in the southwestern part of *Bulacan* , in the Central Luzon Region (Region 3) in the island of Luzon and part of the Metro Luzon Urban Beltway Super Region . [5] *Malolos* was the site of the constitutional convention of 1898 , known as the *Malolos* Convention , that led to the establishment of the First Philippine Republic , at the sanctuary of the Barasoain Church . ...

Subject: *Bulacan*
Object: *Malolos*
Relation: Contains, Capital, Capital of, Located
Support Evidence: [2, 4, 5]

Subject: *Philippines*
Object: *Metro Manila*
Relation: Country, Located
Support Evidence: [3, 4, 5]

图 5-12　基于篇章级别的远程监督关系抽取示例图

（Subject 表示头实体；Object 表示尾实体；Relation 表示关系；Support Evidence 表示能够证明实体对关系的句子）

虽然大多数的篇章级别的关系抽取数据集严重依赖于高质量的人工标注训练数据，但是将基于句子级别的远程监督关系抽取方法迁移到基于篇章级别的远程监督关系抽取方法是极具挑战性的任务。基于篇章级别的远程监督关系抽取方法的挑战主要来自以下方面。

- 每个实体都包含多个提及，没有关联上下文的提及会给实体表示带来噪声。
- 远程监督的固有噪声甚至会在文档级别上成倍增加。Yao 等人的统计数据表明，基于篇章级别的远程监督关系抽取生成的 61.8% 的句子间关系实例，实际上是噪声。
- 从篇章中获取有用的关系语义是一项挑战，因为篇章中的大多数内容可能与给定的实体和关系无关。

为了应对以上三个方面具体的挑战，Xiao 等人提出了降低噪声信息的远程监督关系抽取方法，具体实现方法是使用三个经过特殊预训练的任务和一个预降噪模块，对篇章级别的远程监督语料库进行降噪并利用有用的信息。三个任务包括提及实体匹配、关系检测和关系事实对齐。基于篇章级别的远程监督关系抽取框架图如图 5-13 所示。

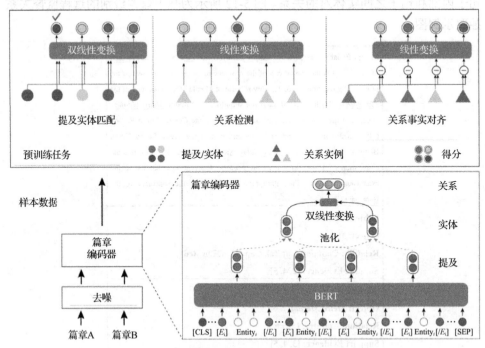

图 5-13 基于篇章级别的远程监督关系抽取框架图

1）提及实体匹配

提及实体匹配的目的是从多个提及中获取有用的信息，从而为实体提供信息丰富的表示形式。它由篇章内和篇章间的子任务组成。篇章内的子任务旨在匹配文档中被掩盖的提及和实体，以掌握共同引用信息。篇章间的子任务旨在匹配两个篇章之间的实体，以掌握跨篇章的实体关联。通常在篇章中会存在一个实体多个提及，从这些提及中抽取出实体的表示向量，进而捕获实体对的关系。因此，该方法采用了提及实体匹配任务，以帮助模型实现提及和实体之间的联系。

篇章内的子任务使用模型捕获篇章内部提及的共指信息，随机地掩盖一个实体提及，并使用模型预测该提及的实体。在同一个篇章中，给定掩盖的实体提及 m_q，k_m 个实体 $\{e_m^i\}_i^{k_m}$，使用双线性函数（Bilinear）计算掩盖的实体提及和实体之间的匹配程度，计算方法如下：

$$s_m\left(e_m^i, m_q\right) = \text{Bilinear}_m\left(e_m^i, m_q\right) \tag{5-27}$$

篇章间的子任务需要模型在两个不同文档中链接同一实体，旨在开发模型如何从上下文中抽取有用的信息的功能。给定篇章 d_A 的实体集合 $\{e_A^i\}_i^{k_e}$，k_e 表示实体的个数，给定篇章 d_B 的实体 e_B^q 也存在于篇章 d_A 中。计算实体 e_B^q 与 e_A^i 的匹配程度，计算方法如下：

$$s_m\left(e_A^i, e_B^q\right) = \text{Bilinear}_m\left(e_A^i, e_B^q\right) \tag{5-28}$$

式中，篇章间和篇章内的 Bilinear_m 是相同的双线性函数。最后将两个匹配的分数输入 softmax 函数。

2）关系检测

NA 关系在基于篇章级别的远程监督关系抽取中占主导地位，模型必须去掉 NA 实例并从 NA 噪声中识别出真实的正实例，这需要模型将正实体对与 NA 实例区分开。从给定的篇章中抽取 k_n 个实例 $\{r_n^i\}_{i=1}^{k_n}$，其中只有一个正确的实例，对其进行打分：

$$s_n\left(r_n^i\right) = w_n r_n^i + b_n \tag{5-29}$$

式中，w_n 和 b_n 是可训练的参数。最后，计算第 i 个实例是正实例的概率。

与前面提到的提及实体匹配任务类似，该任务也可以分为篇章内和篇章间的子任务。对于篇章内的子任务，所有实例均从一个篇章中采样。对于篇章间的子任务，实例从不同篇章中进行采样。

3) 关系事实对齐

为了从篇章中获取重要的关系信息并删除冗余的关系信息,本书设计了关系级别的任务。该任务要求不同文档中相同实体对的表示形式相似。假设 d_A 和 d_B 是训练集中的两个文档,它们共享一些关系事实。首先,在给定篇章 d_A 中, $\{r_A^i\}_{i=1}^{k_s}$ 表示 k_s 个关系事实。r_B^q 表示一种关系事实同时存在于篇章 d_A 和 d_B 中。其次,模型从 d_A 中选择和关系事实 r_B^q 相似的关系事实。再次,计算两个关系事实的相似性得分:

$$s_s\left(r_A^i, r_B^q\right) = w_s \left| r_A^i - r_B^q \right| + b_s \tag{5-30}$$

式中, w_s 和 b_s 是可训练的参数。最后,将相似分数输入文档 d_A 的 softmax 层中。

总的预训练损失 L 是三个子任务中所有交叉熵损失的总和:

$$L = L^M + L^S + L^N \tag{5-31}$$

注意,通过实体链接系统可以很容易地将损失最小化,而无须任何相关知识。为了避免这个问题,本书以一定的概率 α,使用特殊的空白符号 [BLANK] 替换了文档中所有对实体的提及。在这种情况下,模型只能从上下文中学习表示形式。结果,最小化损失 L 不仅需要记忆命名实体,还需要模型做更多的工作。

4) 预降噪

如前所述,基于篇章级别的远程监督关系抽取将产生更多的噪声。解决这个问题,可以使用一个排序模型对实体对的关系概率进行排序,删除概率低的关系事实。首先,在人工注释的训练集上使用"关系检测"任务训练排序模型。然后,排序模型能够对正实例给出高分而对 NA 实例给出低分。在预降噪的过程中,使用式(5-32)计算实体对的得分:

$$s_n\left(r_n^i\right) = w_n r_n^i + b_n \tag{5-32}$$

式中,该公式和关系检测的评分公式一样,共享参数。

对于每个篇章,根据它们的正面得分对所有实体对进行排序,并保留前 k_d 个实体对以进行预训练、微调和评估。预降噪模块的框架与用于预训练的模型相同。有关详细信息,请参阅1)、2)和3)中的内容。使用预降噪模块,可以缓解篇章级别的远程监督语料库中的错误标注问题和人工标注语料库中的标注不平衡问题(大多数实体对属于 NA 实例)。

5.6 实验验证

为了验证远程监督关系抽取模型的性能，本书进行了两组实验：①基于句子级别的远程监督关系抽取；②基于篇章级别的远程监督关系抽取。

1）实验数据集

本书使用两个数据集来进行训练和评估。其中，纽约时报数据集（NYT）进行基于句子级别的远程监督关系抽取实验，DocRED 数据集进行基于篇章级别的远程监督关系抽取实验。对每个数据集概述如下。

NYT 数据集是基于句子级别的远程监督关系抽取任务广泛使用的数据集。该数据集通过将 Freebase 知识库的三元组与纽约时报语料库进行对齐而生成。纽约时报 2005—2006 年的数据用作训练集，2007 年的数据用作测试集。该数据集共有 53 种关系，其中包含没有关系这种类型。其中，训练数据集包含 522611 个句子、281270 个实体对和 18252 个关系事实。测试数据集包含 172448 个句子、96678 个实体对和 1950 个关系事实。

DocRED 数据集是目前规模最大的基于篇章级别的远程监督关系抽取数据集。该数据集包含 5053 个人工标注的篇章、56354 个关系事实和 63427 个关系实例。此外，DocRED 数据集还提供了大规模的远程监管数据，其中包含 101873 个篇章、881298 个关系事实和 1508320 个关系实例。这些数据由远程监督的方法标注完成[7]，详细情况请参考文献[40]。

2）对比方法

本书验证和对比了上述远程监督关系抽取方法的性能。对于进行对比的算法，概述如下。

- Mintz[7]：传统的远程监督关系抽取模型，使用语法特征和句法特征作为逻辑分类器的输入，最终实验表明可以取得良好的效果。
- MultiR[11]：通过对包内句子预测结果取并集来表示每个包的预测结果，采用类似于感知机的模型来学习参数。
- MIML[10]：使用一种新的多示例多标记（MIML）方法，基本思路是通过模型捕捉包与不同标签的相关性进行预测。不同于 MultiR 方法，其依然采用基于概率统计的贝叶斯模型学习参数，在准确率与时空复杂度上都优于 MultiR 方法。
- PCNNs+MIL[16]：使用切分卷积神经网络和多实例学习的方法抽取实例包中的句子和实例包中的重要信息。

- PCNNs+ATT[12]：使用句子级别的注意力机制方法动态地抽取实例包中重要的关系句子信息。
- APCNNs+D[18]：使用实体描述信息为预测关系提供背景信息并提高实体表示。
- SEE-TRANS[30]：提出使用句法信息的实体向量模型，将句子向量模型和实体向量模型结合进行关系分类。
- PCNNs+WN[27]：提出使用线性拟合和非独立同分布来提取句子的关系信息进行分类。
- BGWA[19]：使用词和句子级别的注意力机制来提升远程监督关系抽取效果。
- AGGCN[36]：提出基于注意力机制引导的图卷积神经网络关系抽取方法，使用软裁剪机制来捕获单词之间的联系，避免硬裁剪方法删除有效的关系信息。
- MGCL：使用多图卷积模型抽取实体对的关系类别。
- BERT[41]：使用预训练模型来抽取篇章级别的关系。
- BERT-TS[42]：第一步预测两个实体是否具有关系，第二步预测特定的关系。
- HIN-BERT[43]：使用层次推理网络聚合多粒度的关系信息。
- DS-BiLSTM/ContextAware[40]：基于篇章级别的远程监督关系抽取的基础对比算法。
- BERT+D+P[39]：使用降低噪声信息的方法，具体实现方法是使用三个经过特殊预训练的任务和一个预降噪模块，以对篇章级别的远程监督语料库进行降噪并利用有用的信息。

3）实验设置

（1）**基于句子级别的远程监督关系抽取**。使用 Glove[25]工具训练 NYT 数据集中的所有句子，句子的隐藏层维度为 50，位置向量的隐藏层维度为 5，该维度数值设置在以往的实验中被证明能够良好地表现句子中单词的隐藏信息。CNN 和 PCNN 的窗口尺寸和特征图数目分别是 3 和 230。对于 BiLSTM[44]和图卷积而言，隐藏层的维度大小为 230。dropout 被应用于网络防止过拟合，通常被设置为 0.5。此外，设置 Adam 优化器的学习率为 0.001。训练批次大小为 160。所有的超参都是经过手动调节的。

（2）**基于篇章级别的远程监督关系抽取**。在此使用 BERT-base 作为预训练模型，所有的超参都是经过手动调节的。预训练的学习率被设置为 3×10^{-5}，微调的学习率被设置为 10^{-5}。关系向量的维度从集合 $\{64,128,256,512\}$ 中筛选出来，最终使用 256 为关系向量的维度。预训练的批次大小设置为 4。使用 GeForce RTX

2080 Ti 训练模型。所有特殊标记都是使用 BERT-BASE 词汇表中未使用的符号实现的。

4）基于句子级别的远程监督关系抽取实验

本书关于基于句子级别的远程监督关系抽取实验共分为两个部分，分别是基于注意力机制的关系抽取和基于图卷积的关系抽取，它们采用相同的超参，只有在编码器部分是不同的，注意力机制的关系抽取使用卷积神经网络（CNN）作为编码器，图卷积的关系抽取使用双向 LSTM（Bi-LSTM）作为编码器，使用 PR 曲线作为评测指标。

基于注意力机制的关系抽取实验的目的是证明注意力机制的方法可以有效地降低实例包中的噪声信息，进而提升关系抽取效果。基于注意力机制的不同方法的实验结果如图 5-14 所示。从图 5-14 中可以得出以下结论：基于注意力机制的方法可以明显地提升远程监督关系抽取的实验效果，原因是该方法可以对实例包中的句子进行筛选，抽取出有用的关系证明句子，能够有效地解决基于句子级别的远程监督关系抽取噪声过多的问题。

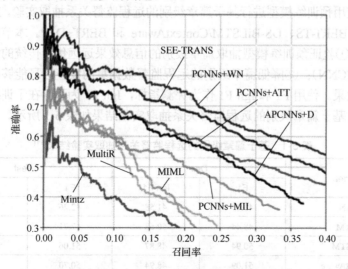

图 5-14 基于注意力机制的不同方法的实验结果

基于图卷积的关系抽取实验的目的是将非结构化信息应用到关系抽取中，提升关系抽取的性能。基于图卷积的不同方法的实验结果如图 5-15 所示。从图 5-15 中可以得到以下结论：使用图卷积神经网络模型能够明显提升远程监督关系抽取效果，原因是引入了句子的依存信息，使用图结构抽取句子的关系信息，克服句子中单词之间的长距离依赖。

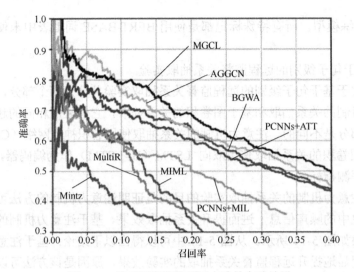

图 5-15 基于图卷积的不同方法的实验结果

5）基于篇章级别的远程监督关系抽取实验

本书使用预训练模型进行基于篇章级别的远程监督关系抽取实验，对比方法包含 BERT、BERT-TS、DS-BiLSTM/ContextAware 和 BERT+D+P。本节的实验存在两个目的：①验证预训练模型抽取篇章级别的信息效果远远优于传统的深度学习模型（LSTM/CNN）；②降低篇章级别的远程监督数据集的噪声信息能够明显地提高关系抽取效果。使用 F1 和 Ign F1 作为评测指标，Ign F1 为不存在于训练数据集的关系事实。基于篇章级别的远程监督关系抽取实验结果如表 5-1 所示。

表 5-1 基于篇章级别的远程监督关系抽取实验结果[41]

Model	Dev		Test	
	F1	Ign F1	F1	Ign F1
CNN	43.45	41.58	42.26	40.33
LSTM	48.44	50.68	47.71	50.07
BiLSTM	50.94	48.87	51.06	48.78
ContextAware	51.09	48.94	50.70	48.40
BERT	55.67	53.32	56.17	53.66
BERT-TS	54.42	—	53.92	—
HIN-BERT	56.31	54.29	55.60	53.70
DS-BiLSTM	51.72	41.44	49.80	39.15
DS-ContextAware	51.39	40.47	50.12	39.16
BERT+D	57.42	55.88	57.20	55.53
BERT+D+P	58.65	57.00	58.43	56.68

注：D 表示预降噪模块；P 代表预训练任务模块。

根据表 5-1，本书可以得到以下结果：①降低噪声的关系抽取方法 BERT+D+P 取得了最好的实验效果，原因是预降噪模块和预训练任务模块能够有效地降低篇章中噪声对关系抽取模型的影响；②当去除预训练任务模块后，BERT+D 取得了良好的效果，超过了所有的对比模型，表明预降噪模块能够降低噪声实例的影响。

5.7 本章小结

关系抽取旨在从无结构化的文本中抽取出实体对的语义关系。这些获取的关系事实可以用于各种自然语言处理的任务，包括知识图谱的构建、问答系统和信息检索等。为了解决有监督关系抽取任务依赖于大量高质量的带有标签的数据集的问题，远程监督被广泛应用于关系抽取领域，通过启发式匹配的方法将知识图谱中的三元组关系事实对齐到无标记的文本，构造大量的带有标签的数据集，并利用这些数据集来训练关系抽取模型。然而，由于知识图谱的不完整性和领域性，远程监督的方法会导致噪声标签问题。噪声存在于三个方面：单词的噪声、句子的噪声和篇章中句子之间的噪声。为了解决这些噪声，研究者分别提出了基于注意力机制的远程监督关系抽取模型、基于图卷积的远程监督关系抽取模型和基于篇章级别的远程监督关系抽取模型。它们的主要贡献总结如下。

- 基于注意力机制的远程监督关系抽取模型。为了解决实例包中句子的噪声问题，本书介绍了现有的四种注意力机制模型。基于切分卷积的关系抽取模型通过切分卷积神经网络捕获句子的细粒度特征，并且使用多实例学习的方法抽取实例包中最能够表示关系实事的句子作为实例包的特征。基于句子级别的注意力机制的关系抽取模型先为实例包中的句子计算权重，并进行加权求和得到一个综合的实例包向量，再经过全连接层后进行分类得到类别输出。该模型能够根据关系类别自动地选择实例包中的句子的特征。基于实体描述的句子级别的注意力机制模型使用实体对的外部知识描述实体对的关系信息，用该信息作为查询计算实例包中句子的权重，并进行加权求和得到实例包的关系向量表示。基于非独立同分布的远程监督关系抽取模型使用实例包中最有可能表达关系的句子和剩余句子的相似性作为权重，计算实例包的关系向量，并通过线性衰减来解决句子中的噪声问题。
- 基于图卷积的远程监督关系抽取模型。本书描述了两种图卷积关系抽取模型，主要解决图矩阵的构造问题。基于依存树的图卷积关系抽取模型通过裁剪依存树，构建句子中单词的依存矩阵，捕获句子的有效信息和结构化信息。基于注意力机制引导的图卷积神经网络模型通过一种软裁剪策略捕获硬裁剪策略忽略的重要信息，构建更加有效的图矩阵，进而提升关系抽取的效果。

- 基于篇章级别的远程监督关系抽取模型。本书描述的基于篇章级别的远程监督关系抽取研究主要解决多实体多提及的关系问题。基于篇章级别的远程监督关系抽取模型使用了两个模块解决该问题，分别为预训练的子任务模块和预降噪模块。预训练的子任务分别为提及实体匹配任务、关系检测任务和关系实事对齐任务。通过这两个模块对篇章进行建模，最后进行关系抽取任务。

关系抽取作为信息抽取和自然语言处理领域的热门研究方向，在本书即将完成之际仍然有许多优秀的远程监督方法在不断地涌现。本书虽然对远程监督的关系抽取做了较为深入的研究，但是由于篇幅的限制，本书仅介绍以上几种关系抽取方法。虽然远程监督的方法能够快速构建大规模的可用于训练的数据集，但是在现实场景中，知识图谱所选择的对齐文本的领域问题和类别不均衡问题，在很大程度上影响了关系抽取的效果。因此，解决类别不均衡问题和领域问题仍然是一项非常重要的挑战。

参考文献

[1] Chen H C, Chen Z Y, Huang S Y, et al. Relation Extraction in Knowledge Base Question Answering: From General-domain to the Catering Industry[C]. International Conference on HCI in Business, Government, and Organizations, Las Vegas, 2018.

[2] Chen Z Y, Chang C H, Chen Y P, et al. UHop: An Unrestricted-hop Relation Extraction Framework for Knowledge-based Question Answering[J]. ArXiv Preprint ArXiv:1904.01246, 2019.

[3] Cho K, Van Merriënboer B, Gulcehre C, et al. Learning Phrase Representations Using RNN Encoder-decoder for Statistical Machine Translation[J]. ArXiv Preprint ArXiv:1406.1078, 2014.

[4] Li X, Yin F, Sun Z, et al. Entity-relation Extraction as Multi-turn Question Answering[J]. ArXiv Preprint ArXiv:1905.05529, 2019.

[5] Fang Y, Chang K C C. Searching Patterns for Relation Extraction over the Web: Rediscovering the Pattern-relation Duality[C]. Proceedings of the Fourth ACM International Conference on Web Search and Data Mining, Hong Kong, 2011.

[6] Tu Z, Liu Y, Shi S, et al. Learning to Remember Translation History with A Continuous Cache[J]. Transactions of the Association for Computational Linguistics, 2018, 6: 407-420.

[7] Mintz M, Bills S, Snow R, et al. Distant Supervision for Relation Extraction without Labeled Data[C]. Proceedings of the Joint Conference of the 47th Annual Meeting of the ACL and the 4th International Joint Conference on Natural Language Processing of the AFNLP, Singapore, 2009.

[8] Dietterich T G, Lathrop R H, Lozano-Pérez T. 1997. Solving the Multiple Instance Problem with Axis-Parallel Rectangles[J]. Artificial Intelligence, 1997, 89(1-2): 31-71.

[9] Riedel S, Yao L, McCallum A. Modeling Relations and Their Mentions without Labeled Text[C]. Joint European Conference on Machine Learning and Knowledge Discovery in Databases, Berlin, 2010.

[10] Hoffmann R, Zhang C, Ling X, et al. Knowledge-based Weak Supervision for Information Extraction of Overlapping Relations[C]. Proceedings of the 49th Annual Meeting of the Association for Computational Linguistics: Human Language Technologies, Portland, 2011.

[11] Surdeanu M, Tibshirani J, Nallapati R, et al. Multi-instance Multi-label Learning for Relation Extraction[C]. Proceedings of the 2012 Joint Conference on Empirical Methods in Natural Language Processing and Computational Natural Language Learning, Jeju, 2012.

[12] Lin Y, Shen S, Liu Z, et al. Neural Relation Extraction with Selective Attention over Instances[C]. Proceedings of the 54th Annual Meeting of the Association for Computational Linguistics, Brelin, 2016.

[13] Min B, Grishman R, Wan L, et al. Distant Supervision for Relation Extraction with An Incomplete Knowledge Base[C]. Proceedings of the 2013 Conference of the North American Chapter of the Association for Computational Linguistics: Human Language Technologies, Atlanta, 2013.

[14] Xu W, Hoffmann R, Zhao L, et al. Filling Knowledge Base Gaps for Distant Supervision of Relation Extraction[C]. Proceedings of the 51st Annual Meeting of the Association for Computational Linguistics, Sofia, 2013: 665-670.

[15] Ritter A, Zettlemoyer L, Mausam M, et al. Modeling Missing Data in Distant Supervision for Information Extraction[J]. Transactions of the Association for Computational Linguistics, 2013, 1: 367-378.

[16] Zhang Y, Qi P, Manning C D. Graph Convolution over Pruned Dependency Trees Improves Relation Extraction[J]. ArXiv Preprint ArXiv:1809.10185, 2018.

[17] Zeng D, Liu K, Lai S, et al. Relation Classification via Convolutional Deep Neural Network[C]. Proceedings of COLING 2014, the 25th International Conference on Computational Linguistics: Technical Papers, Dublin, 2014.

[18] Ji G, Liu K, He S, et al. Distant Supervision for Relation Extraction with Sentence-level Attention and Entity Descriptions[C]. Proceedings of the AAAI Conference on Artificial Intelligence, San Francisco, 2017.

[19] Jat S, Khandelwal S, Talukdar P. Improving Distantly Supervised Relation Extraction Using Word and Entity Based Attention[J]. ArXiv Preprint ArXiv:1804.06987, 2018.

[20] Wu S, Fan K, Zhang Q, et al. Improving Distantly Supervised Relation Extraction with Neural Noise Converter and Conditional Optimal Selector [J]. National Conference on Artificial Intelligence, 2019, 33(1): 7273-7280.

[21] Liu T, Zhang X, Zhou W, et al. Neural Relation Extraction via Inner-sentence Noise Reduction and Transfer Learning[J]. ArXiv Preprint ArXiv:1808.06738, 2018.

[22] Ye Z X, Ling Z H. Distant Supervision Relation Extraction with Intra-bag and Inter-Bag Attentions[J]. ArXiv Preprint ArXiv:1904.00143, 2019.

[23] Zhou P, Shi W, Tian J, et al. Attention-based Bidirectional Long Short-term Memory Networks for Relation Classification[C]. Proceedings of the 54th Annual Meeting of the Association for Computational Linguistics, Berlin, 2016.

[24] Zeng D, Liu K, Chen Y, et al. Distant Supervision for Relation Extraction via Piecewise Convolutional Neural Networks[C]. Proceedings of the 2015 Conference on Empirical Methods in Natural Language Processing, Lisbon, 2015.

[25] Pennington J, Socher R, Manning C D. Glove: Global Vectors for Word Representation[C]. Proceedings of the 2014 Conference on Empirical Methods in Natural Language Processing (EMNLP), Doha, 2014.

[26] Santos C N, Xiang B, Zhou B. Classifying Relations by Ranking with Convolutional Neural Networks[J]. ArXiv Preprint ArXiv:1504.06580, 2015.

[27] Yuan C, Huang H, Feng C, et al. Distant Supervision for Relation Extraction with Linear Attenuation Simulation and Non-iid Relevance Embedding[C]. Proceedings of the AAAI Conference on Artificial Intelligence, Hawaii, 2019.

[28] Bruna J, Zaremba W, Szlam A, et al. Spectral Networks and Locally Connected Networks on Graphs[J]. ArXiv Preprint ArXiv:1312.6203, 2013.

[29] Kipf T N, Welling M. Semi-supervised Classification with Graph Convolutional Networks[J]. ArXiv Preprint ArXiv:1609.02907, 2016.

[30] He Z, Chen W, Li Z, et al. See: Syntax-aware Entity Embedding for Neural Relation Extraction[C]. Proceedings of the AAAI Conference on Artificial Intelligence, New Orleans, 2018.

[31] Liu Y, Wei F, Li S, et al. A Dependency-based Neural Network for Relation Classification[J]. ArXiv Preprint ArXiv:1507.04646, 2015.

[32] Miwa M, Bansal M. End-to-end Relation Extraction using LSTMs on Sequences and Tree Structures[J]. ArXiv Preprint ArXiv:1601.00770, 2016.

[33] Vashishth S, Joshi R, Prayaga S S, et al. Reside: Improving Distantly-supervised Neural Relation Extraction Using Side Information[J]. ArXiv Preprint ArXiv:1812.04361, 2018.

[34] Bunescu R C, Mooney R J. A Shortest Path Dependency Kernel for Relation Extraction[C]. Proceedings of the Human Language Technology Conference and Conference on Empirical Methods in Natural Language Processing, Vancouver, 2005.

[35] Xu Y, Mou L, Li G, et al. Classifying Relations via Long Short Term Memory Networks along Shortest Dependency Paths[C]. Proceedings of the 2015 Conference on Empirical Methods in Natural Language Processing, Lisbon, 2015.

[36] Guo Z, Zhang Y, Lu W. Attention Guided Graph Convolutional Networks for Relation Extraction[J]. ArXiv Preprint ArXiv:1906.07510, 2019.

[37] Vaswani A, Shazeer N, Parmar N, et al. Attention Is All You Need[J]. ArXiv Preprint ArXiv:1706.03762, 2017.

[38] Veličković P, Cucurull G, Casanova A, et al. Graph Attention Networks[J]. ArXiv Preprint ArXiv:1710.10903, 2017.

[39] Xiao C, Yao Y, Xie R, et al. Denoising Relation Extraction from Document-level Distant Supervision[J]. ArXiv Preprint ArXiv:2011.03888, 2020.

[40] Yao Y, Ye D, Li P, et al. DocRED: A Large-scale Document-level Relation Extraction Dataset[J]. ArXiv Preprint ArXiv:1906.06127, 2019.

[41] Devlin J, Chang M W, Lee K, et al. Bert: Pre-training of Deep Bidirectional Transformers for Language Understanding[J]. ArXiv Preprint ArXiv:1810.04805, 2018.

[42] Wang H, Focke C, Sylvester R, et al. Fine-tune Bert for DocRED with Two-step Process[J]. ArXiv Preprint ArXiv:1909.11898, 2019.

[43] Tang H, Cao Y, Zhang Z, et al. Hin: Hierarchical Inference Network for Document-level Relation Extraction[C]. Pacific-Asia Conference on Knowledge Discovery and Data Mining, Singapore, 2020.

[44] Sundermeyer M, Schlüter R, Ney H. LSTM Neural Networks for Language Modeling[C]. Thirteenth Annual Conference of the International Speech Communication Association, Portland, 2012.

第 6 章 基于知识迁移的关系抽取

6.1 引言

关系抽取是从大量非结构化文本中抽取实体间语义关系的技术，该技术能辅助众多下游任务（如问答系统、搜索引擎、推荐系统等）完成语义深度理解与逻辑推理，是人工智能研究和信息服务的基础核心技术之一。近年来，基于深度学习的关系抽取方法得到了长足的发展，但现有方法极度依赖于数据标注规模和质量，且可移植性差，需花费大量人力进行标注才能获得优异的抽取效果。此外，训练数据中的关系类别分布不均衡，训练样例较少的类别信息易被训练样例较多的类别覆盖，会导致训练数据运用不充分，进一步加剧数据资源匮乏的问题。

针对上述问题，本章从知识迁移入手，针对不同特点的已有知识资源，提出统一知识迁移框架，通过利用同类别、跨类别的知识资源迁移，缓解深度学习关系抽取模型对标注资源的依赖，并提出不均衡模型训练算法，减少资源受限情况下数据分布不均衡问题对关系抽取系统的影响，使快速构建稳健的资源受限领域关系抽取系统成为可能。本书主要的研究工作和特色创新如下。

1）基于领域分离映射的同类别知识迁移框架

针对传统同类别知识迁移模型不加以区分地将源领域与目标领域映射至同一空间而导致的知识负迁移问题，本书提出了基于领域分离映射的同类别知识迁移框架。本书创新性地提出采用不同编码器分别对源领域的特有特征、目标领域的特有特征和领域间的可迁移特征进行建模，来避免领域的特有特征对知识迁移的影响。之后，本书提出了基于对抗学习的更具辨别力的映射方法来将源领域与目标领域的共有特征映射至同一特征空间，实现领域间共有特征的自动化抽取和同类别知识迁移。在公开数据集 ACE 2005 上的大量实验表明，该框架的关系抽取效果明显优于传统的同类别知识迁移模型，取得了较优的抽取结果。

2）基于任务感知的跨类别知识迁移框架

针对传统跨类别知识迁移方法无法根据任务特点构造特征而导致任务特有辨识度信息丢失的问题，本书提出了基于任务感知的跨类别知识迁移框架。本书创新性地设计了任务向量模块抽取元任务特有信息，并在此基础上提出了任务门和门控组合两种特征指导模式，利用捕获的任务特有信息来辅助指导底层特征的学习，实现根据任务特点动态构建特征集合用来预测的目的。在公开数据集 FewRel 上的实验结果表明，相比于未将任务特有信息考虑在内的方法，本书提出的方法在四个不同实验设置中的关系抽取准确率最高提升了 2.48%。此外，本书提出的方法可以跟已有模型结合，并大幅度提升其抽取准确率，在与其他模型结合的实验中，准确率最高提升了 6.22%。

3）数据不均衡情况下的模型训练方法

针对知识迁移过程中出现的训练实例分布不均衡引起的模型训练偏差、数据资源利用不充分等问题，本书提出了基于正则化约束的混合分布选择方法。通过对单一分布似然函数的分析发现，传统方法对不均衡数据建模具有局限性，并基于此首次提出了不均衡数据集分布来自多分布的假设。本书创新性地提出，采用 softmax 分布和多个退化分布来对不均衡数据建模，并运用正则化约束方法自动选择符合数据集特征的混合分布，最后提出了相应的两阶段模型优化方法。在自然语言处理领域三个不同分类任务上的大量实验表明，采用混合分布对不均衡数据建模能有效地缓解模型训练偏差的问题，大幅度提升分类效果。

6.2 同类别迁移的关系抽取

同类别通常是指源领域关系类别与目标领域关系类别定义相同。例如，关系抽取 ACE 2005 数据集中有新闻、微博、电话访谈等多个体裁的标注数据，这些标注数据所定义的关系类别完全相同。同类别知识迁移是指利用从源领域的标注语料中学习得到的领域间共有知识，帮助训练目标领域的关系抽取模型。针对"同类别知识迁移"研究问题，本节研究基于领域分离映射的领域自适应关系抽取方法。

6.2.1 引言

关系抽取旨在根据给定的实体和实体上下文判断实体之间的语义关系，语义关系类别通常情况下都是事先定义好的。例如，句子"**俄罗斯**在 5 月 9 日和 11 月 7 日在**莫斯科红场**举行阅兵仪式"，该句子中的加粗部分为两个实体，通过实体的上下文我们可以判断两个实体间存在"位于"关系，该关系是 ACE 2005 数据集中事先定义的七个主要关系类别之一。关系抽取可以从非结构化文本中抽取结构化三元组（实体 1，关系，实体 2），能自动化构建大规模知识库、知识图谱，是信息抽取与管理的重要技术手段之一。此外，关系抽取在机器翻译、信息检索、问答系统等领域也有广泛应用。

目前关系抽取方法通常采用有监督学习方法，即利用大量人工标注数据训练有监督关系抽取模型。随着深度学习模型的应用，一些系统的抽取性能已达到实用水平。虽然该类方法取得了巨大的成功，但该类方法极度依赖于数据的标注来源，当训练模型用的数据来源与测试数据来源不同时，该类模型往往由于数据来源分布的不同而导致其预测性能大幅度下降。例如，新闻和微博领域，新闻领域的文本描述用词规范、篇幅长，而微博领域的文本则有用词口语化、篇幅短等特点。如果采用新闻领域语料训练模型，并将该模型直接用于微博领域的关系类别预测，模型会由于上下文词汇分布差异等原因而导致其预测性能大幅度下降。研究者提出了多种方法来解决这一问题，这些方法主要分为共有特征工程和领域映射方法两类。同类别知识迁移方法对比如图6-1所示。

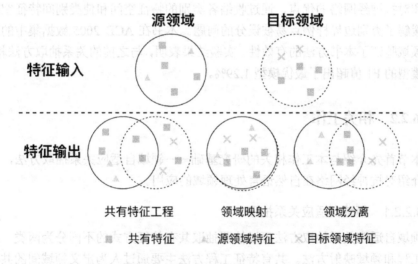

图6-1 同类别知识迁移方法对比

共有特征工程方法[1-6]主要通过人为观测来抽取领域间的共有特征，如词簇、词向量等。但共有特征工程方法比较依赖于专家知识，且该类方法的可移植性较差。例如，当源领域或目标领域发生变化时，领域间的共有特征就会发生变化，此时，需重新定义共有特征模板来完成知识在领域间的迁移。此外，人类对外界的认知是有限的，难以穷举两个领域间的共有特征，导致领域间共有信息的损失。为了解决这些问题，研究者提出了特征映射方法[7,8]。该类方法通过利用对抗训练使源领域与目标领域自动地映射至同一特征空间，之后利用领域间的共有特征进行关系预测，实现知识的跨领域迁移，避免了共有特征方法面临的移植性差、信息损失等问题。但该类方法依然面临两个问题：①领域间存在各自领域的特有特征，将领域的特有特征和共有特征不加以区别地引入同一特征空间，会影响知识的迁移，当源领域与目标领域差别较大时，可能会引起负迁移[9,10]；②特征映射方法主要基于对抗训练，而由于无目标域标注数据，基于对抗训练的领域映射方法在映射过程中难免会造成语义偏移[11,12]的问题，这会导致在类别边界或远离类别中心的一些样例被错分为其他类别。

为了解决上述问题，本书提出了基于对抗学习的领域分离映射网络。针对领域的特有特征可能造成负迁移的问题，本书提出采用不同的编码器来分别捕获领域的特有特征和共有特征，并通过设计领域分离损失函数确保特有、共有特征的分离，之后仅采用领域间共有特征来预测关系类别，避免了领域的特有特征对共有特征的影响。针对类别边界样例易被误分的问题，受中心损失（Center Loss）函数[13,14]的启发，本书提出了更具分辨力的领域映射方法，该方法结合中心损失函数和对抗神经网络的优点，通过收缩各类别的特征空间和使类别间特征空间远离，缓解了类别边界样例点易被误分的问题。本书在 ACE 2005 数据集中的三个不同领域验证了本书方法的有效性。实验结果表明，与之前的关系抽取方法相比，本书模型的 F1 值超出了最优模型 1.29%。

6.2.2 相关工作

本节首先介绍与本工作相关的研究基础——领域自适应关系抽取方法，之后详细介绍对抗神经网络在自然语言处理领域的应用。

6.2.2.1 领域自适应关系抽取

领域自适应关系抽取方法可以按照抽取共有特征方式的不同分为两类：共有特征工程和领域映射方法。共有特征工程方法主要通过人为定义领域间的共有特征模板，并基于共有特征进行关系预测，该类方法主要侧重于共有特征的设计。Plank 和 Moschitti[1]发现词的潜在语义在多个领域间是不变的，并基于此提出了结合词潜在语义特征和卷积树核的方法，实现领域间的知识迁移。之后，Nguyen 和 Grishman[6]结合了词向量和词潜在语义分析，并验证了该特征的有效性。Gormley 等人[4]则是在之前工作的基础上，设计了特征融合模型，使各词汇特征间的信息互相交互生成更有效的特征。由于该特征融合模型计算复杂度较高，所以 Yu 等人[5]提出了用低维分布式向量表示特征的方法，大幅度减少了模型参数量，避免了模型过拟合的同时减小了模型计算复杂度。之后，随着深度学习的发展，Nguyen 和 Grishman[2]首次探索深度学习模型在领域自适应关系抽取方法中的应用，结合

Yu 等人提出的传统词汇特征，取得了在 ACE 2005 数据集上领域自适应关系抽取的最好结果。共有特征工程方法需要大量的专家知识设计特征模板，可移植性差，且在人为抽取共有特征的过程中难免会造成信息损失。为了解决该类方法存在的问题，Fu 等人[8]提出了领域映射方法，他们将对抗神经网络引入关系抽取模型，通过对抗神经网络将源领域与目标领域的特征映射至同一特征空间，实现共有特征的自动化抽取。领域映射方法虽然能自动化领域间共有特征的抽取，但该类方法忽略了领域的特有特征对知识迁移的影响。此外，对抗训练虽然能将两个领域的特征映射至同一空间，但在领域映射过程中，由于缺少目标领域的标注语料，难免会造成语义偏移问题，容易导致类别边界样例被错分。本书提出的基于领域分离映射的关系抽取方法将特有、共有特征空间分离，因而能够避免特有特征空间对知识迁移的影响。此外，本书提出的领域映射方法，可以收缩类别内的特征空间，并使类别间的特征空间远离，进而缓解特征映射过程中出现的边界点误分问题。

6.2.2.2 对抗神经网络

对抗神经网络可以用来判断分布间的相似程度，该方法最早由 Goodfellow 等人[7]提出，他们提出了对抗博弈思想用于图片的无监督生成。生成器将给定的噪声数据转换成伪图片用来欺骗辨别器，使其难以分辨真假，而辨别器的目的则是提升判断图片真伪的准确率。通过生成器与辨别器之间不断的对抗，最终使生成器生成辨别器难以辨别真假的图片。基于该思想，Bousmalis 等人[9]首次将对抗训练的思想应用于无监督领域自适应任务来实现知识从源领域到目标领域的迁移，他们利用辨别器辨别特征的来源，当辨别器难以辨别特征来源时，说明生成器已经将源领域与目标领域的特征映射至同一特征空间。受该工作启发，Wu 等人[15]将对抗训练的方法作为约束方法引入关系抽取，他们在词向量层加入噪声扰动，大幅度提升了远程监督关系抽取方法的准确率。类似地，Bekoulis 等人[16]将对抗训练作为约束引入了实体关系联合抽取任务。区别于 Bekoulis 等人将对抗训练作为约束条件的方法，Qin 等人[17]利用对抗神经网络作为去噪器，以解决远程监督关系抽取中噪声数据过多的问题。Fu 等人[8]的工作与本书的工作密切相关，他们首次利用对抗训练将源领域与目标领域的特征映射至同一特征空间，实现了无监督自适应关系抽取方法。区别于 Fu 等人的领域映射方法，本书采用不同的空间分别对领域的特有、共有特征建模，并设计了新的更具辨别力的领域映射方法，通过收缩类内空间和增加类别间特征空间的距离，来缓解特征映射过程中边界点误分问题。

6.2.3 基于领域分离映射的领域自适应关系抽取框架

本节首先对领域自适应关系抽取进行形式化定义,之后详细介绍本书提出的基于领域分离、映射的自适应关系抽取方法。

6.2.3.1 任务定义和模型整体架构

给定由一系列样例 (s,e_1,e_2,r) 构成的源领域训练语料集合 S,s 表示包含多个词的句子,e_1 和 e_2 分别表示该句子中的两个实体,r 是两个实体间的语义关系标签,领域自适应关系抽取的目的是利用源领域的标注语料训练关系抽取模型,并直接将该模型应用于目标领域语料 T,目标领域无标注数据且目标领域的关系类别定义与源领域的关系类别定义完全相同。

本节提出的领域自适应关系抽取方法主要包含三个部分,领域自适应关系抽取方法框架如图 6-2 所示。

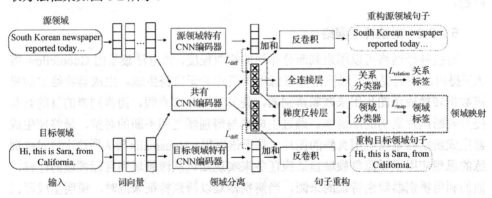

图 6-2 领域自适应关系抽取方法框架

(1)特征抽取和领域分离。给定源领域的标注语料 S 和目标领域的未标注语料 T,本书首先将句子中的词表示为分布式向量,并与传统外部语言学特征进行拼接,然后采用三个不同的卷积神经网络来分别抽取句子级别的源领域的特有特征、共有特征和目标领域的特有特征,最后设计分离损失函数来确保领域的特有特征和共有特征的分离。

(2)领域映射方法。通过第一步获得源领域句子和目标领域句子的共有特征空间向量表示后,本书设计了新的基于对抗训练的领域映射方法,将源领域的共有特征与目标领域的共有特征映射至同一特征空间。

(3)关系分类器。本书利用共有特征空间得到的特征表示训练关系类别分类器来进行关系预测。

接下来对模型各部分进行详细阐述。

6.2.3.2 特征抽取和领域分离

领域自适应关系抽取的目的是利用源领域的知识资源来实现对目标领域的关系类别的预测。每个领域均有其独有的特征，领域的特有特征不能作为知识迁移到目标领域，当领域间的差别较大时，领域的特有特征可能会造成知识负迁移。为了避免这种问题，我们需要将特有、共有特征进行分离。本书首先将句子中的词进行向量化表示，并与多种传统语言学特征向量进行拼接，然后利用卷积神经网络获得句子的向量化表示，最后本书设计了分离损失函数来对领域特有、共有句子级别的特征进行分离。

1. 词向量化表示

给定源领域句子 (s,e_1,e_2,r)，$s=[w_1,w_2,\cdots,w_m]$，本书首先将句子中的每个词 w_i 表示成分布式向量 x_i，这些向量由词向量、位置向量、实体类型向量、组块向量和最短依存路径向量拼接而成。各向量的构建方法如下。

- 词向量：利用共现矩阵分解或语言模型将词语表示为固定维度的向量形式，这些向量包含潜在语义信息，可以通过计算向量之间的余弦相似度来表征词语之间的语义关联程度。
- 位置向量：由 Zeng 等人提出，表示句子中的各个词到两个实体的相对位置。以"The sightseeing group arrived in Russia today"为例，其中"sightseeing group""Russia"为两个实体，"arrived"相对于这两个实体的距离由其索引减去两个实体的索引得到，分别是"1"和"-2"。本书将相对位置看成固定维度的分布式向量随机初始化，在模型训练的过程中自动学习位置的向量化表示。
- 实体类型向量：实体的类别标签，如 PER（人名）、ORG（组织名）等，可以为关系抽取提供一些类别限制的信息。例如，存在"雇佣"关系的两种实体类型只能是"人"和"组织"。如果句子中的词是实体的一部分，那么用该实体对应的类型表示；反之，则用特殊标记"NONE"表示。跟位置向量一样，该向量可以设定固定维度，在训练初始阶段随机初始化，在模型训练过程中不断优化。
- 组块向量：能提供实体指称的范围，如实体指称"sightseeing group"包含两个单词，组块向量能指示这两个词属于一个整体。跟实体类型向量类似，本书首先抽取每个词的组块标签，之后将组块标签表示成固定维度的分布式向量，并使其参数在模型训练过程中不断优化更新。
- 最短依存路径向量：最短依存路径是指实体间的最短依存路径，该特征能指示词对关系抽取的重要程度。对该特征，本书首先采用 Spacy、Stanford

Parser 等依存关系分析工具，抽取实体间的最短依存路径；之后，本书仅用"0"或"1"来指示词是否出现在该路径上。与其他特征不同，该向量在模型训练过程中不进行更新。

2. 特征提取和分离

词的向量化表示能将词 w_i 转化为分布式向量 x_i，由此本书能将句子转化为词向量序列 $X = (x_1, x_2, \cdots, x_m)$，本书将词向量序列送入神经网络模型，采用不同的 CNN 编码器分别编码其领域的特有特征和共有特征。通过对源领域的句子和目标领域的句子采用卷积、最大池化（Max-pooling）操作获取其领域的特有特征和共有特征，其计算公式如下：

$$f_s^p = \tanh(W_{sp} X_s + b_s)_{\max-pooling} \tag{6-1}$$

$$f_s^c = \tanh(W_c X_s + b_c)_{\max-pooling} \tag{6-2}$$

$$f_t^p = \tanh(W_{tp} X_t + b_t)_{\max-pooling} \tag{6-3}$$

$$f_t^c = \tanh(W_c X_t + b_c)_{\max-pooling} \tag{6-4}$$

式中，f_s^p、f_s^c、f_t^p、f_t^c 分别表示源领域的特有特征、源领域的共有特征、目标领域的特有特征、目标领域的共有特征；W_{sp}、W_c、W_{tp} 分别表示源领域的特有编码器、领域间的共有编码器和目标领域的特有编码器的卷积核矩阵；b_s、b_c、b_t 则分别表示各编码器相应的偏置。尽管本书采用不同的编码器来分别编码领域的特有特征和共有特征，但该方法存在一个潜在的问题，即领域间的共有特征可能同时出现在领域的特有、共有特征空间中。为了解决这个问题，本书参考 Bousmalis、Liu 等人的方法，引入了差异损失（Difference Loss）函数，该损失函数能使领域的共有特征和特有特征分离，使各编码器分别捕获不同类型的特征，其计算公式如下：

$$L_{\text{diff}} = \sum_{i=1}^{N_s} \left\| f_{s_i}^{p\top} \cdot f_{s_i}^c \right\|_2^F + \sum_{j=1}^{N_t} \left\| f_{t_j}^{p\top} \cdot f_{t_j}^c \right\|_2^F \tag{6-5}$$

式中，$\|\|\|_2^F$ 表示弗罗贝尼乌斯范数；N_s、N_t 则分别表示用来训练模型的源领域、目标领域的样例个数。

6.2.3.3 领域映射方法

虽然用不同的编码器和差异损失函数能促使各编码器编码不同方面的特征，但本书并不能确保共有特征编码器学到的源领域和目标领域的句子级别的特征在同一特征空间。为了实现知识迁移，本书需要先将源领域与目标领域的特征映射至同一特征空间，这样才能使用该特征空间中的共有特征来预测关系类别。为此，本书提出了更具辨别力的领域映射方法。本书首先采用基于对抗训练的领域映射方法粗略地将源领域、目标领域的共有特征映射至同一空间；之后为了避免关系类别边界样例被误分的问题，本书提出了更具辨别力的损失（Discriminative Loss，DL）函数，收缩相同类别内的空间，加大不同类别间的间距，进而缓解边界样例被误分的问题。

1. 基于对抗训练的领域映射方法

本书首先采用对抗训练的方式来将源领域的共有特征、目标领域的共有特征映射至同一空间。本书采用共有特征编码器作为生成器，并设计了领域分类器作为辨别器。领域分类器由梯度反转层（Gradient Reverse Layer，GRL）和全连接层组成。GRL通过反转领域分类损失函数反向传播过程中的梯度形成对抗训练，以达到迷惑领域分类器的目的，当辨别器不能辨别生成器编码的特征来源时，表明源领域与目标领域的共有特征已经被粗略地映射至同一空间。给定源领域的句子领域间的共有特征 f_s^c 或目标领域的句子领域间的共有特征 f_t^c，本书将向量 f_s^c、f_t^c 分别送入 GRL，

$$\text{GRL}(f) = f, \sim \frac{\mathrm{d}}{\mathrm{d}f}\text{GRL}(f) = -I \tag{6-6}$$

随后本书在 GRL 上方采用全连接层和 Sigmoid 二分类器来计算样例来源于源领域、目标领域的概率值。本书采用交叉熵损失函数来训练领域分类器。

$$L_{\text{adv}} = \sum_{i=1}^{N_s+N_t} d_i \log(\widehat{d_i}) + (1-d_i)\log(1-\widehat{d_i}) \tag{6-7}$$

式中，$d_i \in \{0,1\}$ 分别表示训练样例来自源领域、目标领域；$\widehat{d_i}$ 表示训练样例来源于源领域的概率。

2. 辨别力损失函数

对抗训练的引入能粗略地使源领域与目标领域的特征映射至同一特征空间，本书进而能采用该空间的特征进行知识迁移。但由于缺少目标领域的标注语料，在领域映射过程中，难免会发生语义偏移，造成类别边界点被误分的问题。为了避免这个问题，本书在收缩相同类别中的各样例间距离的同时，加大了不同类别样例间的距离，使学到的特征更具有辨别力。为此，本书设计了辨别力损失函数 L_{dis}：

$$L_{\text{dis}} = \sum_{i=1}^{N_s} \{\max(0, |f_{s_i}^c - c_{k_i}|_2^2) - m_1\} + \sum_{i,j=1, i\neq j}^{N_s} \max(0, m_2 - |c_i - c_j|_2^2) \quad (6\text{-}8)$$

式中，m_1、m_2 分别是类内和类别间的边缘约束；c_{k_i} 表示源领域关系类别 $k_i \in \{1,2,\cdots,K\}$ 领域间的共有特征的中心点，K 是关系类别的总数目；$f_{s_i}^c$ 表示的是源领域中的第 i 个样例在共有特征空间的句子级别的特征表示。式（6-8）中的第一项是为了减小类别内各样例到中心点的距离，第二项则是为了增加不同类别中心点的距离。在理想状况下，类别中心点的计算需要考虑源领域中的所有训练样例，而神经网络模型的训练是以批次为单位的，因此，本书需要同时考虑所有的批次。但先使用全部数据集计算后再进行更新，会增加很大的计算开销，在数据规模稍大的数据集中，甚至难以实现模型的训练。为了解决这个问题，本书对式（6-8）的第二项做了简化，本书仅用每一批次中的样例来计算各类别间的中心点；对于式（6-8）第一项中的类别中心点，减小类别内各样例到相应中心点的距离需要对中心点的估计更全面精确，因此，本书在每一次迭代中更新 c_{k_i}，其更新公式为

$$\Delta c_j = \frac{\sum_{i=1}^b \delta(k_i = j)(c_j - f_{s_i}^c)}{1 + \sum_{i=1}^b \delta(k_i = j)} \quad (6\text{-}9)$$

$$c_j^{u+1} = c_j^u - \eta \Delta c_j^u \quad (6\text{-}10)$$

式中，b 表示的是一个批次中训练样例的总个数；η 是用来更新类别中心点的学习率。本书在第一次迭代中用第一批次的中心点初始化类别中心点，在之后的迭代中按照式（6-9）和式（6-10）对各类别中心点进行更新。

3. 具有辨别力的领域映射方法

辨别力损失函数能对源领域的共有特征空间的特征进行约束，使各类别样例距离其类别中心点更近，同时使不同类别间的样例互相远离。因此，结合辨别力损失函数和对抗训练的方法能缓解类别边界点被误分的问题，进而更好地将源领域与目标领域的共有特征映射在一起，两者结合后的损失函数如下：

$$L_{\text{map}} = L_{\text{adv}} + \lambda L_{\text{dis}} \quad (6\text{-}11)$$

式中，λ 用来决定辨别力损失函数在领域映射中的贡献程度。

4. 领域重构

至此，本书可以通过优化领域分离损失函数 L_{diff} 和 L_{map} 将领域的特有特征、共有特征分离，并将源领域、目标领域的特征映射到同一空间，但本书并不能保

证领域的特有编码器学到的领域特征是有意义的。从式（6-5）可以看出，在没有约束条件限制的情况下，f_s^p、f_t^p 会很快地被优化至零，这会使领域特有编码器学习不到有用的信息，即领域的特有特征剥离失败，这使得本书提出的领域分离方法失效。为了避免这种情况的发生，本书提出了领域重构方法来对领域分离的过程加以限制。

以源领域重构为例，本书首先将源领域的特有特征 f_s^p 和源领域的共有特征 f_s^c 进行加和，得到源领域向量 $f_s = f_s^p + f_s^c$，之后，本书采用反池化和反卷积对 f_s 的信息进行还原，最终从反卷积层得到的输出是跟输入维度一样的向量序列 $X^* = \{x_1^*, x_2^*, \cdots, x_n^*\}$。本书对比计算还原后的输入序列和初始输入序列间的相似程度，并以此作为领域重构损失，

$$L_{\text{rec}} = \sum_{i=1}^{N_s+N_t} \left[1 - \sum_{j=1}^m \left| \cos\left(x_{ij}, x_{ij}^*\right) \right| \right] \tag{6-12}$$

式中，m 表示句子的长度。

6.2.3.4 关系标签预测

经过上述过程，源领域与目标领域的共有特征映射到了同一特征空间，因此，本书可以直接用该空间的特征进行知识迁移，实现关系的跨领域预测。给定已经映射到领域间共有空间的源领域共有特征 f_s^c，本书首先采用全连接层对其降维，之后利用线性映射函数和 softmax 分类器进行关系预测。本书采用交叉熵来计算关系预测的损失函数，

$$L_{\text{relation}} = \sum_{i=0}^{N_s} \sum_{k=0}^{K} -r_k \log(r_k) o \tag{6-13}$$

式中，r_k 表示的是实体间关系是类别 k 的概率。本书最后线性地结合所有的损失函数，

$$L = L_{\text{relation}} + \alpha L_{\text{diff}} + \beta L_{\text{rec}} + \gamma L_{\text{map}} \tag{6-14}$$

式中，α、β、γ 分别为三个损失函数的权重。所有的损失函数都是可微的，因此，本书可以采用梯度下降算法来优化训练模型。

6.2.4 实验部分

本节从不同角度来验证本书的模型。首先，本节通过与其他类型的领域自适应抽取方法进行对比，来验证本书提出的基于领域分离映射的关系抽取方法的性

能。其次，本节通过逐步移除相应的模块来验证各模块对系统性能的影响。最后，本节进一步分析传统外部语言学特征对领域自适应关系抽取的影响。

6.2.4.1 数据集与实验设置

1. 数据集

本节用于评测系统性能的数据集是 ACE 2005 的官方数据集，该数据集共包含六个不同的领域：新闻专线（Newswire，NW）、广播对话（Broadcast Conversation，BC）、广播新闻（Broadcast News，BN）、电话对话（Telephone Speech，TS）、网络新闻（Usenet Newsgroups，UN）和网络日志（Weblogs，WL）。该数据集一共包含 11 个关系类别，其中 3 个关系类别是对称不区分方向的，8 个类别是区分方向的。参照以往的工作，本节采用新闻专线和广播新闻（NW+BN）领域的数据作为训练数据，选取广播新闻（BN）中的一部分数据作为开发集用来调整超参数，选取剩余的一部分广播新闻（BN）、电话对话（TS）领域的数据对模型进行测试。本书采用与之前工作一样的预处理步骤，最后获得了 43497 个句子用于训练。表 6-1 所示为 ACE 2005 数据集的信息统计情况。

表 6-1 ACE 2005 数据集的信息统计情况

领 域	样 例 数 目	实 体 数 目	负样例占比
NW+BN（训练数据）	43497	5442	91.6%
BN（开发集）	7004	936	91.2%
BN（测试集）	8083	1107	91.1%
TS（测试集）	15803	769	96.1%

2. 评测指标

参照之前的工作，本书采用 F1 值作为模型的评价指标。该指标计算方式如下：

$$F1 = \frac{2*Precision*Recall}{Precision + Recall} \tag{6-15}$$

式中，Precision 指的是关系预测准确的百分比；Recall 是指模型在数据集中找出正确关系的百分比。

3. 超参设置

本书根据模型在开发集的表现选定了最终的超参数。超参数设置如表 6-2 所示。

表 6-2 超参数设置

超 参 数	数 值
优化器	SGD

续表

超参数	数值
学习率	0.001
词向量维度	Glove-100
位置向量维度	25
组块向量维度	25
实体类别向量维度	25
差异损失权重 α	0.075
领域重构损失权重 β	0.01
领域映射损失权重 γ	0.25
辨别力损失权重 λ	0.01
卷积窗口大小	3
领域特有/共有编码器卷积个数	800

6.2.4.2 对比方法

本书将基于领域分离映射的关系抽取方法与以下算法进行了对比。

- **FCM**：基于共有特征工程的经典方法，提出了特征组合模型，该模型能使各特征间进行信息交互，形成更抽象、更具理解力的高阶特征。
- **Hybrid FCM**：结合 FCM 和已有的 log-linear 形成的组合系统。
- **LRFCM**：FCM 的改进模型，通过减小特征的维度减小了 FCM 模型所需学习的参数量，提升了 FCM 的泛化能力并使其能用于更大规模的特征工程。
- **Log-linear**：将之前多个工作中提出的特征融入 Log-linear 进行关系预测。
- **CNN**：将多种外部语言学知识融入 CNN，该模型采用多个不同的卷积窗口捕获不同 n-gram 信息。
- **Bi-GRU、Forward GRU、Backward GRU**：与 CNN 相比，所用的外部语言学特征相同，用于编码句子的编码器不同。
- **CNN+DANN**：第一个特征映射工作，利用对抗训练将源领域与目标领域映射至同一空间，利用领域间的共有空间特征进行关系预测。
- **PCNN+DANN**：利用 PCNN 作为句子编码器，将句子根据实体位置拆分成三段，并分别对三段句子进行最大池化获得最终句子级别的特征，之后结合对抗训练自动地抽取领域间的共有特征。
- **Cross-view**：利用对抗训练抽取领域间的共有特征，并利用多视角信息对模型进行微调。
- **SACNN**：该模型设计了两个不同的模型捕获局部细粒度信息和全局长距离

依赖信息。利用基于注意力机制的卷积神经网络捕获组块级别的细粒度局部特征，并基于 Qin 等人、Yang 等人的工作融合实体标签、树位置特征等细粒度信息。利用基于依存句法的循环神经网络模型捕获实体间的长距离信息，之后结合二者完成关系预测。

- **AGGCN**：提出了注意力引导的图卷积神经网络模型，该模型对句子依存结构进行软剪枝，在捕获长距离依赖的同时避免了传统基于句法关系抽取模型中的信息损失问题。

6.2.4.3 整体性能评测

本书首先在三个不同领域（广播对话、电话对话、网络日志）比较了十四种方法。表 6-3 所示为整体性能评价，从表中可以得到如下结论。

表 6-3 整体性能评价

模 型	广播对话（BC）	电话对话（TS）	网络日志（WL）	平 均 值
FCM	61.90	52.93	50.36	55.06
Hybrid FCM	63.48	56.12	55.17	58.26
LRFCM	59.40	—	—	—
Log-linear	57.83	53.14	53.06	54.68
CNN	63.26	55.63	53.91	57.60
Bi-GRU	63.07	56.47	53.65	57.73
Forward GRU	61.44	54.93	55.10	57.16
Backward GRU	60.82	60.82	60.82	60.82
CNN+DANN	65.16	55.55	57.19	59.30
PCNN+DANN	65.78	58.56	56.62	60.32
Cross-view	66.81	60.88	57.62	61.77
SACNN	65.06	61.71	59.82	62.20
AGGCN	63.47	59.70	56.50	59.89
DFSP(Ours)	67.19	63.37	59.91	63.49

- 与传统的共有特征工程方法相比（FCM、Hybrid FCM、LRFCM、Log-linear、CNN、Bi-GRU、Forward GRU、Backward GRU），特征映射方法（CNN+DANN、PCNN+DANN、Cross-view）均取得了更好的关系抽取效果。这是因为共有特征工程方法人为定义一系列特征模板，但人类难以穷举领域间的共有特征，难免会造成信息损失，影响系统性能。而特征映射方法能自动地学习领域间的共有特征，避免共有特征工程方法造成信息损失的同时，提升了系统抽取性能。

- 与特征映射方法 CNN+DANN、PCNN+DANN、Cross-view 相比，本书提出的分离映射方法大幅度提升了关系抽取系统的性能，这个结果验证了将领域特有特征剥离的重要性。本书提出的方法通过剥离领域特有不可迁移特征，避免了引入对知识迁移无用的特征，进而避免了由于噪声而引起的知识负迁移问题。
- 跟当前关系抽取性能最优系统 SACNN、AGGCN 相比，本书的系统仍大幅度超过其抽取性能，这说明当前有监督关系抽取系统普遍存在领域泛化能力差的问题。虽然通过设计更好的编码器捕获更丰富的语义信息能提升有监督关系抽取系统的性能，但将由源领域训练的模型应用于特征分布不同的目标领域时，模型仍会由于特征分布的变化而受到较大的影响。
- 对比 CNN+DANN 和 PCNN+DANN，PCNN+DANN 在三个领域的平均性能优于 CNN+DANN，该模型在三个领域的 F1 均值提升了 1.02。从实验结果可以看出，更换更好的句子编码器能提升领域自适应关系抽取的性能，本书中用于编码句子的三个编码器均为基本的 CNN 编码器，更换更好的编码器可以进一步提升系统的抽取性能。
- Cross-view 与 PCNN+DANN 的区别在于，Cross-view 利用了传统外部语言学特征对模型进行微调，从实验结果可以看出，利用外部语言学特征能进一步提升系统性能，本书会在 6.2.4.5 节中更系统地探讨外部语言学特征对抽取系统性能的影响。

6.2.4.4 各模块分析

本节通过逐步地移除系统各模块来探索其对 DFSP 系统性能的影响。消融实验如表 6-4 所示，从实验结果中可以得到如下结论。

表 6-4 消融实验

模 型	广播对话（BC）	电话对话（TS）	网络日志（WL）	平 均 值
DFSP	67.19	63.37	59.91	63.49
$-L_{dis}$	66.38	57.92	56.84	60.38
$-L_{adv}$	66.72	61.18	58.37	62.09
$-L_{diff}$	60.37	57.46	55.79	57.87
$-L_{rec}$	61.05	58.13	55.47	58.22

- 移除辨别力损失函数 L_{dis} 后，系统分类性能大幅度下降，这是因为类别边界实例被误分。缺少目标领域的标注语料，在领域映射的过程中难免会发生空间偏移问题，致使远离类别中心的实例点被误分。而辨别力损失函数的

引入，能收缩类内各实例到中心点的距离、增大各类别间的距离，在一定程度上缓解了类边界样例被误分的问题。

- 当移除对抗训练 L_{adv} 后，系统性能有小幅度下降，这说明源领域与目标领域虽然共用一个领域间共有编码器，但各领域的特征分布还是有所不同的，仍需利用对抗训练将分布映射至同一空间对齐。
- 从实验结果可以发现，当系统移除分离损失函数 L_{diff} 或重构损失函数 L_{rec} 后，系统性能大幅度下降。这表明分离损失和重构损失能在一定程度上保证领域的特有特征和共有特征的分离，领域的特有、共有特征的分离能减少领域的特有特征对知识迁移的影响。

6.2.4.5 外部语言学特征分析

为了验证传统外部语言学特征对领域自适应关系抽取系统性能的影响，本书采用逐步地移除所用到的传统语言学特征的方法进行实验。外部语言学特征效果分析如表6-5所示，从实验结果中可以得到如下结论。

表6-5 外部语言学特征效果分析

模 型	广播对话（BC）	电话对话（TS）	网络日志（WL）	平 均 值
DFSP	67.19	63.37	59.91	63.49
−实体类别向量	63.28	60.09	56.41	59.93
−组块向量	66.93	61.85	58.88	62.55
−位置向量	63.11	59.37	57.52	60.00
−最短依存路径	65.31	60.79	58.82	61.64

- 去除实体类别向量后，系统性能大幅度下降。这表明实体类别对关系抽取至关重要，这是因为实体类别信息能提供一些限制信息。例如，雇佣关系只能存在于人和机构之间。此外，实体类别是领域间的共有信息，增加实体类别信息可以丰富模型的特征表示。
- 组组块向量的去除对系统的影响较小。本书猜测这是因为位置向量能提供一部分实体组块的信息，例如，"The sightseeing group arrived in Russia today"中，"sightseeing group"是该句子中的一个实体，其中"sightseeing""group"相对于第一个实体的位置均为零，这与组块提供的"sightseeing"和"group"为一个整体的信息重合。
- 实验结果表明，位置向量对判断实体间的关系至关重要。这是因为一个句子中可能包含多个实体或名词。例如，"Bill Gates says shorting Tesla didn't hurt Musk"中包含"Bill Gates""Tesla""Musk"等多个实体。位置向量的引入能明确地提供待分类实体的位置信息，使模型更关注该实体和实体周围的词。
- 去除最短依存路径对系统性能的影响较为明显，这是因为 CNN 编码器仅能捕捉固定窗口范围内（通常为 3、4、5）的语义信息，如果句子中的两个实体相距较远，CNN 编码器难以抽取远距离信息。而最短依存路径特征的融入能很好地弥补这个缺陷，它能使模型更侧重于在实体间依存路径上的词语。

6.2.5 总结与分析

本节重点描述了基于领域分离映射的领域自适应关系抽取模型。由于缺乏目标领域的标注数据，领域自适应关系抽取被公认为一个很有挑战性的任务。为了更好地利用源领域已标注数据完成知识迁移，本书独辟蹊径，将特征分为领域的特有特征和共有特征两类，并提出相应的领域分离、映射方法。首先，采用不同的编码器分别对领域的特有特征、共有特征进行编码；之后，设计分离损失函数使编码器学到不同方面的特征，避免领域的特有特征对知识迁移的影响。

为了实现知识的跨领域迁移，本节采用对抗训练使源领域与目标领域的特征映射对齐在一起，实现了共有特征的自动化抽取，避免了共有特征工程方法不能穷举领域间共有特征而造成信息损失的问题。最后，本节优化了基于对抗训练的领域映射方法，通过减小类别内各样例到类别中心的距离、增大各类别中间点间的距离，收缩各类别特征空间，缓解了类别边界样例被误分的问题。通过实验结果可知，本节提出的模型能够有效地利用源领域与目标领域的共有知识，完成跨领域知识迁移，提升模型在目标领域的抽取性能。

本节所述工作的主要贡献包括如下。
- 首次提出领域分离映射方法用于领域自适应关系抽取，通过分离领域的共有特征、特有特征空间，避免了领域特有特征对知识迁移的影响。
- 改善了基于对抗神经网络的领域映射方法，通过减小相同类别样例间的距离、增大不同类别特征空间的距离，缓解了类别边界样例被错分的问题。
- 通过引入一系列外部语言学特征，本书提出的领域自适应关系抽取系统获得了当前最好的抽取性能。

6.3 跨类别迁移的关系抽取

跨类别通常是指源领域的关系类别与目标领域的关系类别定义不完全相同。例如，ACE 2005 数据集中定义的关系类别与 SemEval 2008 数据集中的关系类别完全不同。跨类别知识迁移是指抽取源领域与目标领域的关系类别间的共有特征，并用其辅助模型完成对目标领域新的关系类别的快速认知学习。

针对"跨类别知识迁移"研究问题，本节将探索如何利用与目标领域关系类别定义不同的源领域的标注知识资源，在第 5 章的基础上进一步拓展可利用的标注知识资源范围。

6.3.1 引言

关系抽取的目的是根据两个实体指称间的上下文本来判断实体间的语义关系，实体间的语义关系都是事先定义好的。例如，"[London] is the capital of [the UK]"，这句话表示了实体指称"London"和"the UK"之间存在"capital of"的语义关系。关系抽取任务能自动地从海量非结构化文本数据中挖掘实体之间的语义关联关系，是知识抽取、存储管理的关键技术之一，可用于知识图谱的构建，为许多自然语言处理任务提供了推理技术支持。近年来，许多基于有监督学习的关系抽取方法取得了重大进展，获得了优异的抽取效果。但该类抽取方法极度依赖数据的标注规模和质量，在标注资源匮乏的情况下会导致系统抽取性能大幅度下降。为了解决这个问题，一些研究者提出了远程监督关系抽取方法，该类方法假设：如果两个实体在知识库中存在某种关系，则包含这两个实体的文本能表示这种关系。基于该假设，研究者通过对齐知识库与大量未标注文本，来自动地构建大规模训练语料。该类方法虽然在一定程度上缓解了模型对标注数据的依赖，但该类方法仍面临如下挑战：①远程监督假设过于肯定，通过远程监督自动构建的训练语料包含大量噪声数据；②实体间的关系信息可能并未被知识库收录、实体间存在多种关系等问题，会进一步引入更多的噪声数据，在高噪声的情况下，模型难以学习到有意义的语义关系表示；③远程监督方法虽然不需要人为标注数据，但其本质是高噪声标注数据下的有监督学习，因此，该类方法继承了有监督学习方法的固有缺点，即泛化能力差、可移植能力差。当需要识别新的关系类别时，我们仍需要大规模的新类别的标注语料对模型重新训练。相反地，人类往往能从很少的样例中学习到新的知识。例如，当人类会骑自行车后，并不需要重新开始学习，就能很快地学会骑摩托车。小实例关系抽取就是为了模仿人类学以致用、举一反三的能力而提出的方法。该方法是指在仅利用很少标注样例（通常称这些样例为支撑样例）的情况下，构建模型使其利用少量标注样例快速学习并识别新类别样例的关系标签。由于仅有极少量的标注样例（数目为 1 个、5 个等），能利用的监督信息有限，因此，小实例关系抽取的主要挑战在于如何尽可能地利用少量新类别标注实例和其他类别标注实例实现快速学习。

为了解决这个问题，研究者提出了很多工作[18-24]，在这些工作中，一个比较简单、有效的模型是原型网络（Prototype Network）[25]，在该工作中 Snell 等人提出了元学习训练方法。该方法通过不断从整个训练集中随机选取一些类别和这些类别对应的标注样例来构造支撑句集合，之后随机地从这些类别中选取一些句子作为查询句集合，这些查询句集合和支撑句集合构成了一个元任务。如果构造的元任务包含 N 个关系类别，每个类别中包含 K 个标注样例，那么我们把这个任务称作 N-way-K-shot 元任务。在构造多个元任务后，原型网络首先通过使用上下文编码器从查询句和支撑句中抽取句子级别的特征并将其编码为分布式向量；然后，将每个类别支撑句的向量进行加和平均并将得到的向量作为该类别的原型向量；最后，通过计算查询句到每个类别原型向量的距离来判断该查询句所属关系类别。这个方法简单有效且能端到端地进行训练，之后的很多工作[26-28]就采用了该框架。

虽然上述小实例方法取得了很大的成功，但它们存在一个共同的问题：它们分开考虑元任务中的各个关系类别，并未把这些类别当作一个整体，忽略了整个元任务的特殊性（元任务的特殊性是指每个元任务包含的关系类别组合是不同的）。这会导致两个问题：①小实例学习仅有很少量的标注数据，其挑战在于如何从少数标注样例中尽可能多地挖掘知识，而忽略元任务整体的信息，会造成信息利用不足。②每个元任务包含的关系类别集合各不相同，如果模型不考虑各元任务的特殊性，而统一无差别地对待各元任务，那么会导致模型构造一套统一的特征组合来完成对各元任务的预测，这显然是不合理的[29]。以图 6-3 中的两个元任务为例，在元任务 1 中，"Class A（father）"和"Class B（mother）"的支撑句 S1、S2 包含相似的词汇和句法信息，为了准确预测，模型需要更多地关注句子 S1 中的代词"She"和 S2 中的代词"He"。而对于元任务 2，由于各类别有明显不同的词汇、句法信息，模型不需要考虑代词信息就能很容易地区分各类别。元任务 1 学到的特征集更侧重于对代词特征的提取，如果其他元任务采用跟元任务 1 完全相同的特征集，则很容易引入模型噪声，影响其他元任务的预测。

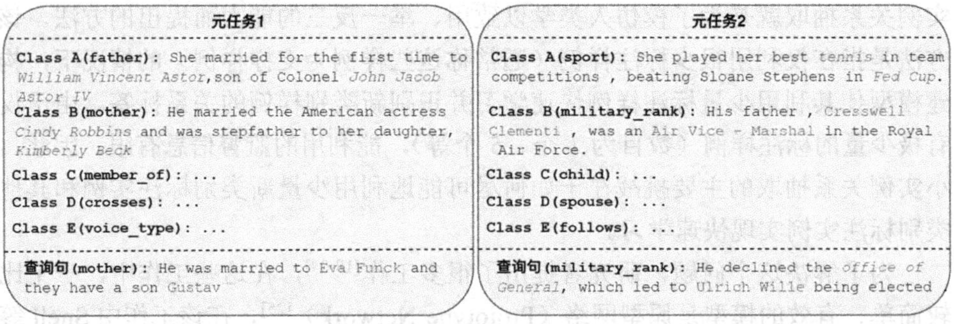

```
元任务1                                    元任务2
Class A(father): She married for the      Class A(sport): She played her best tennis in team
first time to William Vincent Astor,      competitions, beating Sloane Stephens in Fed Cup.
son of Colonel John Jacob Astor IV        Class B(military_rank): His father, Cresswell
Class B(mother): He married the           Clementi, was an Air Vice - Marshal in the Royal
American actress Cindy Robbins and        Air Force.
was stepfather to her daughter,           Class C(child): ...
Kimberly Beck                             Class D(spouse): ...
Class C(member_of): ...                   Class E(follows): ...
Class D(crosses): ...
Class E(voice_type): ...

查询句(mother): He was married to         查询句(military_rank): He declined the office of
Eva Funck and they have a son Gustav      General, which led to Ulrich Wille being elected
```

图 6-3　5-way-1-shot 元任务

以上问题引出了两个研究问题：①如何抽取每个元任务特有的信息？②怎样才能使模型根据元任务的特点，为每个元任务自动地构建其特有的特征组合？本书面向小实例关系抽取提出了动态的基于任务感知的特征构建（Task-aware Feature Composition，TFC）方法来解决上述研究问题。该方法的核心思想是利用元任务特有信息来指导底层特征的构建。首先，本书设计了任务向量模块来抽取元任务的特有信息；之后，受 Xu 等人[30]、Liu 等人[10]工作的启发，本书设计了两种信息交互方式来使用元任务的特有信息动态地指导底层特征的构建。FewRel 数据集的实验结果表明，本书提出的基于任务感知的特征构建方法抽取性能优异，超过了所有的高性能基准系统。此外，本书提出的模型也可以看成一个单独的即插即用的模块，可与当前的小实例学习方法结合，并大幅度提升其性能。

6.3.2　相关工作

6.3.2.1　关系抽取

关系抽取是指通过对实体上下文进行分析，将实体间的语义关系分为预先定义好的关系类别。近年来，研究者提出了许多基于深度学习的方法[15-17,31-33]，采用神经网络作为文本信息编码器来自动地学习文本特征表示并获得了巨大的进展。但这些方法均基于有监督学习方法，需要大量的标注资源。当标注资源受限时，这些系统的抽取性能会大幅度下降。为了解决这个问题，Mintz 等人[34]提出了远程监督的思想，通过自动对齐知识库和非结构化文本构造了大量训练语料。自动构造的训练语料中包含大量的噪声数据，为了减少噪声数据对模型训练的影响，Lin 等人[35]提出了基于注意力的去噪方法，他们设计了注意力机制给每个句子评分来判定句子是噪声数据的可能性，并给予噪声数据更低的权重，减少其在特征学习过程中的影响。Plank 和 Moschitti[1]则从另外一个角度来解决模型对数据过于依赖的问题，他们提出了领域自适应关系抽取方法，通过设计一系列共有特征模板，实现知识从源领域到目标领域的迁移，实现了无监督的目标域关系抽取。尽管这几类方法缓解了模型对标注资源的依赖问题，但仍存在一个共同的问题，即这些方法仍存在泛化能力差、可移植性差等问题。远程监督方法本质上仍是有监督学习，模型难以快速适应新的关系类别。领域自适应关系抽取方法虽然仅利用源领域的标注数据，但其对数据要求较高，要求源领域与目标领域的关系类别定义完全相同，在实际应用中难以找到合适的数据来源。与这些方法相比，本书提出的小实例关系抽取方法，不需要大量的标注数据，当需要识别新的关系类别时，模型仅需要极少数标注样例即可完成对新类别的学习和识别。

6.3.2.2 基于度量学习的小实例学习方法

本书提出的方法是基于度量学习的小实例学习方法。本节首先回顾基于度量学习的小实例学习方法在图像领域的应用；之后，详细介绍小实例关系抽取方法。

Vinyals 等人[13]提出了匹配网络，并首次将元训练的概念引入小实例学习中，元训练方法通过构建元任务使训练和测试的场景完全一致。该方法首先分别将查询句和支撑句表示成分布式向量，之后通过对比它们之间的匹配程度来判断查询句所属类别。之后，Snell 等人[14]提出了原型网络模型，该模型用所有支撑句的平均加权向量作为类别的原型向量，并通过对比原型向量与查询句的相似程度来判断其所属类别。与匹配网络相比，该模型缓解了匹配网络对不均衡数据敏感的问题。Oreshkin 等人[36]则以相似度度量方法为切入点，探索了不同距离计算方式对模型分类性能的影响。

上述方法均是针对计算机视觉相关问题提出的，对于关系抽取任务，目前的抽取方法均为基于度量学习的小实例学习方法。Han 等人[37]首次提出了小实例关系抽取方法，并提出了 FewRel 小实例关系抽取数据集，在他们的工作中，Han 等人还提出了一系列基于原型网络的小实例关系抽取模型。之后，Gao 等人[38]在此基础上提出了基于混合注意力的原型向量模型，采用不同层次的注意力机制使模型更加关注重要的语义特征和样例特征，以此来构建更好的类别原型向量。Ye 和 Ling[39]基于匹配网络的思想首次提出了多层次语义匹配网络模型，该模型设计编码器使查询句和支撑句之间的信息从不同层次互相交互，来学到更好的语义向量表示，之后利用查询句的信息来赋予不同支撑句不同的权重，从而构建面向查询句语义的类别原型向量；实验结果表明，查询句和支撑句之间的多层次语义交互能学到更丰富的语义表示，提升了小实例关系抽取系统的性能。与上述这些方法相比，本书提出的方法将元任务中的所有类别看成一个有机的整体，通过抽取元任务的特有特征动态地为每个元任务构建特有特征集合，避免了所有元任务采用一套通用特征带来的噪声或辨别度特征丢失的问题。

6.3.3 基于任务感知的小实例关系抽取模型

6.3.3.1 预备知识

小实例学习关系抽取是指在仅有极少数新类别训练样例的情况下，构建模型使其能快速识别新的关系类别。由于训练样例较少，且训练集合中的关系类别与测试集合中的关系类别是不同的，因此，传统的有监督模型训练方法在该场景下并不适用。为了解决这个问题，本书采用元训练方法来训练模型。元训练主要分为两步：①训练集合构建，从训练集中随机抽取训练样例构建元任务；②模型训练，以元任务为基本训练单位，每一个元任务更新一次模型参数。

1. 训练集合构建

具体地，本书随机从整个训练集中抽取 N 个不同的类别，每个类别随机抽取 K 个不同的样例作为支撑句集合。此外，本书为每个类别抽取 K 个不同的查询句作为相应的查询句集合，该过程形式化定义如下：

$$S = \{s^1, s^2, \cdots, s^N\} \subset D_{\text{train}}, \quad |s^n| = K \tag{6-16}$$

$$Q = \{q^1, q^2, \cdots, q^N\} \subset D_{\text{train}}, \quad |q^n| = K \tag{6-17}$$

式中，S、Q 分别表示支撑句和查询句集合；s^n、q^n 表示类别 n 的支撑句集合和查询句集合；N、K 分别表示元任务包含的类别数目和每个类别包含的样例数目。因此，该任务被称为 N-way-K-shot 分类任务。每个支撑句或查询句样例由 (x, p_1, p_2, l) 组成，其中，x 表示包含实体 p_1、p_2 的句子，$l \in \{1, 2, \cdots, N\}$ 表示实体之间的关系类别。元任务构造完成后，给定查询句集合 Q 中的一个样例，小实例关系抽取的目的是通过对比该样例与支撑集中各类别支撑句的相似度，来给查询句样例赋予标签。

2. 模型训练

元训练方法以元任务为基本单位对模型进行参数更新。在每一个训练阶段，模型的目的是从支撑集 S 中学习知识来最小化查询集的损失函数值，训练阶段的损失函数定义如下：

$$J = -\frac{1}{R} \sum_{(q,l) \in Q} P(l|S,q) \tag{6-18}$$

$$P(l|S,q) = \frac{\exp\left[f\left(\{s_k^l\}_{k=1}^K, q\right)\right]}{\sum_{n=1}^N \exp\left[f\left(\{s_k^n\}_{k=1}^K, q\right)\right]} \tag{6-19}$$

式中，J 是模型的整体损失函数；R 表示查询句的总数目；函数 $f\left(\{s_k^n\}_{k=1}^K, q\right)$ 是用来计算查询句 q 和类别 n 中所有支撑句 $\{s_k^n\}_{k=1}^K$ 之间的语义匹配程度。之前的工作并未将所有类别当作整体看待，而是将所有的类别看成独立的个体。与之前的工作相比，本书将每个元任务中的所有类别统一考虑并构建了新的计算语义匹配程度的函数 $f\left(\{s_k^n\}_{k=1}^K, q\right)$。

6.3.3.2 模型框架

在本节中，将概述本书提出的基于任务感知的小实例关系抽取模型框架。在接下来的描述中，用角标 s、q 与其他符号结合来分别表示该符号适用于支撑句、查询句；若符号中不包含 s 或 q，则说明该符号同时适用于支撑句和查询句。例如，本书用 x 来表示支撑句或查询句，用 x_q、x_s 分别表示查询句和支撑句句子。为了简化表示，本书在章节中省略了 s 的角标 n 和 k。

基于任务感知的小实例关系抽取模型框架如图 6-4 所示。其主要由四部分组成。

- **上下文编码器**：给定一个查询句或支撑句，本书采用基于查询句-支撑句信息匹配和结合的编码器（MLMAN[40]）将它们表示成分布式向量。
- **关系原型向量和任务向量模块**：通过上下文编码器将查询句、支撑句表示成分布式向量形式后，将它们作为输入，并根据支撑句与查询句之间的匹配程度来给支撑句赋予不同的权重。最后根据计算得到的权重对类别支撑句进行加和平均得到每个类别对应的原型向量。本书以各类别原型向量作为输入，并设计基于 CNN 的任务向量模块来抽取任务特有信息。
- **基于任务感知的特征构建**：得到任务向量后，本书设计了两种信息交互模式使用任务特有信息来控制特征的构建和精炼。这两种模式分别为基于任务门（Task-gated，图中由字母 T 表示）机制的信息交互模式和基于门控特征组合（Gated Feature Combination，图中由字母 G 表示）的信息交互模式。
- **类别信息匹配**：得到精炼过的查询句和关系原型向量表示后，本书将它们作为输入送入类别匹配模块 $M(.,.)$ 来计算查询句和关系原型向量之间的匹配程度，并基于匹配度为查询句赋予关系标签。

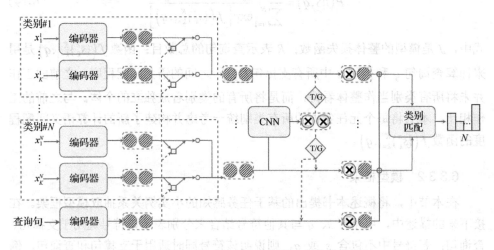

图 6-4 基于任务感知的小实例关系抽取模型框架

接下来，本书对上述模型的四个部分进行详细阐述。

6.3.3.3 上下文编码器

上下文编码器用来从查询句、支撑句中提取有用的特征表示。给定包含两个实体指称的支撑句或查询句，本书首先采用词向量层将句子中的词进行向量化表示，将句子转化为词向量序列，之后采用上下文编码器[41]从词向量序列中抽取语义信息，来获得句子的语义表示。

词向量层：将句子中的词进行向量化表示，在该部分中，本书采用词向量和位置向量拼接作为最终的词表示。本书首先通过采用 word2vec[41]或 Glove[42]等词向量工具训练得到每个词对应的固定维度为 d_w 的分布式向量。之后，通过查询得到的词向量表将查询句或支撑句中的每个词 w_t 表示为其相应的词向量 e_t。为了指示出句子中待分类的实体对位置，本书采用了位置向量。位置向量由 Zeng 等人[43]首次提出，首先计算每个词到两个实体指称的相对位置，之后将这些位置随机初始化为固定维度的向量，在模型训练的过程中进行优化学习。用 $p_{1t}, p_{2t} \in \mathbb{R}^p$ 分别表示词 w_t 相对于两个实体的位置向量，通过拼接词向量、位置向量，本书可以得到词的最终表示 $w_t = [e_t; p_{1t}; p_{2t}]$，其维度为 $d_w + 2d_p$。本书将所有的词表示为对应的向量形式，可以得到一个词向量序列：

$$x = \{w_1, w_2, \cdots, w_T\} = \{[e_1; p_{11}; p_{21}], \cdots, [e_T; p_{1T}; p_{2T}]\} \quad (6\text{-}20)$$

式中，x 表示查询句或支撑句的词向量序列；T 表示句子长度。

编码层：以向量化表示后的词向量序列 x 作为输入，采用编码器 MLMAN

来获得其句子级别的特征向量。本书首先采用卷积神经网络来对词向量序列进行处理，该卷积神经网络共包含 d_c 个卷积核，卷积核窗口大小为 m，通过将各卷积核在词向量序列滑动后，本书得到上下文向量表示序列（Context Vector Representation Sequence），形式化表示如下：

$$\overline{x} = \{\overline{w_1}, \overline{w_2}, \cdots, \overline{w_T}\} \tag{6-21}$$

$$\overline{w_t} = \text{Conv}\left(w_{t-\frac{m-1}{2}}, \cdots, w_{t-\frac{m+1}{2}}\right), \quad \overline{w_t} \in R^{d_c} \tag{6-22}$$

式中，Conv 表示对词向量序列的卷积操作。Gao 等人的工作表明查询句和支撑句之间的信息交互后能形成语义表示更丰富的向量表示。因此，本书采用局部匹配和聚合的方法使查询句和支撑句之间完成信息的交互，来形成更优的上下文向量表示。本书用 $\overline{x_q} = \{\overline{w_1}, \overline{w_2}, \cdots, \overline{w_{T_q}}\}$、$\overline{x_s} = \{\overline{w_1}, \overline{w_2}, \cdots, \overline{w_{T_s}}\}$ 分别表示查询句和支撑句的上下文向量表示序列，T_q、T_s 分别表示查询句和支撑句的长度。用 q_i、s_j 分别表示查询句和支撑句上下文向量的索引，本书可以通过式（6-23）来计算这两个上下文向量之间的语义匹配程度：

$$\alpha_{ij} = \overline{w_{q_i}}^T \overline{w_{s_j}} \tag{6-23}$$

本书首先利用式（6-23）为查询句和支撑句中的每一个上下文向量计算各片段间的语义匹配度，并对它们进行归一化，之后，利用归一化后的语义匹配度作为权重对上下文向量进行聚合。举例来说，对于查询句中的每一个上下文向量 $\overline{w_{q_i}}$，按照式（6-23）计算该上下文向量与支撑句中所有上下文向量的语义匹配程度，针对得到的 T_s 个语义匹配度，本书采用 softmax 对其进行归一化，并利用归一化后的匹配度作为权重将支撑句所有位置的上下文向量进行加权求和，作为查询句上下文向量 $\overline{w_{q_i}}$ 的聚合向量，其计算公式如下：

$$\widehat{w_{q_i}} = \sum_{j=1}^{T_s} \frac{\exp(\alpha_{ij})}{\sum_{j'=1}^{T_s} \exp(\alpha_{ij'})} w_{s_j} \tag{6-24}$$

$$\widehat{x_q} = \{\widehat{w_1}, \widehat{w_2}, \cdots, \widehat{w_{T_q}}\} \tag{6-25}$$

式中，$\widehat{w_{q_i}}$ 表示查询句索引位置为 q_i 的聚合向量。同样地，本书对支撑句做同样的计算并获得支撑句中所有上下文向量所对应的语义聚合向量，其计算公式如下：

$$\widehat{w_{s_j}} = \sum_{i=1}^{T_q} \frac{\exp(\alpha_{ij})}{\sum_{i'=1}^{T_q} \exp(\alpha_{i'j})} w_{q_i} \tag{6-26}$$

$$\widehat{x_s} = \left\{ \widehat{w_1}, \widehat{w_2}, \cdots, \widehat{w_{T_s}} \right\} \tag{6-27}$$

式中，$\widehat{w_{s_j}}$表示支撑句索引位置为s_j的聚合向量。用$\hat{x}$表示得到的查询句或支撑句的聚合向量，本书将聚合向量与上下文向量$\bar{x}$、$\hat{x}-\bar{x}$、$\hat{x}\odot\bar{x}$等进行拼接，采用全连接层对拼接后的向量进行降维，之后送入包含d^h个隐含单元的双向长短期记忆网络（BiLSTM）进行编码，并对编码结果分别进行最大池化和平均池化，最终得到支撑句和查询句的句子级向量表示，该计算过程形式化表示如下：

$$\overline{x'} = \text{BiLSTM}\left(\text{Relu}\left([\hat{x}; \bar{x}; \hat{x}-\bar{x}; \hat{x}\odot\bar{x}]W_1\right)\right) \tag{6-28}$$

$$\tilde{x} = \left[\max(\overline{x'}); \text{mean}(\overline{x'})\right], \tilde{x} \in \mathbb{R}^{4d_h} \tag{6-29}$$

式中，$\tilde{x}$表示经过编码器编码得到的最终的句子级向量表示；max()、mean()分别表示最大池化和平均池化。为了简化表示，本书将上述词向量层、编码层等编码过程表示如下：

$$\tilde{x} = f_\phi(x) \tag{6-30}$$

式中，ϕ表示的是编码器的参数。

6.3.3.4　关系原型向量

在获得支撑句、查询句的句子向量化表示后，本书采用样例层级的注意力机制来学习更好的与查询句相关的关系原型向量。

给定由编码器编码得到的查询句$\tilde{q}$和支撑集合所有支撑句的句子向量$\left\{\widetilde{s_1^1}, \widetilde{s_2^1}, \cdots, \widetilde{s_K^N}\right\}$，本书通过设计计算函数来构建关系原型向量。通常情况下，关系原型向量由关系类别中所有支撑样例的句子向量加和平均得到。但在小实例关系抽取任务中，支撑集中的样例较少，通过平均加权支撑样例构建原型向量容易造成较大的偏差，这种情况经常发生在语义比较复杂的关系类别中。此外，由于查询句表达的多样性，判断查询句所属类别时，类别中支撑句的权重应该随着查询句的变化而变化。因此，本书采用样例级注意力机制来解决该问题。本书首先计算查询句和各类别所有支撑句之间的句子向量的相似度，之后对相似度进行归一化，并将该相似度得分作为权重对各类别所有支撑句的句子向量进行加权求和，并把得到的向量结果作为该关系类别的关系原型向量。形式化计算过程如下：

$$c^n = \sum_{k=1}^{K} \beta_k^n \widetilde{s_k^n} \tag{6-31}$$

$$\beta_k^n = \frac{\exp\left(\widetilde{q}^{\mathrm{T}} \widetilde{s_k^n}\right)}{\sum_{k'=1}^{K} \widetilde{q}^{\mathrm{T}} \widetilde{s_{k'}^n}} \tag{6-32}$$

式中，c^n 表示关系类别 n 的关系原型向量；β_k^n 表示查询句和类别 n 中第 k 个支撑句之间句子向量的相似度。

6.3.3.5 基于任务感知的特征构建

到目前为止，本书的计算都假定上下文编码器 $f_\phi(x)$ 和关系原型向量 c^n 都是与元任务无关的，即上下文编码器和关系原型向量的计算过程对所有元任务是通用的，并未考虑元任务的特点来生成元任务的特有特征。但一个合理的编码器应具有能发现查询句样例与关系原型向量集合之间的关联的能力，换句话说，如果一个元任务中包含的关系类别是难以区分的，一个好的模型需对此种现象有所感知，且具有为该元任务构建更细粒度特征的能力，而不是为所有元任务构建一套通用的特征组合。为了达到这种目的，本书设计了任务向量模块来抽取任务特有信息，即感知任务的特点。之后，设计了两种特征指导模式来利用任务的特点动态地为各元任务构建不同的特征组合。

1. 任务向量模块

每个元任务均有一个不同的关系类别结合，为了抽取元任务的特有特征，本书以各关系类别的类别原型向量作为输入，设计任务向量模块来抽取任务的特有特征。

给定各类别的类别原型向量 $\{c^1, c^2, \cdots, c^N\}$，本书首先将它们作为一个序列进行拼接；然后，本书采用卷积神经网络作为任务向量模块的编码器来抽取任务的特有特征，通过在原型向量序列滑动固定窗口的卷积核，获取更高层次的元任务的特有特征；最后，进行最大池化操作，最终得到包含任务特有信息的任务向量 o，整个计算过程如下：

$$o = \max\left(\mathrm{Conv}\left(c^1; c^2; \cdots; c^N\right)\right), \quad o \in \mathbb{R}^{d_h} \tag{6-33}$$

式中，d_h 表示卷积核的个数。在获得任务向量后，本书设计了两种指导模式来利用任务特有信息对查询句和各类别关系原型向量进行精炼。两种指导模式分别为基于任务门机制的信息交互模式和基于门控特征组合的信息交互模式。

2. 交互模式1——基于任务门机制的信息交互模式

本书设计了任务门机制来指导特征的学习。任务门机制主要通过控制查询句和类别原型向量的变换来选择任务的特有特征。

给定查询句句子向量表示 $\tilde{q}\in\mathbb{R}^{4d_h}$、关系类别原型向量 $\{c^1,c^2,\cdots,c^N\}$，$c^n\in\mathbb{R}^{4d_h}$ 和任务向量 $o\in\mathbb{R}^{d_h}$，本书首先采用一个全连接层将查询句和关系类别原型向量转换到任务向量空间，即对查询句和关系类别原型向量进行降维，使其与任务向量维度相同。然后采用 Sigmoid 函数控制任务向量的取值范围，使任务向量各维度取值在（0，1）之间，本书把得到的向量称作任务门向量。最后通过任务门向量分别与查询句和关系类别原型向量做元素积（Element-wise Product）来控制查询句和关系类别原型向量的转换，实现利用任务向量指导特征构建的目的。整个计算过程形式化表达如下：

$$\widetilde{q'} = g_t \odot \text{Relu}(W_2\tilde{q}) \tag{6-34}$$

$$\widetilde{c^{n'}} = g_t \odot \text{Relu}(W_2 c^n) \tag{6-35}$$

$$g_t = \sigma(o) \tag{6-36}$$

式中，$W_2\in\mathbb{R}^{d_h\times 4d_h}$；$g_t$ 表示任务门；$\sigma(.)$ 表示 Sigmoid 函数；$\widetilde{q'}$、$\widetilde{c^{n'}}$ 分别表示最终得到的融合了任务特有信息的查询句向量和关系类别原型向量。从式（6-34）~式（6-36）可以看出，任务门 g_t 控制了查询句句子向量 $\tilde{q}$、类别原型向量 c^n 的转换过程，通过控制各维度特征的比例来指导任务特有特征的编码和减少与任务无关的信息。

2. 交互模式2——基于门控特征组合的信息交互模式

门控特征组合机制将任务向量 o 看成任务的特有特征，基于此，本书设计了一个门函数来选择性地将该特征中包含的信息与原有编码器编码得到的查询句向量和类别原型向量进行结合。

任务向量 o 是对元任务信息的一个概括总结。尽管它能提供任务的特有信息来进行关系预测，但关系预测应更依赖于查询句向量和类别原型向量中包含的信息。为了更合理地结合三者之间的信息完成关系预测，本书设计了门函数来选择性地对三者之间的信息进行组合，计算过程如下：

$$\widetilde{q'} = g_q \odot \text{Relu}(W_3\tilde{q}) + (1-g_q)\text{Relu}(o) \tag{6-37}$$

$$\widetilde{c^{n'}} = g_c \odot \text{Relu}(W_3 c^n) + (1-g_c)\text{Relu}(o) \tag{6-38}$$

$$g_q = \sigma(W[\text{Relu}(W_3\tilde{q});o]+b) \tag{6-39}$$

$$g_c = \sigma\left(W\left[\text{Relu}(W_3 c^n); o\right] + b\right) \quad (6\text{-}40)$$

式中，W_3 是待学习的矩阵，该矩阵将查询句向量和关系类别原型向量映射至任务向量空间，使三者之间的向量维度相同；g_q、g_c 用来决定有多少任务的特有信息需被融入查询句向量和关系类别原型向量中；$\tilde{q}'$、$c^{n'}$ 分别表示最终得到的基于任务感知的查询句向量和关系类别原型向量。

6.3.3.6 类别信息匹配

当本书得到基于任务感知的查询句向量 $\tilde{q}'$ 和关系类别原型向量 $c^{n'}$ 后，本书通过对比查询句向量与各关系类别原型向量之间的匹配程度来判断查询句的关系标签。匹配函数定义如下：

$$f\left(\{s_k^n\}_{k=1}^K, q\right) = f\left(c^{n'}, \tilde{q}'\right) = m_1^\mathrm{T} W_4 \left(\left[c^{n'}; \tilde{q}'\right]\right) \quad (6\text{-}41)$$

式中，m_1、W_4 是待学习的参数。结合式（6-18）、式（6-19）、式（6-41），本书可以采用梯度下降方法来对模型优化求解。

6.3.4 实验部分

本节从不同角度来验证本书的模型。首先，本书通过与其他小实例关系抽取方法进行对比，来验证本书提出的基于任务感知的小实例关系抽取方法的性能。其次，本书做消融实验来验证系统各模块的作用。再次，本书将基于任务感知的特征组合模块与其他小实例关系抽取方法结合，验证本书提出方法的普遍适用性。最后，本书可视化引入本书模型前后特征表示的变化来深入分析模型对特征构建的影响。

6.3.4.1 数据集与实验设置

1. 数据集描述和评测方法

本节用于测评关系抽取系统性能的数据集是 FewRel 官方数据集，该数据集先通过远程监督的方法初步构建，之后人工去除其中的噪声数据。最终得到的数据集共包含 100 个关系类别，每个关系类别包含 700 个训练样例。该数据集由官方切分为训练集、开发集和测试集三个部分，三个部分的关系类别均不相同。其中，训练集、开发集和测试集分别包含 64 个、16 个、20 个关系类别。训练集、开发集是公开可用的，为了保证测试的公平性，测试集并未对研究者开放，研究者需将训练得到的模型交由官方测评。

本书采用官方的评测方法来验证本书提出的模型的有效性。实验一共包含 4 个设置，分别为 5-way-1-shot、5-way-5shot、10-way-1-shot、10-way-5-shot。根据官方评测说明，本书重复训练模型 10 次，以 10 次测试结果的准确率的平均值和方差作为评价标准。

2. 训练细节和超参设置

本书采用 Gao 等人[38]提供的 50 维 Glove 预训练词向量，在训练过程中，本书不对词向量进行更新。本书采用"UNK"来替代句子中出现的未登陆词，并将其词向量初始化为零。同样地，本书在模型训练过程中不对该词进行更新。参照 Ye 和 Ling[39]的做法，本书在模型训练的过程中将 N 设置为 20。在本书的实验过程中，本书通过网格搜索的方式参照模型在开发集上的性能选定模型的超参数，模型训练中涉及的超参数设置如表 6-6 所示。在所有的超参数中，模型对 dropout rate 和权重衰减较为敏感。

表 6-6 超参数设置

超　参　数	数　　值
词向量维度	Glove-50
位置向量维度	5
最大句子长度	40
卷积核数目 d_c	200
卷积窗口大小	3
BiLSTM 隐藏单元大小 d_h	100
模型优化器（Optimizer）	Adam
学习率（Learning Rate）	0.001
dropout rate	0.2
权重衰减（Weight Decay）	0.0005

6.3.4.2 对比方法

本书将基于任务感知的小实例关系抽取方法与以下算法进行对比。

- **Finetune(CNN)**：以 CNN 作为基本的句子编码器，softmax 作为分类器，用传统有监督学习方法对模型进行训练。在测试时，固定句子编码器的参数，用测试数据中的少量支撑句对分类器的参数进行微调。
- **Finetune(PCNN)**：采用的训练方式与 Finetune(CNN)相同，区别在于用于编码句子的编码器改为由 Zeng 等人提出的分段池化卷积神经网络编码器（PCNN）。
- **kNN(CNN)**：采用 CNN 作为编码器和 softmax 作为分类器，使用传统有监督训练方法训练模型。在测试时，使用 CNN 编码得到查询句和所有支撑句的句子特征，最后通过使用 k 近邻对得到的句子级向量进行聚类来预测关系标签。

- **kNN(PCNN)**：核心思想与 kNN(CNN)相同，区别在于用于编码句子的编码器为 PCNN。
- **Meta Network(CNN)**：元网络由 munkhdalai 等人提出，该网络结构主要包含两个学习器，即元学习器和基础学习器。基础学习器的参数分为快速权重（Fast Weights）和慢速权重（Slow Weights）两个部分，快速参数由元学习器生成，旨在利用少数样例帮助模型实现快速泛化。慢速参数则通过最小化传统的分类损失进行学习更新。
- **GNN(CNN)**：该方法的基本模型由 Garcia 等人提出，其核心思想是将查询句和每个类别的支撑样例看成图的节点，对句子信息和标签信息进行编码，之后利用 CNN 来实现各节点到查询句的信息传递，最后利用传递信息后的查询句的表示来进行分类。
- **SNAIL(CNN)**：模仿人类小实例学习的认知过程，即按顺序读取理解每个支撑句，之后利用获得的信息进行分类。该方法将每个类别中的所有支撑句和查询句进行拼接，将拼接后的结果看成一个序列，通过时空卷积网络对信息进行编码，并设计注意力机制对信息进行汇聚融合，最后基于融合后的语义表示进行关系分类。
- **Prototypical Network(CNN)**：该方法假设每个类别存在一个类别原型向量，首先计算每个支撑句的向量表示，然后将支撑句向量表示进行加权平均作为类别的原型向量，最后通过对比查询句到各类别原型向量的距离来判定查询句的关系类别。
- **Proto-HATT**：基于原型神经网络提出了特征层级和样例层级两个层级的注意力机制来增强编码器的表示能力。特征层级注意力表示用来使模型更关注于更具有辨识度的特征维度；样例层级注意力通过使模型更关注与查询句相近的支撑句来构建类别原型向量。
- **HAPN**：该方法同样基于原型网络的改进提出了词层级、特征层级和样例层级的注意力机制。
- **MLMAN**：本书提出方法中所用的基本编码器，该编码器利用查询句和支撑句之间的匹配信息来精炼它们的向量化表示。

6.3.4.3 整体性能评测

本书在四个不同的任务设置下比较了十三种方法。表 6-7 所示为整体性能评测，从表中可以得到如下结论。

表6-7　整体性能评测

(单位：%)

模　　型	5-way-1-shot	5-way-5-shot	10-way-1-shot	10-way-5-shot
Finetune(CNN)	44.21±0.44	68.66±0.41	27.30±0.28	55.04±0.31
Finetune(PCNN)	45.64±0.62	57.86±0.61	29.65±0.40	37.43±0.42
kNN(CNN)	54.67±0.44	68.77±0.41	41.24±0.31	55.87±0.31
kNN(PCNN)	60.28±0.43	72.41±0.39	46.15±0.31	46.15±0.31
Meta Network(CNN)	64.46±0.54	80.57±0.48	53.96±0.56	69.23±0.52
GNN(CNN)	66.23±0.75	81.28±0.62	46.27±0.80	64.02±0.77
SNAIL(CNN)	67.29±0.26	79.40±0.22	53.28±0.27	68.33±0.25
Prototypical Network(CNN)	69.20±0.20	84.79±0.16	56.44±0.22	75.55±0.19
Proto-HATT	—	90.12±0.04	—	83.05±0.05
HAPN	—	91.02±0.11	—	84.16±0.18
MLMAN	82.98±0.20	92.66±0.09	75.59±0.27	87.29±0.15
TFC+Mode 1(ours)	**85.46**±0.18	93.61±0.09	77.63±0.21	87.63±0.14
TFC+Mode 2(ours)	85.37±0.19	**93.82**±0.11	**77.81**±0.22	**87.66**±0.15

- 本书提出方法（TFC+Mode 1，TFC+Mode 2）的关系抽取准确率远超其他基准系统。跟基准系统 MLMAN 相比，本书提出的方法在四个不同的任务设置下准确率最高取得了 2.48% 的提升。这是因为与基准系统相比，本书将任务的特有信息引入模型中，并利用任务的特有信息针对每一个元任务的特点构建了不同的特征，提升了模型的特征表示能力。
- 本书提出的方法在实例越少的情况下提升越大。比如，本书的模型在 5-way-1-shot、10-way-1-shot 的设置下相比 MLMAN 的准确率分别提升了 2.48%、2.22%；而在 5-way-5-shot，10-way-5-shot 的设置下仅分别提升了 1.16%、0.37%，这表明在数据稀疏的情况下，本书提出的模型表现得更好。这表明了利用任务的特有信息对小实例学习的重要性。

6.3.4.4　系统各模块分析

本章所提模型的优势主要体现在三个方面：①任务向量模块将所有类别的原型向量看成一个整体，采用卷积神经网络抽取元任务特有信息；②交互模式利用任务特有信息指导底层特征的构建；③样例层级注意力机制根据查询句的表示动态构建类别原型向量。本节从这三方面出发，进行消融实验，分别移除不同模块，在 FewRel 验证集上对本书提出的各模块的有效性进行验证实验。各模块对系统性能的影响如表 6-8 所示,从实验结果中可以得到如下观察和结论。

表 6-8 各模块对系统性能的影响

(单位:%)

模 型	5-way-1-shot	5-way-5-shot	10-way-1-shot	10-way-5-shot
TFC+Mode 1	81.82±0.20	90.01±0.13	70.73±0.21	81.27±0.14
–Mode 1	78.89±0.19	88.43±0.20	67.05±0.17	78.88±0.17
–TE	79.01±0.20	88.86±0.20	67.37±0.19	80.07±0.18
–IA	81.82±0.20	89.21±0.15	70.73±0.21	79.32±0.15
TFC+Mode 2	81.58±0.19	89.75±0.11	71.24±0.20	81.11±0.16
–IA	81.58±0.19	87.35±0.09	71.24±0.20	79.51±0.14

- 去除 Mode 1(–Mode 1)表示的是本书所提方法的变种;即采用 MLMAN 为基本编码器,使用本书设计的任务向量模块抽取任务特有信息,利用全连接层将查询句和关系原型向量映射到任务向量空间,之后使用查询句和关系原型向量分别与任务向量进行加和作为查询句和关系原型向量的最终向量表示。与本书提出的方法相比,该方法仅利用了本书提出的任务向量模块,未采用本书提出的信息交互模式。

- TFC+Mode 1 和 TFC+Mode 2 模型在移除交互模式后,两个模型架构一致,因此本书只在表 6-8 中报告了去除交互模式 Mode 1 后的系统分类结果。从结果中可以看出,去除 Mode 1 后,模型分类性能大幅度下降,在四个不同实验设置下,分别下降了 2.93%、1.58%、3.68%和 2.39%。同样地,去除交互模式 Mode 2 后(对比 TFC+Mode 2 和–Mode 1),模型性能也大幅度下降。这表明本书设计的两种信息交互模式能合理地利用原有编码器的编码信息和任务的特有信息来提升抽取系统的性能。

- –TE 表示系统去除交互模式之后,进一步去除任务向量模块后的系统。此系统采用 MLMAN 作为编码器来进行小实例关系抽取。从表中可以看出,在去除任务向量模块后,–TE 方法的性能反而有所提升,这表明仅抽取任务的特有信息并不能给模型性能带来提升,任务的特有信息不加以辨别地与原有特征结合会引入模型噪声,影响模型抽取效果;这同时也从侧面印证了设计特征交互模式的必要性。

- –IA 表示去除了样例层级注意力机制后的系统,即在构建各类别原型向量时,对各类别中的支撑样例句子级向量进行直接平均加和。从表中可以看出,去除了样例层级注意力机制后,TFC+Mode 1、 TFC+Mode 2 在 5-way-5-shot 和 10-way-10-shot 两个实验设置下,预测准确率均有不同程度的下降。这表明在构建类别原型向量时,应充分考虑各支撑样例与查询句之间的语义关系。

6.3.4.5 模型融合实验

本书提出的模型普遍适用于基于度量学习的小实例学习方法。本节将基于任务感知的特征构建方法与经典的基于度量学习的小实例学习方法结合,验证本书所提方法的普遍适用性。本书选用了基于 GNN 和原型网络(Prototypical)这两种比较经典的基于度量学习的小实例学习方法来进行实验分析。模型融合实验结果如表 6-9 所示,从实验结果中可以得出如下结论。

表 6-9 模型融合实验结果

(单位:%)

模 型	5-way-1-shot	5-way-5-shot	10-way-1-shot	10-way-5-shot
GNN	70.21±0.76	81.25±0.65	49.22±0.73	67.29±0.71
GNN+Mode 1	**72.48±0.71**	82.12±0.65	54.67±0.70	**69.10±0.70**
GNN+Mode 2	72.13±0.70	**82.35±0.65**	**55.44±0.70**	69.01±0.69
Prototypical	75.25±0.20	86.02±0.16	59.37±0.21	77.18±0.19
Prototypical+Mode 1	**75.97±0.19**	**87.49±0.16**	61.28±0.22	78.03±0.20
Prototypical+Mode 2	75.62±0.19	87.33±0.15	**61.41±0.21**	**78.22±0.19**

- 在将本书提出的基于任务感知的特征构建方法融入原有系统后,在四个不同实验设置下,关系抽取结果均有大幅度提升。例如,在与 GNN 的结合中,本书的模型在四个实验设置下的绝对准确率分别提升了 2.27%、1.10%、6.22%、1.81%,这表明本书的模型具有普遍适用性。
- 不管 GNN、Prototypical 基准系统的初始抽取准确率的高低,在与本书提出的模型融合后,两个模型均有明显的提升。这表明本书提出的方法能将一些被其他模型忽视的信息引入模型,如任务的特有信息。

6.3.5 总结与分析

本节重点描述了基于任务感知的小实例关系抽取方法。小实例关系抽取方法旨在仅利用极少数的标注样例,快速完成对新关系类别的识别。该类方法能实现对新关系类别的快速学习,使快速构建新关系类别的预测系统成为可能。但由于训练实例数据极少,小实例关系抽取方法极具挑战。为了更充分地利用有限的信息,本书提出了利用任务的特有信息来指导特征表示的构建过程。首先,设计了任务向量模块来捕获任务的特有信息;然后分别设计了基于任务门机制和基于门控特征组合的信息交互模式，来利用任务的特有信息指导底层特征表示的学习和构建。通过实验结果可知，本章提出的模型能够有效地利用任务的特有信息自动地为各元任务构建不同的特征组合，避免了采用一套通用特征模板造成的类别辨别信息损失的问题，提升了信息利用率，进而提升了关系分类效果。此外，本节提出的模型能普遍适用于基于度量学习的小实例关系抽取方法，并大幅度提升了其性能。

6.4 不均衡模型训练方法

知识迁移过程中普遍存在"数据分布不均衡"的现象，在模型训练过程中训练样例较少的关系类别信息容易被训练样例较多的关系类别信息覆盖，会造成数据利用率不高。在知识迁移过程中，源领域的语料标注规模远超过目标领域的标注规模，这种数据分布不均衡的问题在知识迁移过程中被放大。本书为此进一步探究了不均衡数据分布下深度学习模型的训练算法，以提升知识迁移过程中数据资源的利用率。

6.4.1 引 言

数据分类是指根据数据样例的特征，将数据分到事先定义好的类别。自然语言处理领域中的很多任务本质上都是数据分类任务，如情感分析、关系抽取和文档分类。数据分类通常的做法是先定义特征集合来将数据样例数值化，再结合分类器来判断样例所属类别。近年来，随着神经网络的发展，传统定义特征集合的方法逐渐被取代。得益于神经网络强大的数据拟合和特征构建能力，一些相关的自然语言处理任务也随之获得巨大的进展。然而，分类器对不均衡数据比较敏感的问题一直未引起研究者的关注。在很多实际应用场景中，不同类别的数据样例数目差别很大，这种现象被称作"数据分布不均衡"现象。数据分布不均衡会导致数据样例较少的类别中包含的信息被样例较多的类别覆盖，引起学习偏差，导致系统分类性能的大幅度下降。以关系抽取公开数据集 ACE 2005 为例，该数据集包含多个类别，其中"None"类别样例的训练数据规模是类别"Agent-Artifact"的 752 倍，采用传统的 softmax 分类器来训练模型，会致使类别"Agent-Artifact"中包含的信息被类别"None"淹没，导致模型退化。这是因为 softmax 分布有一个很强的潜在假设，它假设所有的因变量 y 是均匀分布的，但在现实应用中，多数数据集的数据分布情况不符合这种假设。

研究者早期提出了过采样[44-46]和欠采样[47,48]的方法来解决数据不均衡的分类问题。过采样是指对样例数目较少的类别重复采样，欠采样是指随机去除一些样例数据较多类别中的样例，这两种方法均通过操作数据来获得分布相对均衡的数据集，以满足 softmax 分布的潜在假设。采样方法有计算复杂度低、简单易用等优点，且该类方法能有效提升分类结果。但该类方法仍存在一些问题：①过采样重复复制样例较少类别的数据，很容易造成模型过拟合；②欠采样随机去除样例较多类别的数据，难免造成标注数据利用不充分、信息损失的问题；③虽然一些研究者提出了混合采样[30,49-51]的方法来缓解这些问题，但在数据分布极度不均衡的情况下，仍存在模型过拟合和信息损失的问题。

为了解决上述问题，研究者提出了基于损失敏感的方法[52-54]，基于损失敏感的方法通过给不同的类别设定不同的损失权重来缓解数据不均衡对模型训练带来的影响。该类方法通常给样例较少类别的损失较高的权重，而给样例较多类别的损失较低的权重。即当模型预测错误的样例来自样例较少类别时，给予其较大的损失惩罚；而当错误样例来自样例较多类别时，给予其较小的惩罚，减少该样例在整体损失中的比重。与采样方法相比，该类方法不需要对数据进行重复采样或修剪，避免了模型过拟合和信息损失的问题。但该类方法直接从整个类别的层面对损失进行赋值，这会导致模型对样例较多类别中的较难学习样例学习不充分。以情感分析中的一个样例为例，"I was a little concerned about the touch pad based on reviews, but I've found it fine to work with."，该句子的情感标签为"正向"，为了解决上述问题，研究者提出了基于损失敏感的方法，基于损失敏感的方法通过给不同的类别设定不同的损失权重来缓解数据不均衡对模型训练带来的影响。该类方法通常给样例较少类别的损失更高的权重，而给样例较多类别的损失较低的权重。即当模型预测错误的样例来自样例较少类别时，给予其更大的损失惩罚；而当错误样例来自样例较多类别时，给予其更小的损失惩罚，减少该样例在整体损失中的比重。与采样方法相比，该类方法不需要对数据进行重复采样或修剪，避免了模型过拟合和信息损失的问题。但该类方法直接从整个类别的层面对损失进行赋值，这会导致模型对样例较多类别中的较难学习样例学习不充分。以情感分析中的一个样例为例："I was a little concerned about the touch pad based on reviews, but I've found it fine to work with."，该句子的情感标签为"正向"，此外，基于损失敏感的方法对各类别损失函数的权重比较敏感，通常需要多次尝试才能获得较为理想的分类结果。

为了解决上述不均衡数据分类方法中存在的问题，本书提出了一种新颖的基于 L1 正则化项的混合分布选择方法。基于多分布选择（MDS）的不均衡数据分类方法如图 6-5 所示。通过该方法，我们推导得出了一种适用于数据分布不均衡问题的分类器。该分类器采用了一个 softmax 分布和一系列退化分布来拟合数据的真实分布。与传统基于单一分布假设的 softmax 分类器相比，该分类器假设数据来自多分布，因此，它不需要满足 softmax 分布对因变量分布均衡的要求，即本书提出的方法不需要对数据进行修剪或重复采样，解决了采样方法中存在的过拟合或信息损失问题。此外，本书设计了基于 L1 正则化项的分布选择方法来自动地选择拟合数据的混合分布，避免了损失敏感方法中超参数难以调节的问题。基于多分布选择的不均衡数据分类方法统一对待所有样例，不对某一特定类别赋值改变其损失权重，因此也避免了样例较多类别困难样例学习不足的问题。此外，本书相应地提出了两阶段模型优化算法来联合估计特征提取器和分类器的参数。在第一阶段训练中，本书随机初始化各分布的权重，训练后，本书可以得到模型自动学到的更精确的各分布的权重；在第二阶段训练中，本书利用第一阶段学到的分布的权重来重新初始化各分布，并进行重新训练，得到了更优的分类结果。本书在不同自然语言处理任务（情感分析、关系抽取、文本分类）和不同公开数据集上进行了大量的实验来验证本节提出的模型，实验结果表明，本节提出的模型在处理不均衡数据分类方面的性能远超之前的分类方法。在数据分布高度不均衡的情况下，本书提出方法的绝对 F1 值最高提升了 3.7%。

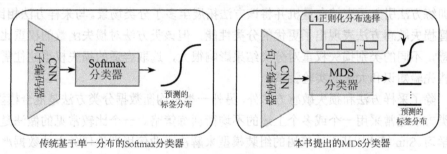

图 6-5　基于多分布选择（MDS）的不均衡数据分类方法

6.4.2　相关工作

为了解决不均衡数据分类问题，研究者提出了很多方法，这些方法可以分为三类：①数据采样方法；②损失敏感方法；③混合模型。本节首先概述这三类不均衡数据分类方法，然后讨论不均衡数据分类方法在深度学习领域的应用。

6.4.2.1　不均衡数据分类

研究者提出了多种不均衡数据分类方法，其中比较直观的一种方法是数据采样方法，通过对数据集的操作来获得一个较为平衡的数据分布。这些采样方法可以分为过采样、欠采样和合成采样方法。在众多采样方法中，SMOTE 方法是一种比较经典的合成采样方法，该方法的基本思想是通过分析样例较少类别的数据特征来人工合成新的样例加入数据中。基于该工作，研究者提出了多种多样的采样策略。Batista 等人利用编辑最近邻规则对采用 SMOTE 方法合成的数据进行后处理，来减少生成数据中的噪声数据。Safe-Level SMOTE 采样方法为样例较少类别数据分配安全系数，并使合成的样例更加接近安全系数较高的样例，减少了生成数据中的噪声数据，使数据合成过程更为稳健。Barua 等人、Tang 等人提出了类别边界 SMOTE 采样方法，设计了边界检测方法来剔除生成的类别边界实例，实验结果表明，与 SMOTE 等方法相比，类别边界 SMOTE 采样方法能明显提升不均衡数据分类的效果。

与采样方法不同，损失敏感方法在模型训练过程中通过给误分样例较少类别较高的损失权重来解决数据不均衡问题。Zhang 等人提出了尺度核函数与支持向量机结合的方法来提升模型在不均衡数据集上的泛化能力。Li 等人在极限学习机的学习过程中利用自适应增强算法来给样例较少类别赋予较高的损失权重。Zong 等人提出了加权极限学习机，该方法可以根据用户的需求为各样例赋予损失权重，且该方法适用于多分类任务。Datta 等人提出了近贝叶斯支持向量机，将不均衡模型训练方法引入了支持向量机并将该方法拓展至多了分类场景。与采样方法相比，尽管损失敏感方法表现出了更优的分类性能，但该类方法对损失函数的权重比较敏感，不同的类别损失权重对分类结果影响很大，选取合适的损失权重往往需要一些先验知识和大量的实验尝试。

除了采样方法和损失敏感方法外，另外一类不均衡数据分类方法是混合模型。该类方法通常采用一个或多个上述的不均衡训练策略。一个比较常见的做法是集成学习。Sun 等人[3]基于决策树的组装模型来解决商业信用评价任务中的数据严重不均衡问题，该方法设计了多个不同采样率的 SMOTE 采样方法，并基于集成学习对模型进行组合。Wang 等人提出了交互式的基于度量学习的采样策略，进一步提升了集成学习方法的有效性和稳定性。Sun 等人探索了时间加权重采样与自适应增强集成学习的结合。Bi 等人、Zhang 等人设计了多种集成框架，并在多个公开数据集中进行了测试分析。

与上述多类方法相比，本书提出的模型不仅能适用于像支持向量机、逻辑回归等传统的机器学习分类模型的训练，也可用于神经网络的训练。此外，本书提出的方法不需要调节超参数，避免了基于损失敏感方法超参数需多次调整的问题。另外，本书提出的方法可以将基于损失敏感的方法和采样方法进行结合，丰富了混合策略。

6.4.2.2 面向深度学习的不均衡数据分类方法

近年来，面向深度学习的不均衡数据分类方法逐渐引起了学者们的关注。一种比较常见的面向深度学习的不均衡训练算法是损失敏感方法。Wang 等人提出了均方误差的两种变种方法，分别为 MFE 和 MSFE。这两种损失函数首先分开计算每个类别的平均误差，再采用不同的策略对所有类别误差进行组合。实验结果表明，该方法在不均衡数据分布情况下，系统分类性能远优于传统基于均方误差的训练方法。虽然该方法大幅度提升了分类性能，但该方法仅适用于二分类场景。为了解决这个问题，Lin 等人提出了适用于多分类场景的焦点损失函数，该方法在模型训练的过程中，根据模型对各样例分类的置信度来动态地对各训练样例赋予权重，对于简单的训练样例，减少其损失权重，对于模型难以辨别的困难样例，则增加其损失权重。Wang 等人则从特征学习的角度来处理不均衡问题，他们提出了迭代式的度量学习方法来探索不均衡数据之间的关联关系，进而构造了一个有效的特征空间来拟合数据。除了这些方法之外，还有一些研究者提出了利用数据合成或混合模型的方法。例如，Jeatrakul 等人利用互补神经网络实现了下采样，并与 SMOTE 合成采样方法结合来获得较为均衡的数据分布。Zhou 等人基于对抗训练的思想设计了新的生成器和辨别器来生成更具有辨别力的样例来对少类别样例进行补充。Hand 等人提出了一种样例选择方法来控制在每个批次中的样例分布，并赋予样例较少类别更高的误分损失。与这些方法相比，本书所提方法的优势主要体现在三个方面：①不需要修改模型架构；②适用于二分类和多分类场景；③推导得到的分类器本身不含有超参数，不需要多次调优。

本书提出的方法也与情感分析、关系抽取、文档分类等文本分类任务密切相关。这些文本分类任务在通常情况下会先采用词向量工具将文本中的词映射成固定维度的分布式向量，之后采用神经网络框架对文本进行编码。常用的神经网络框架有卷积神经网络、循环神经网络、Transformer 等，还有近年来出现的一些基于预训练语言模型的方法，如 ELMO、BERT、XLnet、BioBERT 等。首先，通过这些编码器提取句子级别的特征；然后，可以选用注意力机制来进一步增强句子的语义表示；最后，利用句子的语义表示结合 softmax 分类器来完成文本类别预测。本书主要侧重于提出类似于 softmax 的分类器来缓解数据不均衡问题对模型训练的影响。因此，本书采用了文本分类中常用的卷积神经网络作为编码器来进行研究和实验验证。

6.4.3 基于多分布选择的不均衡数据分类方法

6.4.3.1 模型框架

数据分类是指根据数据样例的特征将数据分为事先定义好的类别。本书提出的不均衡数据分类框架如图 6-5 所示，在图 6-5 中左半部分是传统基于单一分布的 softmax 分类器，右半部分是本书提出的多分布选择（Multiple Distribution Selection，MDS）分类器。与传统方法相比，本书采用了混合多分布来对不均衡数据进行拟合。为了确定混合多分布中各分布的权重，本书设计了基于 L1 正则化项的分布选择模块。基于上述过程，本书推导得出了基于多分布选择的不均衡数据分类器，并将其应用于自然语言处理任务进行实验验证。

具体的，本书提出的方法主要分为三个部分。
- 特征提取器：给定待分类文本，本书首先通过查询预训练好的词向量将句子中的词进行向量化表示，然后本书采用 CNN 编码器对文本进行编码，获得句子级别的特征，最后结合 MDS 分类器进行分类。
- MDS 分类器：与 softmax 类似的一种分类器，由基于多分布选择的不均衡数据分类方法推导得出，在不均衡数据分类情况下有更优异的分类性能。
- 模型训练：针对特征提取器和 MDS 分类器提出的联合优化方法，用于特征提取器和 MDS 分类器参数的求解。

下面有对此三部分的详细讲述。

6.4.3.2 特征提取器

特征提取器主要用于抽取文本特征、构建句子的向量化表示。本书侧重于提出适用于不均衡数据分类的分类器，因此，本书采用了在文本处理任务中广泛应用的卷积神经网络作为文本的特征提取器。

给定句子（文档）$s=[w_1,w_2,\cdots,w_k]$，k 表示句子（文档）中词的个数。对于句子中的每个词 w_i，本书首先通过查询预训练好的词向量字典来将其表示为固定维度的分布式向量 v_i，然后得到分布式向量序列 $V=\{v_1,v_2,\cdots,v_k\}$，最后采用卷积核权重矩阵 W 和偏置向量 b 对固定窗口范围内的文本进行滑窗操作，得到 n-gram 向量表示 $g'_j=\tanh(W\cdot V)+b$。本书对所有的 n-gram 向量表示 g'_j 进行最大池化后得到整个句子的向量化表示 $x_i\in\mathbb{R}^n$，其中 n 表示卷积神经网络中卷积核的个数。得到句子的向量化表示 x_i 后，本书将该向量送入分类器进行文本分类。

6.4.3.3 预备知识

在介绍 MDS 分类器之前，本书首先会简要介绍分类任务中常用的 softmax 回归。softmax 回归在自然语言处理分类任务中有广泛的应用，如情感分析、文档分类、关系抽取等。softmax 回归假设所有因变量 y 是均匀分布的。换句话说，softmax 回归仅适用于来自不同类别样例数目相同的情况。然而，在很多实际应用场景下，许多数据集的分布并不符合 softmax 回归的假设。例如，在关系抽取数据集 ACE 2005 中，关系类别为"Organization-Affiliation"的训练样例数目远超类别"Ownership"的数目。在这种情况下若仍基于 softmax 回归假设来训练模型，则会导致样例较少类别的信息被覆盖。本书用形式化定义来进行分析，本书定义数据集 $\{(Y_i, X_i), i=1,2,\cdots,m\}$ 中包含 m 个独立同分布的训练样例，其中 X_i 为自变量，在本书的应用场景中 X_i 表示输入文本。Y_i 为因变量，其标签可能取值 C 个，即文本数据集共包含 C 个类别，本书用 $Y_i \in \{k_0, k_1, \cdots, k_{C-1}\}$ 表示 Y_i 的 C 个可能取值。传统分类方法假设数据样例服从 softmax 分布：

$$\Pr(Y_i = k_c) = \frac{e^{x_i \theta_c^T}}{\sum_{c=0}^{C-1} e^{x_i \theta_c^T}} \tag{6-42}$$

式中，$x_i \in \mathbb{R}^n$ 表示本书通过特征提取器得到的句子（文档）特征表示；θ_c^T 表示各特征在类别 c 中的权重。由式（6-42）可以推导得到传统 softmax 分类器的 log 似然函数：

$$\log L(\theta, \alpha | y) = \sum_{i=1}^{m} \left\{ \sum_{c=0}^{C-1} \delta_{ic} \log \frac{e^{x_i \theta_c^T}}{\sum_{c=0}^{C-1} e^{x_i \theta_c^T}} \right\} \tag{6-43}$$

式中，$\delta_{ic} = I_{\{y_i = k_c\}}$，$c = 0, 1, \cdots, C-1$ 表示指示函数，当 $I_{\{\}}$ 成立时，取值为 1，反之为 0。式（6-43）按各类别可以拆分如下：

$$\log L(\theta, \alpha | y) = \sum_{i=1}^{m_0} \log \frac{e^{x_i \theta_0^T}}{\sum_{c=0}^{C-1} e^{x_i \theta_c^T}} + \sum_{i=1}^{m_1} \log \frac{e^{x_i \theta_1^T}}{\sum_{c=0}^{C-1} e^{x_i \theta_c^T}} + \cdots + \sum_{i=1}^{m_{c-1}} \log \frac{e^{x_i \theta_{c-1}^T}}{\sum_{c=0}^{C-1} e^{x_i \theta_c^T}} \tag{6-44}$$

式中，m_i 表示类别 i 的训练样例个数。从式（6-44）中可以看出，各类别单个样例对损失函数的贡献相同，在这种情况下，如果存在 $m_i \gg m_j$，即数据集存在数据分布不均衡的情况，则类别 i 在整个 log 似然函数中占的比重远大于类别 j，这会导致模型在优化过程中侧重于类别 i，优先更新类别 i 中所包含的参数，导致类别 j 相关参数学习不足，即类别 j 信息被类别 i 信息覆盖。

6.4.3.4　MDS 分类器

受 Zong 等人采用混合多分布模型来检测离群点的启发，本书提出采用基于混合多分布的方法来解决传统单一 softmax 分布中存在的问题。本书假设样例较多类别的数据来自一个单一的 softmax 分布和一系列退化分布的混合分布。退化分布，也称为常数分布，表示取值为单一特定值的概率为 1。由于泊松分布 y 的取值范围是无限大的，即类别数目是无限的，因此，与泊松分布相比，退化分布更适用于分类任务，这是因为分类任务的类别数目都是有限的。因此，本书采用由一系列退化分布和 softmax 分布组成的混合分布来对不均衡数据建模。

具体的，本书采用 C 个退化分布和一个单一的 softmax 分布组成的混合分布来对不均衡数据建模。用 $\boldsymbol{\alpha}=(\alpha_0,\alpha_1,\cdots,\alpha_{C-1})$ 表示各退化分布的比重，本书可以得到混合多分布的表示如下：

$$Y_i \sim \begin{cases} k_0 & w \cdot p \cdot \alpha_0 \\ k_1 & w \cdot p \cdot \alpha_1 \\ \cdots\cdots & \cdots\cdots \\ k_{C-1} & w \cdot p \cdot \alpha_{C-1} \\ \text{softmax}() & w \cdot p \cdot \alpha_C \end{cases} \qquad (6\text{-}45)$$

式中，$\sum_{c=0}^{C}\alpha_c=1$。式（6-45）中的模型是一个 softmax 分布和 C 个退化分布的混合分布。在此基础上，本书可以推导得出 Y_i 的概率质量函数：

$$\Pr(Y_i = k_c) = \alpha_c + \alpha_C \cdot \frac{\mathrm{e}^{x_i\theta_c^\mathrm{T}}}{\sum_{c=0}^{C-1}\mathrm{e}^{x_i\theta_c^\mathrm{T}}} \qquad (6\text{-}46)$$

因此，本书能进而推导得出多分布混合模型的似然函数：

$$L(\theta,\alpha|y) = \prod_{i=1}^{m}\prod_{c=0}^{C-1}\left[\alpha_c + \alpha_C \cdot \frac{\mathrm{e}^{x_i\theta_c^\mathrm{T}}}{\sum_{c=0}^{C-1}\mathrm{e}^{x_i\theta_c^\mathrm{T}}}\right]^{\delta_{ic}} \qquad (6\text{-}47)$$

其相应的 log 似然函数如下：

$$\log L(\theta,\alpha|y) = \sum_{i=1}^{m}\left[\sum_{c=0}^{C-1}\delta_{ic}\log\left(\alpha_c + \alpha_C \cdot \frac{\mathrm{e}^{x_i\theta_c^\mathrm{T}}}{\sum_{c=0}^{C-1}\mathrm{e}^{x_i\theta_c^\mathrm{T}}}\right)\right] \qquad (6\text{-}48)$$

在本书使用式（6-48）估计模型参数之前，需要确定各分布的权重 $\boldsymbol{\alpha}=(\alpha_0,\alpha_1,\cdots,\alpha_{C-1})$，一种比较直观的做法是根据各类别样例在所有数据中所含的比重来人为地为 $\boldsymbol{\alpha}$ 赋值。但这种做法随机性较强，是不可靠的，且不能达到最优结果。另外一种做法是采用网格搜索的方法做多次尝试。然而，这种方法与损失敏感方法类似，需多次尝试调整参数才能获得较优的分类效果。此外，随着数据集类别的增加，超参数空间呈指数级增长，这使得模型训练变得极为困难。

为了自动且有效地选择合适的分布权重，本书采用 L1 正则化项来对混合分布中的各分布参数进行约束。L1 正则化项能自动地惩罚一部分参数，使其取值为零。在实际中，多数类别分布是相对均衡的，即多数退化分布的权重为零。因此，L1 正则化项非常适用于分布选择的场景。本书使用 L1 正则化项约束各分布的权重来自动地选择分布用于组成混合分布。与人为决定分布的权重不同，本书将所有的分布当作可能组成最终混合分布的元素并随机初始化各分布的权重。这样的混合多分布模型可以看成一个基于 L1 的约束优化问题，其最终待优化求解的损失函数如下：

$$\min\left\{-\log L(\boldsymbol{\theta}, \boldsymbol{\alpha}|y) + \lambda \sum_{c=0}^{C-1} |\alpha_c|\right\} \qquad (6\text{-}49)$$

式中，λ 表示 L1 正则化项的比重。由于 $\sum_{c=0}^{C} \alpha_c = 1$，本书限制 $\sum_{c=0}^{C-1} \alpha_c < 1$。

6.4.3.5 模型训练

为了对式（6-49）的混合多分布模型求解，本书提出了两阶段分布选择优化方法。图 6-6 所示为两阶段模型训练优化过程。

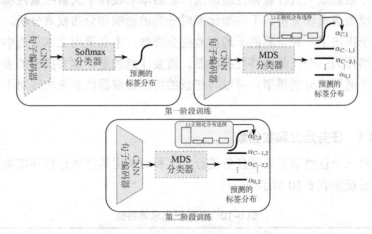

图 6-6 两阶段模型训练优化过程

根据式（6-48）可以看出，特征提取器[式（6-48）的右半部分]包含的参数数目远高于 α_c 包含的参数数目，即特征提取器对数据的拟合能力远胜于 α_c。如果本书直接采用梯度随机下降等算法对损失函数进行优化，分布的权重会很快被优化至零。为了解决这个问题，本书首先采用传统 softmax 分类器对特征提取器进行预训练，以得到一个可靠的特征提取器。之后本书固定特征提取器的参数，使用 MDS 分类器替换 softmax 分类器并进行训练。通过对式（6-49）的优化求解，分布中的一些权重被优化至零。剩余的非零的权重 $\hat{a}=(\hat{a_1},\hat{a_2},\cdots,\hat{a_h}), h \leqslant C$ 可以看成 h 个最终被选择的用来拟合数据的退化分布，并能得到 softmax 分布的最终权重为 $\hat{a_C}=1-\sum_{i=1}^{h}\hat{a_i}$。然而，由于各分布初始权重是随机初始化的，所以参数的估计会受分布随机初始化值的影响而不能达到最优效果。因此，本书参照 Relaxed Lasso 的做法，提出了两阶段模型训练方法。本书采用第一阶段中得到的分布的权重作为第二阶段的初始值，并去除正则化项，通过最大化式（6-48）中的 log 似然函数来对分类器进行二次训练。在第二阶段的参数估计中，由于各分布权重的初始值是由第一阶段得到的，因此第二阶段的训练会使分类器参数估计得更准确。

6.4.4 实验部分

为了验证本书提出模型的有效性，本书分别采用三个不同的自然语言处理分类任务进行了实验。这三个任务分别是情感分析、文档分类和关系抽取。本书相应地选用各任务中广泛使用的数据集 IMDB、20Newsgroups 和 ACE 2005。本书首先在三个数据集上进行整体性能评测，之后本书设计了大量探索性实验，这些实验包括模型各模块分析、不均衡比率对分类的影响和分布权重分析。本书的主要贡献在于提出了一种全新的不均衡数据分类器，本书采用文本分类中常见的卷积神经网络作为三个任务的特征提取器。需要注意的是，本书提出的多分布选择模型是一个通用的分类模型，可以与任意的特征提取器结合来实现对不均衡数据的分类。

6.4.4.1 任务定义和数据集

本节对三个自然语言处理任务进行定义和对所用数据集进行详细阐述。各数据集总体特征如表 6-10 所示。

表 6-10 各数据集总体特征

数据集特征	IMDB	20Newsgroups	ACE 2005
高度不均衡	√	√	√
较大数据规模	√		√
有多个类别		√	√

（1）情感分析。 情感分析是指给定一个句子，根据对句子的语义分析来判定句子的情感极性（如正向、负向等）。在该任务中，本书采用了 IMDB 数据集。本书依照之前研究者的工作，采用平均准确率作为分类的评价指标。

数据集描述：IMDB 数据集中的数据样例均为电影评论。整个数据集共包含情感正向和情感负向两个类别，数据集共包含 50000 条标注样例，正向和负向各 25000 条，训练集和测试集各 25000 条数据。为了验证模型在不均衡数据上的表现，同时为了保证本书实验的可重复性，本书保持数据的原有顺序，从 12500 条的负样例中随机选取 1250 条负向样例，并与原有 12500 条正向训练样例结合，构建新的共包含 13750 条标注数据的不均衡数据集。在该任务的相关实验中，本书采用 4-折交叉验证来选取模型超参数。

（2）**文档分类**。文档分类是指根据文档的语义特征来对文档分类，各类别都是由数据集事先定义好的。在该任务中本书采用跟情感分析相同的特征提取器，参照之前研究者的工作，采用准确率、召回率和 F1 值作为模型的评价指标。

数据集描述：本书采用 20Newsgroups 公开数据集来验证本书所提模型在文本分类任务上的表现。整个数据集共包含 20 个类别，20000 个新闻文档，每个类别训练样例数目基本一致。本书随机从数据集中选取 5 个类别（Graphics、Forsale、Motorcycles、Baseball、Mideast），为了保证实验的可重复性，本书从这 5 个类别中按文件原始顺序选取 50 个文档，构建不均衡数据集用于测试。由于训练样例较少，本书采用 4-折交叉验证来训练模型。

（3）**关系抽取**。关系抽取是指给定两个实体和包含两个实体的句子，根据上下文信息判断实体之间的语义关系。在该任务中，本书同样采用卷积神经网络作为编码器。与之前两个任务不同的是，在关系抽取任务中，本书采用了一些该任务中比较常用的外部知识特征，这些特征有实体类别向量、位置向量、组块向量和最短依存路径。其中，实体类别是 ACE 2005 数据集事先定义好的，如人名、地名、机构名等类别。本书首先构建实体类别字典，对于没有实体类别的词，本书统一用特殊字符"None"表示，之后随机初始化各实体类别对应的向量，并在模型训练过程中对其优化更新。对于组块向量，本书采用与实体类别相同的做法。位置向量可以指示句子中的各个词到实体之间的距离，本书首先计算每个词对应两个实体的相对位置，之后将相对位置作为字符，并随机初始化其固定维度的向量，在模型训练过程中对位置向量不断优化求解。最短依存路径的特征是用二值向量的形式，表示词是否出现在实体间的最短依存路径，本书首先使用 Spacy 来抽取实体间的最短依存路径，如果句子中的一些词出现在实体间的依存路径上，则用 1 表示，反之则用 0 表示。最后，本书通过拼接这四种向量作为输入，送入特征提取器进行句子级别的特征提取。在关系抽取任务中，本书参照之前研究者的工作，以准确率、召回率和 F1 值作为模型的评价指标。

数据集描述：本书使用 ACE 2005 数据集来测试多分布选择模型在关系抽取任务上的表现。本书采用 ACE 2005 数据集中的英文标注语料来进行系统性能验证。ACE 2005 数据集中的英文标注数据共包含 11 个关系类别，ACE 2005 数据集各类别分布是高度不均衡的,因此,本书采用了与之前研究者相同的做法来对数据进行预处理,最后得到了 43497 个训练样例。

6.4.4.2 实验设置和训练细节

对于三个不同任务的实验,本书均采用相同的预训练好的 300 维的词向量。本书采用 4-折交叉验证或者根据模型在开发集的表现来选取超参数。对于 IMDB 和 20Newsgroups 这两个数据集,本书仅采用词向量作为输入,特征提取器采用一层的卷积神经网络,该卷积神经网络包含 600 个卷积核,卷积核窗口大小为 3、4、5。对于 ACE 2005 数据集,除了最短依存路径和词向量外,所有外部语言学特征维度均为 25。对于超参数 λ,在 IMDB、20Newsgroups 和 ACE 2005 数据集中,本书分别采用 0.01、0.01、0.005。对于所有的数据集,本书均采用随机梯度下降算法进行优化,学习率均设置为 0.001。此外,在最大池化层之后,本书采用 dropout 防止模型过拟合。各数据集中所用的超参数如表 6-11 所示。

表 6-11 各数据集中所用的超参数

超 参 数	IMDB			20Newsgroups			ACE 2005		
卷积核窗口大小	3	4	5	3	4	5	3	4	5
卷积核数目	600			600			600		
dropout	0.5			0.5			0.5		
分布正则化项 λ	0.01			0.01			0.005		
词向量维度	300			300			300		
组块向量维度	—			—			25		
位置向量维度	—			—			25		
实体类别向量维度	—			—			25		

6.4.4.3 对比方法

本节将基于任务感知的小实例关系抽取方法与以下算法进行对比。

- **Oversampling**:Garcia 等人提出的过采样方法,通过随机复制少类别训练样例的数据来获得一个数据分布较为平衡的新的数据集。本书根据模型在开发集的表现进行多次尝试选取最优采样率。
- **Undersampling**:欠采样方法,通过随机去除多类别训练样例获得数据分布较为平衡的数据集。本书在原有方法的基础上,做了部分改进。在每一次循环的训练中,随机去除不同的多类别训练样例,这样能在一定程度上避免信息损失。同样的,本书通过观测模型在开发集的表现来多次尝试选择最优采样率。
- **Cost-sensitive**:通过赋予样例较多类别较低的损失权重、样例较少类别较高的损失权重来使模型更关注样例较少类别的学习。本书根据各类别数据在总数据中所占的比率为各类别的损失赋予权重，各类别损失权重计算方式为 e^{-r_i}，r_i 表示类别 i 中训练数据在整个数据集中所占的比例。

- **CNN+CE**：采用与本书相同的特征提取器，结合交叉熵损失函数训练模型。
- **CNN+MSE**：采用与 CNN+CE 方法相同的特征提取器，用于训练模型的损失函数为均方误差函数。
- **CNN+MFE**：针对均方误差函数提出的新的损失函数，该损失函数在数据不均衡的情况下，可以均衡地对待样例较少类别和样例较多类别。
- **CNN+MSFE**：CNN+MFE 的提升版本，在保证样例较少类别和样例较多类别对整体损失贡献度一样的同时，保证了各类别间有一个清晰的类别边界。
- **Focal loss**：由 Lin 等人提出，可以看成 Cost-sensitive 方法的改进，该方法对样例较多类别的损失赋予较低的权重，对样例较少类别赋予较高的权重。此外，为了避免损失敏感方法中存在的样例较多类别较难样例学习不足的问题，他们提出了调制系数来给予易分类样例较低的损失权重，难分类样例较高的损失权重。

6.4.4.4 整体性能评测

本书在三个不同任务上比较了九种方法，为了避免实验的随机性，本节的实验结果是 5 次训练后的平均结果。由于 MFE 和 MSFE 方法仅适用于二分类场景，本书仅在 IMDB 数据集上对该方法进行了测试。表 6-12 所示为各模型整体性能比较，从表中可以得到如下结论。

表 6-12 各模型整体性能比较

模型	IMDB	20Newsgroups			ACE 2005		
	P	P	R	F1	P	R	F1
Oversampling	72.05	78.11	76.64	77.37	68.35	59.80	63.79
Undersampling	71.78	77.34	76.90	77.12	69.33	59.66	64.13
Cost-sensitive	71.35	76.15	76.31	76.23	68.04	59.65	63.57
CNN+CE	69.94	76.32	75.64	75.98	66.11	60.74	63.31
CNN+MSE	68.62	73.42	73.00	73.21	64.52	57.90	61.03
CNN+MFE	69.16	—	—	—	—	—	—
CNN+MSFE	69.24	—	—	—	—	—	—
Focal loss	72.35	78.33	76.62	77.47	69.78	61.32	65.28
MDS w L1 (Two stage)	**74.19**	**79.31**	**77.57**	**78.43**	**71.08**	**63.04**	**66.82**

- 与 CNN+CE、CNN+MSE 这些依赖单一分布来拟合数据的方法相比，本书

的方法在 IMDB、20Newsgroups、ACE 2005 数据集上分别获得了 4.25%、2.45%和 3.51%的增长。这表明了使用混合分布处理不均衡数据的有效性。
- 与 Cost-sensitive、CNN+MFE、CNN+MSFE 和 Focal loss 这些基于损失敏感的不均衡数据分类方法相比，本书提出的模型在三个不同自然语言处理任务上均获得了更好的分类结果。这再次印证了使用多分布处理不均衡数据的有效性。另外，与这些损失敏感分类方法相比，本书提出的模型不需要人为设定损失权重矩阵，通过 L1 正则化项可以自动地选择用于合成混合分布的各单一分布，这是本书模型分类性能更优的一个重要原因。

6.4.4.5 各模块分析

本节通过逐步地移除系统各部分来探索其对系统性能的影响。消融实验如表 6-13 所示，从实验结果中可以得到如下结论。

表 6-13 消融实验

模 型	IMDB	20Newsgroups			ACE 2005		
	P	P	R	F1	P	R	F1
MDS w/o L1(One stage)	71.42	78.01	74.99	76.47	69.16	61.44	65.07
MDS w L1(One stage)	72.64	78.67	76.66	77.65	69.78	62.79	66.10
MDS w/o L1(Two stage)	72.94	78.32	75.80	77.04	69.46	62.49	65.79
MDS w L1(Two stage)	**74.19**	**79.31**	**77.57**	**78.43**	**71.08**	**63.04**	**66.82**

- 从实验结果中可以看出，采用两阶段训练方法训练得到的模型的分类结果要明显优于仅采用第一阶段训练的模型的分类结果，这验证了本书提出的两阶段模型优化算法的有效性。在第一阶段中各分布的权重是随机初始化的，这可能导致模型在优化过程中陷入局部最优点，难以获得较优分类结果。两阶段的训练方法可以有效地避免这种问题，第一阶段中的模型可以在训练过程中自动地学习各分布权重，相较于随机初始化得到的分布权重，第一阶段中学习到的分布权重更为可靠。第二阶段以第一阶段中学习得到的分布权重为初始点，这能有效避免由于参数选择不合理而导致的模型局部最优问题。
- 采用 L1 正则化项对分布权重进行约束的方法（* w L1 *）均优于未采用 L1 正则化项的方法（* w/o L1 *）。这是因为现实中数据的分布往往只有少数类别是严重不均衡的，使用 L1 正则化项分布对权重进行约束可以在模型训练过程中，自动地使部分分布的权重优化至零，这使得经过 L1 正则化项选择的分布与现实数据分布非常契合，避免了引入过多分布而导致引入模型噪声的问题。

6.4.5 总结与分析

本节提出了基于 L1 正则化项的多分布选择方法用于解决不均衡数据分类问题。本书首先通过对单一分布似然函数的分析发现了当前基于单一分布的分类器的局限性,之后提出采用一系列退化分布和 softmax 分布的混合多分布来对不均衡数据进行建模。为了自动地确定混合分布中各分布的成分,本书提出了基于 L1 正则化项的分布选择方法。此外,本书提出了两阶段模型训练方法,获得了更好的分类结果。本书选用了自然语言处理领域的三个不同任务(情感分析、文档分类和关系抽取)来验证本书提出模型的有效性。大量实验结果表明,本书提出的多分布选择分类器在不均衡数据的情况下,分类性能远超过基准系统。与采样方法相比,本书提出的模型不需要对数据集进行修剪或复制,因此避免了采样方法对数据利用不足和过拟合的问题。与损失敏感方法相比,本书提出的基于 L1 正则化项的分布选择方法,能自动地决定用于组成混合分布的各分布成分,避免了损失敏感方法中难以选定损失权重矩阵的问题。

本节所述方法的贡献总结如下。

- 验证了在不均衡数据分类情况下,采用混合多分布对数据进行拟合要优于传统单一的 softmax 分布。基于混合多分布拟合数据的设想,本书通过理论推导得到了一个适用于不均衡数据的分类器,该分类器计算复杂度低且不均衡数据分类性能优异。
- 首次提出采用 L1 正则化项来自动地选择混合分布,并验证了该方法的有效性。
- 本章提出了两阶段模型训练方法,能实现对特征提取器和分类器的联合求解和优化,并获得了更好的分类效果。
- 本章提出的基于多分布选择的不均衡数据分类方法在情感分析、文档分类和关系抽取三个不同自然语言处理任务上均取得了当前最优的分类结果。

6.5 本章小结

关系抽取在信息获取和存储方面起着不可估量的作用,它能自动地从海量非结构化文本中抽取有效知识,为自然语言处理众多下游任务提供知识资源和推理技术支撑,是实现信息自动处理和知识智能的必经之路。近年来,基于深度学习的关系抽取方法获得了快速的发展,但现有方法极度依赖于数据标注规模和质量,可移植性差,需花费大量人力进行标注才能获得抽取效果优异的系统。为此,本书以知识迁移为切入点，研究如何利用已有知识资源减少模型对标注资源的依赖，实现资源受限领域关系抽取系统的快速构建。具体来说，本书针对已有知识资源的特点，提出了"同类别知识迁移框架"和"跨类别知识迁移框架"，并进一步探讨了如何解决知识迁移过程中"数据分布不均衡"引起的标注资源利用率不足的问题。本书主要研究成果和创新点总结如下。

（1）针对传统同类别知识迁移方法中存在的信息损失和知识负迁移问题，本书提出了基于领域分离映射的领域自适应关系抽取方法。基于领域分类、映射的思想，提出了分离损失来剥离领域的特有特征和共有特征，利用对抗训练将源领域与目标领域的共有特征映射至同一特征空间，实现领域间的知识迁移。最后，通过融入外部语言学知识，本书提出的知识迁移模型获得了当时 ACE 2005 数据集上最优的关系抽取结果。

（2）针对"同类别知识迁移"方法可用知识资源有限和"跨类别知识迁移"方法无法根据元任务特点动态构建特征集合的问题，本书提出了基于任务感知的小实例关系抽取框架，在进一步拓展可利用标注资源范围的同时，大幅度提升了关系抽取结果。在公开数据集 FewRel 上的实验结果表明，本书提出的基于任务感知的特征构建方法相比传统方法准确率最高提升了 2.48%，在与其他模型的融合实验中，本书提出方法的准确率最高提升了 6.22%。

（3）针对知识迁移过程中普遍存在的数据分布不均衡问题，本章提出了基于多分布选择的不均衡数据分类方法。通过对单一分布似然函数的分析发现传统方法对不均衡数据建模具有局限性，于是提出采用多个退化分布来对不均衡复杂数据进行建模；之后，提出基于 L1 正则化项的分布选择方法来自动地确定混合分布中各分布的组成成分，并提出了两阶段模型训练方法，进一步提升了模型分类效果。在三个不同分类任务上的大量实验验证了采用混合多分布对不均衡数据建模的有效性。

参考文献

[1] Plank B, Moschitti A. Embedding Semantic Similarity in Tree Kernels for Domain Adaptation of Relation Extraction [C]. Proceedings of the 51st Annual Meeting of the Association for Computational Linguistics, Sofia, 2013: 1498-1507.

[2] Nguyen T H, Grishman R. Employing Word Representations and Regularization for Domain Adaptation of Relation Extraction [C]. Proceedings of the 52nd

Annual Meeting of the Association for Computational Linguistics, Baltimore, 2014: 68-74.

[3] Sun A, Grishman R, Sekine S. Semi-supervised Relation Extraction with Large-scale Word Clustering [C]. Proceedings of the 49th Annual Meeting of the Association for Computational Linguistics: Human Language Technologies, Portland, 2011: 521-529.

[4] Gormley M R, Yu M, Dredze M. Improved Relation Extraction with Feature-rich Compositional Embedding Models [J]. ArXiv Preprint ArXiv:1505.02419, 2015.

[5] Yu M, Gormley M R, Dredze M. Combining Word Embeddings and Feature Embeddings for Finegrained Relation Extraction [C]. Proceedings of the 2015 Conference of the North American Chapter of the Association for Computational Linguistics: Human Language Technologies, Denver, 2015: 1374-1379.

[6] Nguyen T H, Grishman R. Combining Neural Networks and Log-linear Models to Improve Relation Extraction [J]. ArXiv Preprint ArXiv:1511.05926, 2015.

[7] Goodfellow I, Pouget-Abadie J, Mirza M, et al. Generative Adversarial Nets [C]. In Advances in Neural Information Processing Systems, Montreal, 2014: 2672-2680.

[8] Fu L, Nguyen T H, Min B, et al. Domain Adaptation for Relation Extraction with Domain Adversarial Neural Network [C]. Proceedings of the Eighth International Joint Conference on Natural Language Processing, Taipei, 2017: 425-42.

[9] Bousmalis K, Trigeorgis G, Silberman N, et al. Domain Separation Networks [C]. In Advances in Neural Information Processing Systems, Barcelona, 2016: 343-351.

[10] Liu P, Qiu X, Huang X. Adversarial Multi-task Learning for Text Classification [J]. ArXiv Preprint ArXiv:1704.05742, 2017.

[11] Chen X, Shi Z, Qiu X, et al. Adversarial Multi-criteria Learning for Chinese Word Segmentation [J]. ArXiv Preprint ArXiv:1704.07556, 2017.

[12] Koch G, Zemel R, Salakhutdinov R. Siamese Neural Networks for One-shot Image Recognition [C]. In ICML Deep Learning Workshop, Lille, 2015.

[13] Vinyals O, Blundell C, Lillicrap T, et al. Matching Networks for One Shot Learning [C]. In Advancesin Neural Information Processing Systems, Barcelona, 2016: 3630-3638.

[14] Snell J, Swersky K, Zemel R. Prototypical Networks for Few-shot Learning [C]. In Advances in Neural Information Processing Systems, Long Beach, 2017: 4077-4087.

[15] Wu Y, Bamman D, Russell S. Adversarial Training for Relation Extraction [C]. Proceedings of the 2017 Conference on Empirical Methods in Natural Language Processing, Copenhagen, 2017: 1778-1783.

[16] Bekoulis G, Deleu J, Demeester T, et al. Adversarial Training for Multi-context Joint Entity and Relation Extraction [C]. Proceedings of the 2018 Conference on Empirical Methods in Natural Language Processing, Brussels, 2018: 2830-2836.

[17] Qin P, Xu W, Wang W Y. DSGAN: Generative Adversarial Training for Robust Distant Supervision Relation Extraction [C]. Proceedings of the 56th Annual Meeting of the Association for Computational Linguistics, Melbourne, 2018.

[18] Wang S, Liu W, Wu J, et al. Training Deep Neural Networks on Imbalanced Data Sets [C]. 2016 International Joint Conference on Neural Networks (IJCNN), Vancouver, 2016: 4368-4374.

[19] Lin T Y, Goyal P, Girshick R, et al. Focal Loss for Dense Object Detection [C]. Proceedings of the IEEE International Conference on Computer Vision, Venice, 2017: 2980-2988.

[20] Wang H, Cui Z, Chen Y, et al. Predicting Hospital Readmission via Cost-sensitive Deep Learning [J]. IEEE/ACM Transactions on Computational Biology and Bioinformatics, 2018, 15 (6): 1968-1978.

[21] Khan S H, Hayat M, Bennamoun M, et al. Cost-sensitive Learning of Deep Feature Representations from Imbalanced Data [J]. IEEE Transactions on Neural Networks and Learning Systems, 2017, 29 (8):3573-3587.

[22] Huang C, Li Y, Change Loy C, et al. Learning Deep Representation for Imbalanced Classification [C]. Proceedings of the IEEE Conference on Computer Vision and Pattern Recognition, Las Vegas, 2016: 5375-5384.

[23] Ando S, Huang C Y. Deep Over-sampling Framework for Classifying Imbalanced Data[C]. Joint European Conference on Machine Learning and Knowledge Discovery in Databases, Skopje, 2017: 770-785.

[24] Dong Q, Gong S G, Zhu X. Imbalanced Deep Learning by Minority Class Incremental Rectification [J]. IEEE Transactions on Pattern Analysis and Machine Intelligence, 2018, 41 (6): 1367-1381.

[25] Wang Z, Dai Z, Póczos B, et al. Characterizing and Avoiding Negative Transfer [C]. Proceedings of the IEEE Conference on Computer Vision and Pattern Recognition, Long Beach, 2019: 11293-11302.

[26] Ge L, Gao J, Ngo H, et al. On Handling Negative Transfer and Imbalanced Distributions in Multiple Source Transfer Learning [J]. Statistical Analysis and Data Mining: The ASA Data Science Journal, 2014, 7 (4): 254-271.

[27] Jin Y, Chen Z, Cheng Z, et al. Class-Level Adaptation Network with Self Training for Unsupervised Domain Adaptation [C]. Proceedings of the 6th IEEE/ACM International Conference on Big Data Computing, Applications and Technologies, Auckland, 2019: 137-143.

[28] Chen C, Fu Z, Chen Z, et al. HoMM: Higher-order Moment Matching for Unsupervised Domain Adaptation [J]. ArXiv Preprint ArXiv:1912.11976, 2019.

[29] Wen Y, Zhang K, Li Z, et al. A Discriminative Feature Learning Approach for Deep Face Recognition[C]. European Conference on Computer Vision, Amsterdam, 2016: 499-515.

[30] Xu M, Wong D F, Yang B, et al. Leveraging Local and Global Patterns for Self-attention Networks[C]. Proceedings of the 57th Annual Meeting of the Association for Computational Linguistics, Florence, 2019: 3069-3075.

[31] Miyato T, Dai A M, Goodfellow I. Adversarial Training Methods for Semi-supervised Text Classification[C]. International Conference on Learning Representations, Toulon, 2017.

[32] Goldberg Y, Levy O. Word2vec Explained: Deriving Mikolov et al.'s Negative-Sampling Word Embedding Method [J]. ArXiv Preprint ArXiv:1402.3722, 2014.

[33] Rong X. Word2vec Parameter Learning Explained [J]. ArXiv Preprint ArXiv:1411.2738, 2014.

[34] Mintz M, Bills S, Snow R, et al. Distant Supervision for Relation Extraction without Labeled Data[C]. Proceedings of the Joint Conference of the 47th Annual Meeting of the ACL and the 4th International Joint Conference on Natural Language Processing of the AFNLP, Singapore, 2009: 1003-1011.

[35] Lin Y, Shen S, Liu Z, et al. Neural Relation Extraction with Selective Attention over Instances[C]. Proceedings of the 54th Annual Meeting of the Association for Computational Linguistics, Berlin, 2016: 2124-2133.

[36] Oreshkin B, López P R, Lacoste A. Tadam: Task Dependent Adaptive Metric for Improved Few-shotlearning [C]. In Advances in Neural Information Processing Systems, Montréal, 2018: 721-731.

[37] Han X, Zhu H, Yu P, et al. Fewrel: A Large-scale Supervised Few-shot Relation Classification Dataset with State-of-the-art Evaluation [J]. ArXiv Preprint ArXiv:1810.10147, 2018.

[38] Gao T, Han X, Zhu H, et al. FewRel 2.0: Towards More Challenging Few-shot Relation Classification[J]. ArXiv Preprint ArXiv:1910.07124, 2019.

[39] Ye Z X, Ling Z H. Multi-Level Matching and Aggregation Network for Few-Shot Relation Classification[J]. ArXiv Preprint ArXiv:1906.06678, 2019.

[40] Guo Z, Zhang Y, Lu W. Attention Guided Graph Convolutional Networks for Relation Extraction [J]. ArXiv Preprint ArXiv:1906.07510, 2019.

[41] Maaten L V D, Hinton G. Visualizing Data Using T-SNE [J]. Journal of Machine Learning Research, 2008, 9: 2579-2605.

[42] Shi G, Feng C, Huang L, et al. Genre Separation Network with Adversarial Training for Cross-genre Relation Extraction [C]. Proceedings of the 2018 Conference on Empirical Methods in Natural Language Processing, Brussels, 2018: 1018-1023.

[43] Zeng D, Liu K, Chen Y, et al. Distant Supervision for Relation Extraction via Piecewise Convolutional Neural Networks[C]. Proceedings of the 2015 Conference on Empirical Methods in Natural Language Processing, Lisbon, 2015: 1753-1762.

[44] Yuan C, Huang H, Feng C, et al. Distant Supervision for Relation Extraction with Linear Attenuation Simulation and Non-IID Relevance Embedding[C]. Proceedings of the AAAI Conference on Artificial Intelligence, Honolulu, 2019: 7418-7425.

[45] Yu M, Guo X, Yi J, et al. Diverse Few-Shot Text Classification with Multiple Metrics [C]. Proceedings of the 2018 Conference of the North American Chapter of the Association for Computational Linguistics: Human Language Technologies, Volume 1 (Long Papers), New Orleans, 2018: 1206-1215.

[46] Triantafillou E, Zhu T, Dumoulin V, et al. Meta-dataset: A Dataset of Datasets for Learning to Learn from Few Examples[J]. ArXiv Preprint ArXiv:1903.03096, 2019.

[47] Yao Q, Xu J, Tu W W, et al. Efficient Neural Architecture Search via Proximal Iterations[C]. AAAI Conference on Artificial Intelligence, New York, 2020.

[48] Andrychowicz M, Denil M, Gomez S, et al. Learning to Learn by Gradient Descent by Gradient Descent[C]. Advances in Neural Information Processing Systems, Barcelona, 2016: 3981-3989.

[49] Abdo N, Kretzschmar H, Spinello L, et al. Learning Manipulation Actions from A Few Demonstrations[C]. 2013 IEEE International Conference on Robotics and Automation, Karlsruhe, 2013: 1268-1275.

[50] Liu Y, Meng F, Zhang J, et al. Gcdt: A Global Context Enhanced Deep Transition Architecture Forse Quence Labeling[J]. ArXiv Preprint ArXiv:1906.02437, 2019.

[51] Zhang Y, Zhang G, Zhu D, et al. Scientific Evolutionary Pathways: Identifying and Visualizing Relationships for Scientific Topics[J]. Journal of the Association for Information Science and Technology, 2017, 68 (8): 1925-1939.

[52] Shi G, Feng C, Xu W, et al. Penalized Multiple Distribution Selection Method for Imbalanced Data Classification[J]. Knowledge-Based Systems, 2020, 196: 105833.

[53] Li F, Zhang M, Fu G, et al. A Neural Joint Model for Entity and Relation Extraction from Biomedical Text[J]. BMC Bioinformatics, 2017, 18 (1): 198.

[54] Peng N, Poon H, Quirk C, et al. Cross-sentence N-ary Relation Extraction with Graph Lstms[J]. Transactions of the Association for Computational Linguistics, 2017, 5: 101-115.

第 7 章
多实例联合的事件抽取

7.1 引言

在当前互联网时代，我们身边充斥着规模庞大、类型多样的非结构化文本信息，如各类新闻网站上的新闻，社交媒体中的微信、微博等用户发表的信息。事件抽取是指从这些非结构化文本信息中抽取结构化事件体系，并分析实体在事件中所扮演的角色。这项任务有益于众多应用，如问答系统、搜索引擎、推荐系统等，因为完成上述应用的首要步骤是将输入的文本转化为计算机可以诠释和表示的形式，即帮助计算机"理解"文本的含义，而对文本的深度理解推理依赖对文本中蕴含的结构化事件体系的建模。事件抽取既能够帮助企业更好地为用户推送产品和服务，又能够更好地把控舆情走势，因此，从非结构化文本中抽取结构化信息并衍生出相关应用，不仅对人们的生活有诸多益处，而且符合企业营销和国家战略需要，同时也是传统基于浅层文本理解技术达到一定瓶颈之后的必然选择。

但是，从近年来的事件抽取研究发展情况看，目前事件抽取方法的应用领域限定性太强，效果严重依赖于数据标注质量和标注规模等因素。训练数据中经常出现在一个独立的上下文范围（在大多数研究内容中为句子）中依次描述了多个事件的现象，这些事件彼此之间具有一定的行文逻辑和语义联系，不考虑事件间的联系会导致训练数据运用不充分，降低事件抽取系统的性能，也进一步加剧了数据资源匮乏的问题。

例如，在句子"He left the company, and planned to go home directly."中，存在两个下画线标记了的事件触发词。其中，"left"这个事件触发词可能触发了一个移动事件，表明某人因为物理上的移动而离开了某处；也可能触发了一个离职事件，表明某人从某个组织机构卸任。单看前半句话可能没有太多的信息辅助我们决策到底发生了什么类型的事件，但是考虑到后半句话，就很容易知道这里触发的应该是一个移动事件了。

因此，为了解决事件抽取研究面临的"多事件相互影响"问题，本章将目光投向"多实例联合的事件抽取"：通过捕获同一独立的上下文范围中不同事件触发词间的联系信息，结合句法信息进行联合抽取，提升事件抽取系统的性能，减少系统对标注数据的依赖。

在本章的剩余内容中，将首先进行问题分析，然后从记忆单元设计、图编码增强和全局信息利用三个方面讨论多实例联合的事件抽取方法。本章所讨论的方法从两个方面依次递进：在文本表示方面，方法从序列建模到图建模；在任务信息方面，方法从单任务到多任务联合。最后在实验验证中分析所讨论的三种方法的优劣和特性。

7.2 问题分析

在分析事件抽取这个问题之前，需要先定义什么是事件。本书采用 ACE 2005 评测会议[1]和 Rich ERE[2]中对事件结构的定义：一个某种类型的事件由事件触发词（Event Trigger）进行触发，实体会参与扮演其中的一些事件角色（Role），形成事件要素（Event Argument）。于是，一般认为事件抽取任务由事件检测（Event Detection）和事件要素提取（Event Argument Extraction）两个子任务组成。围绕"多实例联合的事件抽取"的目的，本书对此进行研究，以下介绍国内外对该问题的研究现状。

从自然语言文本中抽取事件实例是一项关键又十分具有挑战性的工作。目前事件抽取任务大多数依照 ACE 2005 评测会议[1]或 Rich ERE[2]中的规范对原子事件进行抽取，将原子事件分为事件触发词和角色-实体对两部分，于是事件抽取任务也被分为两个子任务：识别和分类事件触发词的事件检测，以及将实体按照在事件中扮演的角色进行识别和分类的事件论元抽取。事件的表示形式在不同研究重点的工作中的形态有一些差别，本章的研究采用 ACE 2005 评测会议和 Rich ERE 中定义的事件表示形式。

在事件抽取领域，目前存在三类涉及探索事件间联系从而进行事件多实例联合抽取的工作。其中第一类方法的中心思想是通过引入更多句子级别的特征来增强对事件间联系的捕获。McClosky 等人[3]在 2011 年提出了将排序依存融入事件抽取系统的方法。Li 等人[4]在 2013 年提出了一种可结合事件触发词和事件论元的文本特征。Liu 等人[5,6]在 2016 年和 2017 年利用概率软逻辑的推理方法进行事件抽取。Yang 和 Mitchell[7]在 2016 年及 Keith 等人[8]在 2017 年分别利用不同的事件触发词的特定特征和文本关系性特征来在句子级别增强对事件间关系的特征提取。

第二类方法的核心思想是直接采用文档级别的特征提取方法进行处理[9-13]。Liao 和 Grishman[9]在 2010 年采用基于事件类型共现的文档级特征进行联合抽取。

Ji 和 Grishman[10]在 2008 年采用基于信息检索的方法扩大了信息利用的范围，并引入了相似文档间的跨文档信息，最后采用最大间隔的计算方法进行了全局解码。Hong 等人[11]在 2011 年提出利用实体类别一致性特征来引入跨实体的信息，从而在抽取事件实例的同时结合了其他候选事件的信息，这样做的好处是不仅利用了事件触发词的信息，还通过引入跨实体信息使得事件论元抽取也获得了一致性方面的提升。Reichart 和 Barzilay[12]在 2012 年研究了新闻报道场景中的多事件抽取问题，其中一个文档包含多个原子事件，利用包含角色标注隐信息边、事件标注隐信息边和全局限制隐信息边的图，构建特征模板，从而使用条件随机场算法进行了建模和联合解码。Lu 和 Roth[13]在 2012 年利用一种基于隐变量的半马尔可夫条件随机场模型对文档级别的序列标注问题进行建模，利用这个结构预测框架可以进行结构优先性建模，从而能够实现多事件联合抽取。

第三类方法的核心思想是采用深度学习模块来对事件间的联系进行多层次或多级联编码，包括使用循环神经网络（RNN）作为基本编码单元的方法[14-16]和使用卷积神经网络（CNN）作为基本编码单元的方法[17-19]。作为其中具有代表性的工作，Nguyen 等人[14]于 2016 年在 RNN 模型中结合了一些手工编制的全局特征和局部特征，引入了记忆向量和记忆单元来保存可能的候选事件表示，从而增强了事件间的联系，这种方法也被认为是一种实现多事件联合抽取的软解码方式。Chen 等人[17]在 2015 年改进了传统 CNN 模型，通过序列划分的方式将一个句子分为多个块，不仅扩展了语境长度，也从侧面实现了为不同事件实例保存候选信息，为多事件联合抽取提供了一种基于位置划分的可行方向。

但是，上述三类工作存在两个问题：①基于特征提取的前两类方法需要工程量巨大的手工编制特征，其精细程度也会影响到事件抽取系统的识别效果；除此之外，从类别不平衡的数据上学习得到的特征也很难被用于稀疏类型的事件抽取中。②第三类方法中对句子级别的序列进行建模的方法的有效性会受序列长度增长导致的长距离关系捕获不准确问题的冲击。这两个问题会影响事件抽取系统的整体抽取效果。

针对上述问题，本章将探究三种多实例联合的事件抽取方法，包括基于记忆单元的多实例联合的事件抽取方法、基于图卷积的多实例联合的事件抽取方法和基于全局信息的多实例联合的事件抽取方法。

7.3 基于记忆单元的多实例联合的事件抽取

依据事件抽取的特性，一般认为事件抽取由事件检测和事件要素提取两个子任务组成，这两个子任务相辅相成。不同事件存在不同的模板（即关注不同种类的事件角色），事件要素提取的分类目标也有所不同。因此，目前主要有两种大类架构来处理事件抽取这个问题。

1）流水线式

首先进行事件检测，识别文本中所有的事件触发词并进行分类；然后针对每一个识别出来的事件触发词进行事件要素提取。

2）联合式

通过特定的框架，首先识别出所有的事件触发词候选；然后通过约束信息进行事件要素抽取和最终解码，选择合适的事件触发词。

7.3.1 技术路线

基于记忆单元的多实例联合的事件抽取[14]就是一种联合式的方法。该方法由三个模块组成：句子编码模块、循环神经网络编码模块和联合解码模块。

7.3.1.1 句子编码模块

在句子编码模块中，句子中的每一个词都被转化为一个浮点数向量。这个浮点数向量由三个部分拼接组成：词向量、实体类别向量和依存类别向量。

其中词向量的维度为300，在传统CBOW算法[20,21]的基础上进行了优化，采用一个词周围的其他词的向量表示拼接来预测当前词，基于word2vec工具实现改进，可在English Gigaword语料库中进行训练得到。

实体类别向量与之前的工作[22]类似，设定维度为50。首先，句子中的实体标签采用BIO模式表示，然后，采用查表方式得到每个实体标签对应的浮点数向量。

依存类别向量是一个0-1向量，其中每一个维度都代表一种依存树有向边的类别。依存类别向量的构造方法：对一个词来说，如果在依存树中存在一条与这个词有关的边，就将代表这条边的类型的维度设定为1，其余维度保持为0。这种融合依存句法信息的方法在文献[4]中被证明是有效的。

最后将这三种词级别的向量进行拼接，得到每个词在句子编码模块的输出。

7.3.1.2 循环神经网络编码模块

循环神经网络编码模块的作用是对每个词的向量进行序列编码，从而得到加入了句子信息的词表示。循环神经网络编码模块采用双向GRU网络[23]，设定隐状态维度为300。编码过程如式（7-1）所示：对于每一个词w_i，首先计算其正向和反向的序列隐状态表示，然后将相同下标的隐状态拼接得到h_i。

$$\begin{aligned}\boldsymbol{h}_i &= \left[\vec{\boldsymbol{h}}_i; \overset{\leftarrow}{\boldsymbol{h}}_i\right] \\ \vec{\boldsymbol{h}}_i &= \overrightarrow{\mathrm{GRU}}\left(\vec{\boldsymbol{h}}_{i-1}, \boldsymbol{x}_i\right) \\ \overset{\leftarrow}{\boldsymbol{h}}_i &= \overleftarrow{\mathrm{GRU}}\left(\overset{\leftarrow}{\boldsymbol{h}}_{i+1}, \boldsymbol{x}_i\right)\end{aligned} \qquad (7\text{-}1)$$

7.3.1.3 联合解码模块

事件抽取任务分为针对事件触发词的事件检测和针对角色的事件要素提取这两个子任务，在联合解码模块中需要对这两个子任务分别建模。该方法引入记忆单元来实现两个子任务联合抽取。

对于每个词 w_i，设计三组记忆单元，即为维护事件触发词信息而维护一个 0-1 二值的记忆向量 T_i，为维护事件角色信息而维护两个 0-1 二值的记忆矩阵 A_i 和 M_i。这三组记忆单元的初值均为 0，在解码过程中进行更新。

给定循环神经网络编码模块的输出 $(\boldsymbol{h}_1, \boldsymbol{h}_2, \cdots, \boldsymbol{h}_i, \cdots, \boldsymbol{h}_n)$，对于每一个词 w_i，首先进行事件触发词预测，然后依次预测每个实体的角色，最后利用上一次的记忆单元和更早的预测输出来更新记忆单元。

1）事件触发词预测流程

在进行事件触发词预测时，本节的方法将事件触发词简化为单个词（事实上事件触发词也可能是多个词组成的连续或不连续的短语）。对词 w_i 的事件触发词进行预测，首先计算特征向量，然后在特征向量之后用一个前馈神经网络和 softmax 函数进行分类。

特征向量由三个向量拼接组成：$\boldsymbol{h}_i$ 表示循环神经网络在位置 i 的循环神经网络编码模块输出；以位置 i 为中心，窗口长度为 d 的词向量拼接结果；前一位置的记忆向量 T_{i-1}。

2）角色预测流程

根据位置 i 的事件触发词预测结果进行角色预测，若该位置被分类为一个事件触发词，则进行正常的角色预测流程，否则该方法跳过这个位置的角色预测。下面叙述正常情况下的角色预测流程。

在角色预测流程中，将对当前句子中所有的实体表进行循环，依次判定句子中每个实体在当前位置的词 w_i 所触发的事件中扮演的角色类别。对于每个实体 e_j，首先构造特征向量，然后使用前馈神经网络和 softmax 函数进行分类。

特征向量的构造方法可对多个向量进行拼接，分别是词 w_i 和实体 e_j 对应位置的循环神经网络编码模块的输出向量、从词 w_i 到实体 e_j 的词向量拼接结果、记忆向量 $A_i[j]$ 和 $M_i[j]$。

3）记忆单元更新流程

记忆单元的作用是编码一个句子中事件触发词和事件元素之间的依赖关系。这种依赖关系分为以下三种。

第一种依赖关系，即同一个句子中不同事件触发词类别间的依赖关系，是利用记忆向量 T_i 进行捕获的。T_i 的维度为事件类型个数。对于词 w_i，记忆向量 T_i 表示在时刻 i 之前，有什么类型的事件已经被检测到了。因此，在事件触发词预测之后，T_i 的更新流程为复制 T_{i-1} 的内容，并把时刻 i 识别出的事件类型所对应的维度置为 1。

第二种依赖关系，即同一个事件中事件要素之间的依赖关系，是利用记忆矩阵 A_i 进行编码的。A_i 中的第一维度代表句子中的实体个数，第二维度代表事件角色个数。A_i 代表了时刻 i 之前，哪些实体在一些事件中扮演了什么角色。相似地，在角色预测之后，A_i 的更新流程为复制 A_{i-1} 的内容，并按照把时刻 i 识别出的事件要素，即实体 j 可以扮演角色 k，把对应的位置 $A_i[j][k]$ 置为 1。

第三种依赖关系，即同一个事件中事件触发词类别和事件角色之间的依赖关系，是利用记忆矩阵 M_i 进行概括的。M_i 中的第一维度代表句子中的实体个数，第二维度代表事件类型个数。M_i 代表了时刻 i 之前，哪些实体在哪类事件中出现过。因此，在角色预测之后，M_i 的更新流程为复制 M_{i-1} 的内容，并按照把时刻 i 识别出的事件信息，即实体 j 出现在事件类型 k 中，把对应的位置 $M_i[j][k]$ 置为 1。

7.3.1.4 训练方式

给定事件触发词和事件要素标注信息，基于记忆单元的多实例联合的事件抽取方法采用负最大似然估计函数来分别计算事件触发词预测部分和角色预测部分的损失函数，并采用 AdaDelta 算法[24]对损失函数进行优化。同时在训练过程中对参数进行缩放，保持 Frobenius 范数不超过 3。

7.3.2 总结与分析

基于记忆单元的多实例联合的事件抽取方法[14]是首次提出将事件检测和事件要素提取这两个子任务进行联合训练的方法，并且能利用记忆单元进行多实例信息的建模，具有很强的信息捕获能力。

7.4 基于图卷积的多实例联合的事件抽取

基于图卷积的多实例联合的事件抽取方法[25]通过句子的浅层依存信息构建词间连通图和信息传递快捷弧，利用图卷积加强有联系的词之间的信息交互，利用自注意力机制将结合了词间交互信息的语义表示进行组合从而进行事件触发词分类，进而进行事件论元抽取。该方法共分为两个部分：图卷积和自注意力机制。

1）图卷积

图卷积是为了加强有句法联系的词之间的信息交互。在事件抽取中，同一个句子中出现多个事件是一个很普遍的现象。将在同一个句子中的多个事件都正确地抽取出来远比一个句子中只有一个事件的情况困难，因为在同一个句子中的多个事件往往是不同类型且互相之间在叙述方面或者语义方面有联系的。比如，在 ACE 2005 数据集中，比起其他类型的事件，受伤事件和死亡事件更可能与袭击事件共同出现在同一个句子中，结婚事件和出生事件更不可能与袭击事件共同出现在同一个句子中。据统计，在 ACE 2005 数据集中，同一个句子中出现多个事件的比例占 26% 以上。

为此，本书采用的在序列标注框架中缓解这种现象的方法是引入快捷弧，从而减少信息传递所需要的跳数。包含两个事件的句子示例如图 7-1 所示。例句中存在两个事件，分别是由 killed 触发的死亡事件和由 barrage 触发的袭击事件。按照序列建模的方式，两个事件触发词之间需要 6 跳，而按照依存分析的无向边传播只需要 3 跳。本书通过图卷积神经网络对这样的依存分析图进行建模，为每个词学习包含语境信息的句法表示。

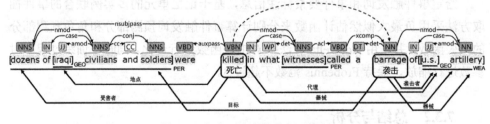

图 7-1 包含两个事件的句子示例

2）自注意力机制

采用自注意力机制是为了将图卷积神经网络学习得到的包含语境信息的句法表示针对某一个特定的词进行信息整合，进而进行事件触发词的判断和分类。以往的基于深度学习模块的事件抽取系统通常利用最大池化机制及其变种进行信息整合。然而，在本书的系统中使用类似的机制会导致每个词整合后的向量趋于相同或者相近，没有体现出不同词的差异性。除此之外，对一个词进行事件触发词判断和分类应该考虑语境中其他词带来的影响。为此，本书提出了一个自注意力机制来为每个词进行整合信息，并保持多个事件间的联系。

7.4.1 技术路线

本书提出了联合事件抽取模型，联合事件抽取模型网络结构图如图 7-2 所示。

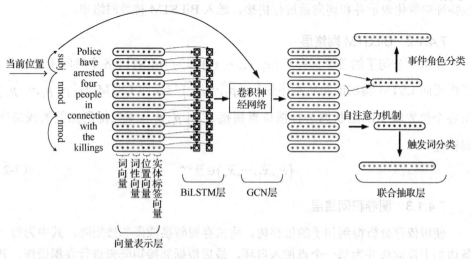

图 7-2 联合事件抽取模型网络结构图

该模型首先将句子中的词映射成预训练好的词向量。双向长短期记忆（BiLSTM）网络的输入是由词向量、词性向量、实体标签向量和位置向量拼接而成的。使用 BiLSTM 学习句子的浅层序列特征，之后将句子的浅层序列特征作为图卷积的初始输入。图卷积的过程是通过依存分析得到句子的依存树，将依存树转换成图邻接矩阵，其中为每一条边加上反向边并为每一个点加入自环，最后根据邻接矩阵来进行卷积操作。通过图卷积网络为每一个词学习得到结合句法信息的语境表示。在序列标注的框架下，使用自注意力机制来对每个词进行表示整合，计算当前词和语境中其余词之间的联系，得到当前词的语义表示，最后进行事件触发词识别和分类。与基于记忆单元的多实例联合的事件抽取方法[14]不同的是，为了额外处理多个连续的词组合成一个事件触发词的情况，本方法采用 BIO 标注模式进行事件触发词识别。当识别和分类了一个完整的事件触发词时，本书采用这个事件触发词中多个词的平均语义表示作为事件表示，采用句子中各个实体块包含词的平均语义表示作为各个实体表示,将事件表示和实体表示输入分类器,进行事件论元识别和分类。具体的算法步骤如下。

7.4.1.1 词向量层

首先通过预训练好的词向量将句子"**Police** have *arrested* **four people** in connection with the *killings*."中的每个词表示成词向量,句子中粗体部分为该句子中的实体,斜体部分为该句子中的两个事件触发词。此外,本书定义了位置特征、根据 BIO 标注模式产生的实体类别标签、根据预处理得到的词性标注,本书将这些特征向量化表示并和词向量进行拼接,送入 BiLSTM 神经网络中。

7.4.1.2 BiLSTM 网络层

先将一个句子的各个词序列 $(x_1, x_2, \cdots, x_n)$ 作为 BiLSTM 各个时间步的输入,再将正向 LSTM 输出的隐状态序列 $(\overrightarrow{p_1}, \overrightarrow{p_2}, \cdots, \overrightarrow{p_n})$ 与反向 LSTM 的 $(\overleftarrow{p_1}, \overleftarrow{p_2}, \cdots, \overleftarrow{p_n})$ 在各个位置输出的隐状态进行按位置拼接 $\overline{x}_t = [\overrightarrow{p_t}; \overleftarrow{p_t}] \in \mathbb{R}^m$,得到完整的浅层序列特征

$$(\overline{x}_1, \overline{x}_2, \cdots, \overline{x}_n) \in \mathbb{R}^{n \times m} \tag{7-2}$$

7.4.1.3 图卷积网络层

使用依存分析得到句子的依存树,将依存树转换成图邻接矩阵,其中为每一条边加上反向边并为每一个点加入自环,最后根据邻接矩阵来进行卷积操作。其中,h_u^k 为节点 u 的第 k 层图卷积输出的节点表示,$K(u,v)$ 为节点 u 与节点 v 之间连边的类型,$\mathcal{N}(v)$ 为节点 v 的邻接点集。那么节点 v 的第 $k+1$ 层图卷积输出的节点表示 h_v^{k+1} 通过式(7-3)计算得到。

$$h_v^{k+1} = f\left(\sum_{u \in \mathcal{N}(v)} W_{K(u,v)}^k h_u^k + b_{K(u,v)}^k\right) \tag{7-3}$$

7.4.1.4 门机制与高速通道

由于并非每一条边的重要性都是一致的,本书对图卷积网络加入了门机制作为对边权 $g_{u,v}^k$ 的控制。同时,为了防止信息过度传播,本书还在相邻的图卷积网络层间加入了高速通道。于是新节点表示 $\overline{h}_v^{k+1}$ 通过以下公式计算得到,这样通过优化的图卷积网络为每一个词学习得到结合句法信息的语境表示。

$$g_{u,v}^k = \sigma\left(h_u^k V_{K(u,v)}^k + d_{K(u,v)}^k\right)$$

$$h_v^{k+1} = f\left(\sum_{u\in\mathcal{N}(v)} g_{u,v}^k \left[W_{K(u,v)}^k h_u^k + b_{K(u,v)}^k\right]\right) \quad (7\text{-}4)$$

$$t = \sigma\left(W_T h_v^k + b_T\right)$$

$$\bar{h}_v^{k+1} = h_v^{k+1} + t \odot f'\left(W_H h_v^k + b_H\right) + (1-t) \odot h_v^k$$

式中，$\odot$ 表示元素积操作。

7.4.1.5 结合自注意力机制的事件触发词分类

通过图卷积网络为每一个词学习得到结合句法信息的语境表示 D。在序列标注框架下，使用自注意力机制来对每个词进行表示整合，计算当前词 w_i 和语境中其余词之间的联系，得到当前词的语义表示 C_i。

$$\text{score} = \text{norm}\left\{\exp\left[W_2 f(W_1 D + b_1) + b_2\right]\right\}$$

$$C_i = \left[\sum_{j=1, j\neq i}^{n} \text{score}_j * D_j, D_i\right] \quad (7\text{-}5)$$

式中，[,] 表示向量拼接。

最后进行事件触发词识别和分类。为了额外处理多个连续的词组合成一个事件触发词的情况，本部分采用 BIO 标注模式进行事件触发词识别。

$$\bar{C}_i = f(W_c C_i + b_c)$$

$$y_{t_i} = \text{softmax}(W_t \bar{C}_i + b_t) \quad (7\text{-}6)$$

7.4.1.6 事件角色分类

当识别和分类了一个完整的事件触发词时，本书采用这个事件触发词中多个词的平均语义表示 $\bar{C}$ 作为事件表示 T_i，采用句子中各个实体块包含词的平均语义表示作为各个实体表示，将事件表示和实体表示 E_j 输入分类器，进行事件角色分类。

$$y_{a_{ij}} = \text{softmax}\left(W_a [T_i, E_j] + b_a\right) \quad (7\text{-}7)$$

7.4.2 总结与分析

针对同一个句子中可能出现多个事件实例的情况，基于特征的提取方法需要手工编制特征，不仅工程量大，而且从类别不平衡的数据上学习得到的特征也很难用于稀疏类型事件抽取。基于图卷积的多实例联合的事件抽取方法[25]通过句子的浅层依存信息构建词间连通图和信息传递快捷弧，解决了传统句子序列建模方法的有效性受序列长度增长导致的长距离关系捕获不准确问题的冲击等问题。基于图卷积的多实例联合的事件抽取方法[25]首次提出利用图卷积的方法进行多实例事件抽取。

随着神经网络模型在自然语言处理领域的不断推广，利用图卷积进行句法信息和神经网络融合的研究思路已经在机器翻译等任务中取得了一定的成果。因此，利用图卷积将句法信息融入事件抽取保证了该方法的可行性。基于自注意力机制的事件触发词抽取模型能有效地改善句子的特征表示结果，保证该方法在多事件实例情况下的抽取效果。

7.5 基于全局信息的多实例联合的事件抽取

之前所述的两种方法都需要利用实体标注信息，不能做到输入纯文本、输出事件的端到端方式。此外，大多数的事件抽取系统利用的都是任务特定的分类器，仅考虑任务级别的局部信息，而未考虑各任务之间的关联信息。比如，一个类型为"死亡"的事件中的"受害者"角色也极有可能在同一个句子中的类型为"攻击"的事件中扮演"受害者"角色。基于全局信息的多实例联合的事件抽取方法[26]是一种端到端的多实例联合的事件抽取方法，它能利用多个子任务之间和多实例之间的信息进行推断，并利用全局信息约束抽取结果的产生。

7.5.1 技术路线

基于全局信息的多实例联合的事件抽取方法[26]的基本思想为将一句话中的实体和事件等信息表示为一个信息图，图中的节点为实体和事件触发词，边为实体-实体关系或者事件触发词-实体关系。其中节点和边均有类型，节点类型包括实体类型（对应实体识别子任务）和事件触发词所代表的事件类型（对应事件检测子任务），边类型包括前几章介绍的实体对间的关系（对应关系抽取子任务）和事件触发词与实体间的事件角色关系（对应事件要素提取子任务）。基于全局信息的多实例联合的事件抽取方法[26]可以分为以下四个阶段，来完成对文本进行端到端的多实例事件抽取。

7.5.1.1 编码表示阶段

假设输入的数据为一个长度为 L 个词的句子，该方法采用预训练 BERT 模型[27]使每一个词得到表示向量。具体步骤：首先按照词表将每一个词划分成多个词片（Word Piece）；然后使用 BERT 模型[27]对词片序列进行建模，得到每个词片的表示向量；最后按照词与词片的对应关系，对每个词对应词片的表示向量进行平均，作为每个词的表示向量。

值得注意的是，为了丰富输入的特征，基于全局信息的多实例联合的事件抽取方法[26]采用的输入不仅是 BERT 模型[27]的最后一层 Transformer 的输出结果，还要拼接倒数第三层 Transformer 的输出结果。

7.5.1.2 预识别阶段

预识别阶段的主要目标对象是信息图中的节点，包括实体和事件触发词。由于实体和事件触发词属于两种不同的子任务处理对象，所以要将它们分开并使用相同的架构处理。与基于图卷积的多实例联合的事件抽取方法[25]类似，本方法也采用 BIO 模式对实体和事件触发词进行标签化。对于每一个词，采用一个前馈网络计算对应子任务的特征分值，并分别采用条件随机场（CRF）进行序列建模。虽然该阶段使用了 CRF，可以计算出一条最优的解码路径，但是考虑到多任务和多实例带来的影响，该部分输出的信息仅有实体和事件触发词边界会被保留，而实体类型和事件触发词类型将在后续的全局解码阶段进行最终决定。假设解码路径为 z，则预识别阶段的损失函数如下：

$$\mathcal{L}^l = -\log p(z \mid X) \tag{7-8}$$

7.5.1.3 预分类阶段

预分类阶段的主要目标是为图中的节点和边计算候选类别。在上一阶段中得到了文本中出现实体和事件触发词的范围，但未将其进行分类。实体和事件触发词都是一个词级别的连续子序列，首先对子序列中的词表示进行平均作为节点表示；然后使用一个前馈神经网络对节点进行对应实体或事件触发词的分类。类似地，对于从点 i 到点 j 的有向边，先将两个端点的节点表示向量拼接，然后利用另一组前馈神经网络进行实体间关系或者事件角色类型的分类。

这四组分类器分别为实体识别、事件检测、关系抽取和事件要素提取四个子任务的局部分类器，产生局部输出结果。每个子任务 t 的损失函数采用交叉熵计算：

$$\mathcal{L} = -\frac{1}{N^t} \sum_{i=1}^{N^t} y_i^t \log \hat{y}_i^t \tag{7-9}$$

由此可得不考虑全局约束和多任务与多实例关联时的局部最优信息图 $\hat{G}$ 及其分值 $s'(\hat{G})$，称为信息图 $\hat{G}$ 的局部分值。

$$s'(\hat{G}) = \sum_{t \in T} \sum_{i=1}^{N^t} \max \hat{y}_i^t \tag{7-10}$$

7.5.1.4 全局解码阶段

多任务和多实例能提供额外的补充信息，这些信息可以帮助评价一个信息图的优劣。针对这些信息，本书的方法根据实体、关系和事件的模板 schema 设计了如表 7-1 所示的 11 种特征模板，根据这些模板可以先抽取多个实值全局特征，再将其拼接产生一个全局特征向量 $f(G)$。

表 7-1 全局特征模板

类别	描述
事件角色	同时扮演多个事件角色的实体个数
	具有一定数量事件角色的事件类型个数
	⟨事件类型 i，角色 j，实体类型 k⟩三元组出现的次数
	具有多个某种类别角色的事件类型个数
	在一个事件中扮演角色 A，同时在另一个事件中扮演角色 B 的实体个数
关系	⟨实体类型 i，实体类型 j，关系 k⟩三元组出现的次数
	⟨实体类型 i，关系 j⟩二元组出现的次数
	同一个事件中的角色 i 和角色 j 表现为关系 k 的次数
	跟多个实体都有某种关系的实体个数
	同时具有关系 i 和关系 j 的实体个数
事件触发词	对于事件类型 i，一个图是否包含大于一个事件

将全局特征向量 $f(G)$ 通过一组权重向量 $\boldsymbol{u}$ 结合图 G 的局部分值可以得到图 G 的全局分值 $s(G)$。

$$s(G) = s'(G) + \boldsymbol{u}f(G) \tag{7-11}$$

1) 训练目标

该方法的训练目标为让局部最优图 $\hat{G}$ 的全局分值尽量接近由人工标注信息得到的全局最优图 G^{gold} 的全局分值：

$$\mathcal{L}^G = s(\hat{G}) - s(G^{\text{gold}}) \tag{7-12}$$

由此可以得到最终联合的整体损失函数 $\mathcal{L}$：

$$\mathcal{L} = \mathcal{L}^I + \sum_{t \in T} \mathcal{L}^t + \mathcal{L}^G \tag{7-13}$$

2) 预测解码

在预测时，由于局部分类器之间可能产生冲突，该方法采用基于束搜索的联合决策方法解码出一个全局分值高且没有冲突的信息图作为输出。给定预识别阶段所识别出来的节点集合 V 与预分类阶段所计算的所有候选节点和候选边的分值，设置束搜索超参数 β_v、β_e 和 θ，搜索空间的起点为包含一个空图的集合，每一步搜索都包含两个子步骤：节点扩展和边扩展。

节点扩展是指从未决定的节点集合中选一个节点 $v_i \in V$，定义它的候选集合为局部任务分值最高的 β_v 种类别，将这 β_v 种类别的节点以笛卡儿积的形式扩展进搜索空间所有的图中。

边扩展是指逐次选择一个更早时间加入的节点 $v_j \in V$，拟尝试在节点 v_i 和节点 v_j 之间加一条边。如果 v_i 是一个事件触发词，那么跳过所有也是事件触发词的 v_j。定义候选集合为局部任务分值最高的 β_e 种类别，将这 β_e 种类别的边以笛卡儿积的形式扩展进搜索空间所有的图中。

在边扩展结束之后，若搜索空间容量大于参数 θ，则对搜索空间中的所有图按照全局分值进行排序，并保留前 θ 个图。如果不能扩展，那么将搜索空间中的全局分值最高的图作为全局解码出的最优解。

7.5.2 总结与分析

基于全局信息的多实例联合的事件抽取方法[26]采用了一种端到端的方式，不仅考虑了多实例情况下的事件抽取，也考虑了多任务联合的事件抽取。此外，还根据多实例和多任务独有的特性，设计了全局信息融合方式，将多个局部模块进行整合，从而能解码出更合适的答案。

7.6 实验验证

为了验证多实例联合的事件抽取模型的性能，本书进行了两组实验：①事件抽取基准测试实验；②多实例联合的事件抽取测试实验。下面首先介绍实验设置，其次简述对比算法，再次展示实验结果，最后进行实验结果分析与讨论。

7.6.1 实验设置

7.6.1.1 实验数据集

本节所使用的数据集是 ACE 2005 和 ERE 两个数据集中的英文部分。对每个数据集概述如下。

（1）**ACE 2005 数据集**。ACE 2005 数据集包含英语、汉语和阿拉伯语的标注语料，提供了来自各种领域和体裁（如新闻专线、广播新闻、广播谈话、博客、论坛和电话谈话）的文档集合的实体和关系标签。ACE 2005 数据集还提供了事件相关的标注资源，包括 7 种实体类型、6 种关系类型、33 种事件类型和 22 个参数角色。本节按照 ACE 2005 数据集在事件抽取研究领域中的流行划分方式[4]，首先将 40 篇新闻专线文章（832 个句子级别的标注实例）作为测试集，再将 30 篇其他文章（923 个句子级别的标注实例）作为开发集，最后将 529 份剩余文件（17172 个句子级别的标注实例）作为训练集。

（2）**ERE 数据集**。在 ACE 2005 数据集发布之后，在 Deep Exploration and Filtering of Test（DEFT）程序下创建的实体、关系和事件（Entities, Relations and Events, ERE）标注任务派生出了另一个数据集 ERE。ERE 数据集涵盖了与 ACE 2005 数据集相似的文本体裁，并且包含更多较新的文章语料。ERE 数据集分批发布在 LDC 网站上（如 LDC2015E29、LDC2015E68 和 LDC2015E78），规模为至少 458 个文档和 16516 个句子，共包含 7 种实体类型、5 种关系类型、38 种事件类型和 20 个参数角色。ERE 数据集可以单独划分训练测试集，也可以与 TAC-KBP 2015—2017 年发布的测试集进行协同使用。本节仅使用 2015 年发布的三份 ERE 数据集：LDC2015E29、LDC2015E68 和 LDC2015E78，将句子级别的标注实例按照 12∶1∶1 的比例进行训练/开发/测试集划分。

表 7-2 描述了 ACE 2005 和 ERE 两个数据集中的统计信息，其中的数字代表特定数据集划分中对应的实例数量。

表 7-2　数据集中的统计信息

数 据 集	划　　分	句 子 数	实 体 数	关 系 数	事 件 数
ACE 2005	训练集	17172	29006	4664	4202
	开发集	923	2451	560	450
	测试集	832	3017	636	403
ERE	训练集	14219	38864	5045	6419
	开发集	1162	3320	424	552
	测试集	1129	3291	477	559

7.6.1.2　评价指标

在实验过程中，本节采用事件抽取领域内最常用的准确率、召回率和 F1 值（准确率和召回率的调和均值）来反映模型的性能。本节采用的事件抽取任务分为事件检测和事件要素提取两个子任务，将分别对事件触发词和事件要素进行识别和分类。本节对事件触发词和事件要素的识别和分类的正误判定准则定义如下。

- 事件触发词识别（Trigger Identification, TI）：如果事件触发词的偏移量与参考事件触发词匹配，则该事件触发词被正确识别。
- 事件触发词分类（Trigger Classification, TC）：如果事件触发词的偏移量与参考事件触发词匹配，且它的事件类型也与同一参考事件触发词匹配，则它被正确分类。
- 要素识别（Argument Identification, AI）：如果要素的偏移量和事件类型与参考要素匹配，则该要素被正确识别。
- 要素分类（Argument Classification, AC）：如果要素的偏移量和事件类型与参考要素匹配，且它的角色标签也与参考要素匹配，则它被正确分类。

7.6.1.3 参数设置

在实验过程中，模型超参数设置严格遵循文献[14]、[25]、[26]中所述的参数设置。

（1）基于记忆单元的多实例联合的事件抽取。在编码阶段，实体类别向量维度设置为50，词向量维度设置为300，RNN隐藏层维度设置为300。在预测阶段，采用上下文窗口为2代表局部特征，前馈神经网络包含一个隐藏层，其中只与事件触发词有关的隐藏层维度为600，只与事件要素有关的隐藏层维度为600，与两者都有关的隐藏层维度为300。最后，在训练时，采用50作为批处理大小，设定Frobenius范数的参数为3。预先训练词向量，具体利用word2vec工具（修改过的C-CBOW模型）在英语Gigaword语料库进行预训练，采用上下文窗口为5，将频繁词的子采样参数设置为1e-5和10个负实例。除此之外，通过消融实验发现，当仅使用建模了同一个事件中事件类别和事件角色之间的依赖关系的记忆单元M_i时，该方法效果最好。因此在实验中，JRNN将只使用这一种记忆单元。

（2）基于图卷积的多实例联合的事件抽取。在表示层，设置词向量维度为300，设置词性向量、位置向量和实体标签向量这三种类型的向量维度均为50。在BiLSTM网络层，设置隐藏单元为220。在卷积网络层，设置GCN的层数为3，自注意力单元设置为300。其余隐藏单元设置为200。dropout率设定为0.5，L2正则化稀疏设置为1e-8。批处理大小设置为32，其中所有句子的最大长度为50，短句被填充且长句被截断。激活函数采用ReLU[28]，并利用AdaDelta更新算法[24]进行参数更新。

（3）基于全局信息的多实例联合的事件抽取。采用BertAdam微调整个模型80轮，设置BERT部分模型的学习率为5e-5，权重衰减为1e-5；除此之外，设置其他部分模型参数的学习率为1e-3，权重衰减为1e-3。BERT模型的参数初值采用 bert-large-cased 模型。对于子任务局部分类器,使用两层前馈神经网络,并设置 dropout 率为 0.4。使用 150 个隐藏单元来提取实体和关系,使用 600 个隐藏单元来提取事件。在全局解码阶段,设置 $\beta_v = 2$、$\beta_e = 2$ 和 $\theta = 10$。

7.6.2 对比算法

本节验证和对比上述多实例联合的事件抽取方法的性能,主要是对基于记忆单元的多实例联合的事件抽取方法、基于图卷积的多实例联合的事件抽取方法和基于全局信息的多实例联合的事件抽取方法这三种方法进行对比实验。对于进行对比的算法,概述如下。

- **Cross-Event**[9]:使用文档级别的信息来增强事件抽取性能。
- **JointBeam**[4]:采用人工构建的特征集合,并基于结构预测方法对文本中的事件结构进行抽取。
- **DMCNN**[17]:改进了传统 CNN 模型,提出了动态多池化机制,即通过事件触发词和实体所在的位置,将一个句子划分为三个区域,并在这三个区域中分别进行最大池化操作,利用句子中的多区域信息进行事件抽取。
- **Emb-T**:文献[17]中提出的一种基线模型,采用词向量作为词级别的特征和文献[4]中提出的传统句子级别的特征。
- **CNN**:也是文献[17]中提出的一种基线模型,与 DMCNN 不同的是,将动态多部池化操作替换为最大池化操作。
- **PSL**[5,6]:采用概率推理模型对事件进行分类,通过使用隐信息和全局信息来编码事件之间的关联,进而进行多实例联合事件触发词抽取,但是并没有进行事件要素提取。
- **JRNN**[14]:本章讨论的基于记忆单元的多实例联合的事件抽取方法。该方法利用将记忆单元结合循环神经网络的方法,首次提出同时进行事件检测和事件要素提取两个子任务的联合式抽取框架。
- **JRNN-M**:文献[14]中提出的一种基线模型,采用与 JRNN 类似的架构,但屏蔽了表示同一个事件中事件类别和事件角色之间的依赖关系的记忆单元 M_i。
- **dbRNN**[15]:在 BiLSTM 的基础上结合了依存分析信息作为依存信息桥。通过依存信息桥,增加每一个 BiLSTM 单元的信息输入来源。
- **JMEE**[25]:本章讨论的基于图卷积的多实例联合的事件抽取方法。该方法通过句子的浅层依存信息构建词间连通图和信息传递快捷弧,利用图卷积加强有联系的词之间的信息交互,利用自注意力机制将结合了词间交互信息息的语义表示进行组合,从而进行多实例联合的事件抽取。

- **DyGIE++**[29]：提出一种利用共享跨距表示的图框架来进行多任务信息抽取，包括实体识别、关系抽取、共指消解和事件抽取。首先枚举句子中可能的实体和事件触发词跨距，然后通过当前最可能的实体间关系、事件触发词与事件要素关系和实体间共指消解关系构建信息传播图，从而进行多任务信息交互，最后利用跨距表示进行各任务的局部分类。
- **OneIE**[26]：本章讨论的基于全局信息的多实例联合的事件抽取方法。该方法通过将一句话中的实体和事件等信息表示为一个信息图，首先对图中的实体节点、事件触发词节点和节点间关系进行预识别和预分类，然后采用束搜索方法对图进行解码，同时利用预设定的特征模板进行全局信息特征提取。
- **OneIE-Local**：文献[26]中提出的一个基线系统。该系统采用与 OneIE 相同的网络架构，与 OneIE 不同的是，仅利用局部分类器的输出结果，而不进行全局信息图解码。

7.6.3 实验分析

7.6.3.1 事件抽取基准测试实验

本节在事件抽取基准测试实验中对上述对比算法在 ACE 2005 和 ERE 这两个数据集上的结果进行对比，其目的是验证本章所讨论的算法之间的性能差距和有效性。表 7-3 和表 7-4 分别所示为基准测试实验在 ACE 2005 数据集和 ERE 数据集上的结果。

表 7-3 基准测试实验在 ACE 2005 数据集上的结果

对比算法	事件触发词识别/%			事件触发词分类/%			要素识别/%			要素分类/%		
	P	R	F1	P	R	F1	P	R	F1	P	R	F1
Cross-Event	—	—	—	68.7	68.9	68.8	50.9	49.7	50.3	45.1	44.1	44.6
JointBeam	76.9	65.0	70.4	73.7	62.3	67.5	69.8	47.9	56.8	64.7	44.4	52.7
DMCNN	80.4	67.7	73.5	75.6	63.6	69.1	68.8	51.9	59.1	62.2	46.9	53.5
PSL	—	—	—	75.3	64.4	69.4	—	—	—	—	—	—
JRNN-M	66.3	73.8	69.8	65.1	71.2	68.0	61.2	62.6	61.9	52.7	53.5	53.1
JRNN	68.5	75.7	71.9	66.0	73.0	69.3	61.4	64.2	62.8	54.2	56.7	55.4
dbRNN	—	—	—	74.1	69.8	71.9	71.3	64.5	67.7	66.2	52.8	58.7
JMEE	80.2	72.1	75.9	76.3	71.3	73.7	71.4	65.6	68.4	66.8	54.9	60.3
DyGIE++	75.2	77.1	76.1	71.7	73.1	72.4	54.6	52.2	53.4	52.6	48.1	50.2
OneIE-Local	75.8	76.7	76.3	72.4	74.9	73.6	57.2	55.7	56.4	54.6	53.2	53.9
OneIE	78.1	78.7	78.4	74.4	75.2	74.8	59.9	59.3	59.6	58.3	57.7	58.0

表 7-4 基准测试实验在 ERE 数据集上的结果

对比算法	事件触发词识别/%			事件触发词分类/%			要素识别/%			要素分类/%		
	P	R	F1	P	R	F1	P	R	F1	P	R	F1
JRNN-M	61.8	60.2	61.0	53.2	50.7	51.9	50.1	47.7	48.9	45.0	42.6	43.8
JRNN	63.6	62.4	63.0	55.6	52.8	54.2	50.2	49.0	49.6	47.3	43.8	45.5
JMEE	65.2	64.5	64.8	57.6	56.3	56.9	51.5	49.3	50.4	49.6	44.2	46.7
DyGIE++	65.2	63.8	64.5	57.5	56.1	56.8	51.1	48.2	49.6	49.1	44.2	46.5
OneIE-Local	65.3	65.1	65.2	58.3	56.7	57.5	52.7	48.5	50.5	50.2	45.3	47.6
OneIE	68.1	67.2	67.6	59.7	58.8	59.2	55.3	51.3	53.2	51.5	47.8	49.6

从表 7-3 中所展示的在 ACE 2005 数据集上的实验结果可以看出,在事件触发词识别与事件触发词分类方面,基于全局信息的多实例联合的事件抽取方法 OneIE 全面领先于其他对比算法,比性能最接近的 JMEE 方法提升了至少 1.1%,表现出了多任务联合的方法与结合全局信息的有效性。在要素识别与要素分类方面,基于图卷积的多实例联合的事件抽取方法 JMEE 则展现了更优的效果,相比性能最接近的 dbRNN 方法提升了至少 1.6%,表明了结合外部句法信息对这种结构成分进行分析的有效性。对比前 6 种算法在 ACE 2005 数据集上的结果可以看出,由于基于记忆单元的多实例联合的事件抽取方法 JRNN 首次采用了事件触发词识别和事件要素提取联合抽取框架,在四个评测方面的 F1 值都明显优于此前的流水线结构模型 Cross-Event、JointBeam 与 DMCNN,比三者中最优的结果平均提升了 2.1%。同时,对比 JMEE 与同时期的算法 dbRNN 可知,采用图卷积神经网络(GCN)替代 BiLSTM 能更好地将句法信息与事件抽取任务进行结合,从而在事件触发词和要素方面都取得更好的结果。除此之外,OneIE 与同为可用于事件抽取的多任务学习算法 DyGIE++对比可知,在事件触发词识别与分类方面提升了 2%,在要素识别与分类方面提升了 7%,故在设计局部分类器之后,利用局部分类器的输出结果进行全局解码的方法会比直接使用局部分类器的输出作为决策的方法更具有优势。

除了不同算法之间的对比,本书设计的对比算法中也包括参与本章介绍的三种多实例联合的事件抽取方法的消融实验的方法。在针对 JRNN 的消融实验中可以发现,尽管具有最佳性能的 JRNN 算法在实际应用中只使用了建模同一个事件中事件类别和事件角色之间的依赖关系的记忆单元,但是对比不使用任何记忆单元的方法 JRNN-M 可知,引入记忆单元会使得事件触发词识别与分类平均提高了 1.7%,同时使得要素识别与分类平均提高了 1.6%。在针对 OneIE 的消融实验中,通过对比 OneIE 与 OneIE-Local 发现的结果也能证实对比 OneIE 和 DyGIE++所能得出的结论。OneIE 相比于 OneIE-Local 平均提升了 2.7%,表明将局部分类器的输出结果进行全局解码之后，能在各个任务上均取得更优的结果，具有更强的鲁棒性。

相似的结论也可以从表 7-4 所示的在 ERE 数据集上的实验结果中得出并证实，OneIE 不仅在事件触发词识别与分类方面性能优异，而且在要素识别与分类方面也取得了全面的领先。对比效果最接近的 JMEE，OneIE 在事件触发词识别与分类方面提升了 2.6%，在要素识别与分类方面提升了 2.8%，表明了利用多任务信息和全局信息对事件抽取性能提升的有效性。JMEE 相比于 JRNN，在事件触发词识别与分类方面提升了 4.4%，在相似的联合抽取框架下凸显了外部句法信息与图卷积神经网络的建模优势。在相似的多任务建模框架下，OneIE 相比于 DyGIE++，由于在局部分类器的基础上采用了全局解码的方式，在事件触发词识别与分类方面提升了 2.9%，在要素识别与分类方面提升了 3.4%。在 OneIE 的消融实验中也有类似的实验结果可以得到证实，OneIE 相比于 OneIE-Local，在事件触发词识别与分类方面提升了 2.1%，在要素识别与分类方面提升了 2.4%，体现了全局解码的有效性。在 JRNN 的消融实验中，对比 JRNN 与 JRNN-M 可以发现，引入记忆单元之后，JRNN 在事件触发词识别与分类方面提升了 2.2%，在要素识别与分类方面提升了 1.2%，体现了记忆单元在 JRNN 中的有效性。

7.6.3.2 多实例联合的事件抽取测试实验

本节主要讨论多实例联合的事件抽取方法，除了事件抽取基准测试实验之外，还进行了多实例联合的事件抽取测试实验，其目的是验证本章所讨论的算法在完整的数据集上所表现出来的性能优势是否确实在多事件实例相互影响的情况下也能保持。在此实验中，本节将 ACE 2005 和 ERE 测试集按照"一个句子中是否包含多个事件实例"的标准，划分成了三个子集，分别为"1/1"、"1/N"和"All"。"1/1"子集表示该测试子集中每一个句子只包含一个事件实例；"1/N"子集表示该测试子集中每一个句子包含至少两个事件实例；"All"表示完整的测试集；三者之间的关系为 1/1+1/N=All。

表 7-5 所示为多实例联合的事件抽取实验在 ACE 2005 数据集中各部分测试子集上的事件触发词分类结果。实验结果显示，OneIE 方法不仅能在单事件实例的情况下取得排名领先的性能结果，也能在多事件实例的情况下取得最好的 F1 值，整体领先最接近方法 JMEE 的 F1 值 1.1%。此外，联合抽取式框架 JRNN、JMEE、DyGIE++和 OneIE 也全面领先流水线式架构的方法 Emb-T、CNN 和 DMCNN。在 ACE 2005-1/1 子集上，两个流派的方法中最优的模型 F1 值之间差距达到 1.3%，在 ACE 2005-1/N 子集上这个差距则被进一步拉大，达到了 22.5%，这个结果也证明了本章所讨论的方法中所做的改进在多实例联合的事件抽取的情况下是有效的。本节中所讨论的 JMEE 在 ACE 2005-1/N 子集上的 F1 值比 JRNN 提高了 7.9%，

进一步体现了外部句法信息和图卷积神经网络在编码上的优势。通过类似对比也可以发现，在 ACE 2005-1/N 子集上 OneIE 比 JMEE 在多事件实例情况下 F1 值提高了 0.7%，表明了结合多任务信息的有效性。在 ACE 2005-1/N 子集上通过对比 OneIE 和 DyGIE++可以发现，OneIE 通过对局部分类器进行全局解码，相对只用局部分类器的 DyGIE++方法，可以获得 0.9%的 F1 值提升。

表 7-5　多实例联合的事件抽取实验在 ACE 2005 数据集中各部分测试子集上的事件触发词分类结果

对比算法	ACE 2005-1/1 F1/%	ACE 2005-1/N F1/%	ACE 2005-All F1/%
Emb-T	68.1	25.5	59.8
CNN	72.5	43.1	66.3
DMCNN	74.3	50.9	69.1
JRNN	75.6	64.8	69.3
JMEE	75.2	72.7	73.7
DyGIE++	74.7	72.5	72.4
OneIE	75.5	73.4	74.8

表 7-6 所示为多实例联合的事件抽取实验在 ERE 数据集中各部分测试子集上的事件触发词分类结果。从其中可以看出，OneIE 依然取得了最好的成绩，在 ERE-1/1 上的 F1 值比 JMEE 提升 2.6%，在 ERE-1/N 上的结果比 JMEE 提升 3.6%。除此之外，DyGIE++的结果与 JMEE 的结果基本持平。从这两个对比结果可知，结合多任务的方法相比于外部句法信息具有很强的优越性，能取得更好的性能结果。对比 OneIE 与 DyGIE++的结果可以看出，OneIE 在 ERE-1/1 上的 F1 值相比 DyGIE++的提升了 4.0%，在 ERE-1/N 上则提升了 4.1%，再次证实了在局部分类器输出结果的基础上进行全局解码的重要性和有效性。将 JMEE 的结果与 JRNN 的结果对比可知，在 ERE-1/1 上 F1 值提升了 2.3%，在 ERE-1/N 上 F1 值提升了 2.8%，体现了在联合抽取框架下结合外部句法信息的有效性。

表 7-6　多实例联合的事件抽取实验在 ERE 数据集中各部分测试子集上的事件触发词分类结果

对比算法	ERE-1/1 F1/%	ERE-1/N F1/%	ERE-All F1/%
JRNN	56.4	52.3	54.2
JMEE	58.7	55.1	56.9
DyGIE++	57.3	54.6	56.8
OneIE	61.3	58.7	59.2

7.6.4 问题与思考

多实例联合的事件抽取研究面临诸多挑战。相比一般的分类和回归任务，主要体现在：事件结构较为复杂，建模多个子任务并将各部分输出组合成整体具有挑战；额外设计的辅助结构存在计算效率瓶颈问题；引入需要处理才能得到的外部知识会导致处理错误的传递；监督信号过多，难以抉择，增加了模型选择的难度；对背景信息与领域知识缺少理解；难以处理与真实性不符的事件或隐喻的事件。

综上，现有的多实例联合的事件抽取方法研究存在的问题和不足概述如下。

（1）联合抽取框架还未做到最理想的联合模式。纵观从基于记忆单元的多实例联合的事件抽取方法 JRNN[14]开始的联合抽取框架[14,15,25,26,29]，尽管它们采用了如记忆单元、外部句法信息、图卷积神经网络、多任务联合等方法对事件触发词和事件要素联合抽取，但是仍然不能绕开先事件触发词、后角色关系的"伪联合"模式。换言之，如今的联合抽取框架仍然不能做到事件触发词与事件要素的同步处理。这种现象在某种程度上受到了事件结构的制约，也导致如今很多对事件抽取的改进都只在事件触发词方面十分有效，却在事件要素方面难以获得提升和突破。

（2）记忆单元存在计算效率难以并行化等问题。文献[14]中提出的基于记忆单元的多实例联合的事件抽取方法设计了三种记忆单元来分别建模同一个句子中不同事件类别间的依赖关系、同一个事件中事件角色之间的依赖关系，以及同一个事件中事件类别与事件角色之间的依赖关系。本章详细讲述了记忆单元的辅助计算流程，从中可以发现，其计算流程只能针对单个句子实例进行，而无法实现基于 mini-batch 的批处理，从而影响整体计算效率。

（3）引入的外部知识会存在错误传递的问题。文献[15]和[25]提出了 dbRNN 与基于图卷积的多实例联合的事件抽取方法，两者皆采用了外部句法信息，即依存树结果。但即使是在研究最多的英语语种上，依存分析的准确性指标也不能保证结果全对，这就导致了引入的外部句法信息中存在不可忽视的噪声，这些噪声对后续的使用会产生一定的影响。而且随着句子长度的增加，现有依存分析方法的可靠性会下降。如何处理这些从上游处理中传递而来的噪声将成为一个非常值得研究和探讨的课题。

（4）难以取舍不同监督信号的重要程度。在训练过程中根据监督信号进行模型选择是十分重要的。根据现有的事件结构和评价层面，事件抽取可以分为事件触发词识别、事件触发词分类、要素识别和要素分类四个子任务与评价方面。每个子任务都相对独立，会产生独立的结果。除此之外，在引入多任务信息时，不同任务也会产生不同的监督信号，进一步加剧模型选择的困难程度。

（5）**对背景信息与领域知识缺少理解**。现有模型没有外部知识，无法理解背景信息，如实体属性和场景切换等方面。这些信息可以通过外部知识库获取，但尚未有研究探索如何处理知识并将其结合进事件抽取方法中。除此之外，还忽视了外部知识带来的隐患，即对领域知识的缺乏，比如特定领域下的文本缩写、生词等代表的含义。这些不仅在特定领域下很重要，在特定场景下也很重要。

（6）**事件真实性的不确定与隐喻的现象**。文本中的事件可能处于不同时态、不同语态，这导致这些事件可能并未真实发生。有些事件可能是虚拟发生、即将发生、未来可能发生、未来不可能发生或者没发生。在事件知识的应用中，需要对抽取事件的真实性进行判断和筛选。比如，若需要构建事件知识库，则不需要未发生的事件。同时文本隐喻也是一个十分常见的现象。一个隐喻事件可能仅仅通过一个非事件触发词的动词或者动名词就能体现，但是不能用现有的事件结构进行表示。

7.7 本章小结

随着信息时代的到来，各领域的文本数据激增，事件抽取的需求愈发明显，如何从各领域的海量文本数据中抽取结构化信息已经逐渐成为研究热点。如何利用海量的文本数据构建大规模的事件体系和事件库，是信息抽取领域中值得深入探索的问题。为了解决抽取事件时语料中较常见的多事件实例相互影响的问题，需要捕获同一个句子中不同事件间的联系信息，结合联系信息进行联合抽取，实现事件抽取模型的有效学习。本章介绍和对比了三种具有代表性的多实例联合的事件抽取方法。其中，基于记忆单元的多实例联合的事件抽取方法开创性地提出了事件触发词和事件元素联合抽取框架；基于图卷积的多实例联合的事件抽取方法则完成了将外部句法知识与图神经网络的结合，从编码的角度对事件触发词和事件要素抽取进行了系统性的建模，推动了图神经网络方法在事件抽取领域中的应用和研究；基于全局信息的多实例联合的事件抽取方法不仅在四个信息抽取任务上进行多任务训练，还提出利用全局解码的方式对所有局部分类器的结果进行整体决策。对比实验结果证明，基于记忆单元的多实例联合的事件抽取方法所提出的联合抽取框架比流水线模式更有优势，基于图卷积的多实例联合的事件抽取方法所提出的结合外部句法信息和图神经网络的方法具有独特的优越性，基于全局信息的多实例联合的事件抽取方法所提出的多任务框架和全局解码思想性能明显优于现有其他模型。

本章所研究的多实例联合的事件抽取，为第 8 章所研究的无监督的事件模板推导提供了研究背景和动机，还将与之共同支撑第 9 章所讨论的信息抽取在图谱构建中的应用和第 10 章所讨论的基于图谱知识的应用。

参考文献

[1] Grishman R, Westbrook D, Meyers A. Nyu's English ACE 2005 System Description[J]. Journal on Satisfiability, 51(11):1927-1938.

[2] Song Z, Bies A, Strassel S M, et al. From Light to Rich ERE: Annotation of Entities, Relations, and Events[C]. Proceedings of the 3rd Workshop on EVENTS: Definition, Detection, Coreference, and Representation, Denver, 2015: 89-98.

[3] McClosky D, Surdeanu M, Manning C D. Event Extraction as Dependency Parsing[C]. Proceedings of the 49th Annual Meeting of the Association for Computational Linguistics: Human Language Technologies, Portland, 2011: 1626-1635.

[4] Li Q, Ji H, Huang L. Joint Event Extraction via Structured Prediction with Global Features[C]. Proceedings of the 51st Annual Meeting of the Association for Computational Linguistics, Sofia, 2013: 73-82.

[5] Liu S, Liu K, He S, et al. A Probabilistic Soft Logic Based Approach to Exploiting Latent and Global Information in Event Classification[C]. Thirtieth AAAI Conference on Artificial Intelligence, Phoenix, 2016: 2993-2999.

[6] Liu S, Chen Y, Liu K, et al. Exploiting Argument Information to Improve Event Detection via Supervised Attention Mechanisms[C]. Proceedings of the 55th Annual Meeting of the Association for Computational Linguistics, Vancouver, 2017: 1789-1798.

[7] Yang B S, Mitchell T M. Joint Extraction of Events and Entities within A Document Context[C]. Proceedings of the 2016 Conference of the North American Chapter of the Association for Computational Linguistics: Human Language Technologies, Stroudsburg, 2016: 289-299.

[8] Keith K A, Handler A, Pinkham M, et al. Identifying Civilians Killed by Police with Distantly Supervised Entity-event Extraction[J]. ArXiv Preprint ArXiv:1707.07086, 2017.

[9] Liao S, Grishman R. Using Document Level Cross-event Inference to Improve Event Extraction[C]. Proceedings of the 48th Annual Meeting of the Association for Computational Linguistics, Uppsala, 2010: 789-797.

[10] Ji H, Grishman R. Refining Event Extraction through Cross-document Inference[C]. Proceedings of ACL-08: Hlt, Columbus, 2008: 254-262.

[11] Hong Y, Zhang J, Ma B, et al. Using Cross-entity Inference to Improve Event Extraction[C]. Proceedings of the 49th Annual Meeting of the Association for Computational Linguistics: Human Language Technologies, Portland, 2011: 1127-1136.

[12] Reichart R, Barzilay R. Multi-event Extraction Guided by Global Constraints[C]. Proceedings of the 2012 Conference of the North American Chapter of the Association for Computational Linguistics: Human Language Technologies, Montreal, 2012: 70-79.

[13] Lu W, Roth D. Automatic Event Extraction with Structured Preference Modeling[C] Proceedings of the 50th Annual Meeting of the Association for Computational Linguistics, Jeju Island, 2012: 835-844.

[14] Nguyen T H, Cho K, Grishman R. Joint Event Extraction via Recurrent Neural Networks[C]. Proceedings of the 2016 Conference of the North American Chapter of the Association for Computational Linguistics: Human Language Technologies, Stroudsburg, 2016: 300-309.

[15] Sha L, Qian F, Chang B, et al. Jointly Extracting Event Triggers and Arguments by Dependency-bridge RNN and Tensor-based Argument Interaction[J]. Proceedings of the AAAI Conference on Artificial Intelligence, 2018, 32(1): 5916-5923.

[16] Liu J, Chen Y, Liu K, et al. Event Detection via Gated Multilingual Attention Mechanism[C]. Proceedings of the AAAI Conference on Artificial Intelligence, New Orleans, 2018: 4865-4872.

[17] Chen Y, Xu L, Liu K, et al. Event Extraction via Dynamic Multi-pooling Convolutional Neural Networks[C]. Proceedings of the 53rd Annual Meeting of the Association for Computational Linguistics and the 7th International Joint Conference on Natural Language Processing, Beijing, 2015: 167-176.

[18] Feng X, Huang L, Tang D, et al. A Language-independent Neural Network for Event Detection[C]. Proceedings of the 54th Annual Meeting of the Association for Computational Linguistics, Berlin, 2016: 66-71.

[19] Nguyen T H, Grishman R. Modeling Skip-grams for Event Detection with Convolutional Neural Networks[C]. Proceedings of the 2016 Conference on Empirical Methods in Natural Language Processing, Austin, 2016: 886-891.

[20] Mikolov T, Chen K, Corrado G, et al. Efficient Estimation of Word Representations in Vector Space[J]. ArXiv Preprint ArXiv:1301.3781, 2013.

[21] Mikolov T, Sutskever I, Chen K, et al. Distributed Representations of Words and Phrases and Their Compositionality[C]. Proceedings of the 26th International Conference on Neural Information Processing Systems, Lake Tahoe, 2013: 26.

[22] Nguyen T H, Grishman R. Event Detection and Domain Adaptation with Convolutional Neural Networks[C]. Proceedings of the 53rd Annual Meeting of the Association for Computational Linguistics and the 7th International Joint Conference on Natural Language Processing, Beijing, 2015: 365-371.

[23] Cho K, Van Merriënboer B, Gulcehre C, et al. Learning Phrase Representations Using RNN Encoder-decoder for Statistical Machine Translation[J]. ArXiv Preprint ArXiv:1406.1078, 2014.

[24] Zeiler M D. Adadelta: An Adaptive Learning Rate Method[J]. ArXiv Preprint ArXiv:1212.5701, 2012.

[25] Liu X, Luo Z, Huang H Y. Jointly Multiple Events Extraction via Attention-based Graph Information Aggregation[C]. Proceedings of the 2018 Conference on Empirical Methods in Natural Language Processing, Brussels, 2018: 1247-1256.

[26] Lin Y, Ji H, Huang F, et al. A Joint Neural Model for Information Extraction with Global Features[C]. Proceedings of the 58th Annual Meeting of the Association for Computational Linguistics, Online, 2020: 7999-8009.

[27] Devlin J, Chang M W, Lee K, et al. Bert: Pre-training of Deep Bidirectional Transformers for Language Understanding[J]. ArXiv Preprint ArXiv:1810.04805, 2018.

[28] Glorot X, Bordes A, Bengio Y. Deep Sparse Rectifier Neural Networks[C]. Proceedings of the 14th International Conference on Artificial Intelligence and Statistics, Ft. Lauderdale, 2011: 315-323.

[29] Wadden D, Wennberg U, Luan Y, et al. Entity, Relation, and Event Extraction with Contextualized Span Representations[C]. Proceedings of the 2019 Conference on Empirical Methods in Natural Language Processing and the 9th International Joint Conference on Natural Language Processing, Hong Kong, 2019: 5784-5789.

第 8 章
无监督的事件模板推导

8.1 引言

随着信息技术的发展,特别是互联网的不断普及和应用,网络空间中的信息呈爆发式增长,形成了体量巨大的信息和知识资源。因此,如何从海量的非结构化文本信息中抽取结构化事件知识变得非常重要。

目前的事件抽取研究主要聚焦于在特定模板下的有监督方法层面,同时应用需求中的领域限定性太强,导致应用效果极度依赖于数据标注质量和标注规模等因素,最终体现为在新领域中从零开始构建一个有效的事件抽取系统需要花费大量的资源定制事件体系模板和标注训练语料。

除此之外,在构建事件抽取系统的初期,所采用的事件体系模板会随着领域内语料(In-domain Corpus)的增多产生变化和更新。于是,如何利用无监督学习得到事件体系作为参考是一个重要的研究问题。

因此,为了解决在新领域的事件抽取研究面临的人工构建模板难度大等问题,本章将目光投向无监督的事件模板推导:通过构建无监督模型,从新领域下的语料中利用文本特征和实体信息进行无监督事件挖掘,并利用后验推断等拟合方法来近似估计后验分布,实现在多领域大规模语料上归纳出建议的事件模板体系。

在本章的剩余内容中,首先进行问题分析。然后从融合语言特征、神经网络扩展和对抗生成网络应用这三个方面讨论事件模板推导的方法。本章方法讨论的主线为,从概率生成式模型方法出发,一步一步将概率生成式模型中的模块神经网络化。最后在实验验证中分析所讨论的方法的特性和优缺点。

8.2 问题分析

事件模板推导是针对有监督事件抽取中所参考的事件模板体系的一个研究方向。事件模板中会定义需要关注的事件类型,以及描述每种类型的事件所关注的事件角色。袭击事件模板如图 8-1 所示。在袭击类型的事件中，可能更关注扮演袭击者、目标、工具、时间和地点等角色的实体有哪些。

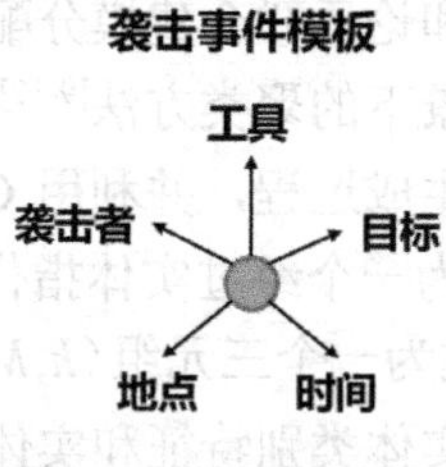

袭击事件模板

```
         工具
          |
袭击者 —— ● —— 目标
        / \
     地点   时间
```

图 8-1 袭击事件模板

除了事件类型之外，事件模板的主要构成就是事件角色，而角色由可观测的实体扮演。如果将角色看成一种隐含的类别，那么事件模板推导就可以看成一个具有可观测目标、求解最符合的隐含类别的问题。这就是目前解决事件模板推导的大方向：对可观测的实体进行隐含类别推断。隐变量方法是解决这类问题的一个有效工具，目前很多这方面的研究都从隐变量方法入手。随着近期深度神经网络的流行，纯隐变量方法中的一些模块正在逐渐被神经网络方法取代，在能获得更稳定的收敛的同时具有更优秀的效果。本章围绕无监督推导模板进行研究，以下介绍国内外的研究现状。

在介绍模板推导的相关工作和研究现状之前，需要先讨论研究的对象，即事件模板的研究历史。事件模板的形式随着事件实例的形式发展而改变。早期的事件模板推导工作研究的大多是利用文本模式来进行模板推导[1-3]。这个时期的事件实例多以谓词-参数对的形式体现。此时的模板与现在的事件模板也具有一定形式上的区别，其表现形式更简单，具体体现为一种类似正则表达式的匹配串形式。在这之后，脚本被提出用来对场景下的一系列事件和过程进行抽象概括和描述。Chambers 和 Jurafsky 在 2011 年尝试利用事件叙述链来推导和归纳这种以场景为类别的模板[4]。这几类研究与本书研究中讨论的事件模板不同，故不详细展开讨论。

本书讨论的事件模板归纳和抽象了在各类事件中分别有哪些类型的角色参与，角色被设计成槽的形式，具体表现为角色类型-实体对。于是，某个类型的事件模板可以看成一个角色槽的集合。事件模板推导这个研究课题起源于评测任务 MUC-4[5]，该部分的研究内容与此评测任务的工作具有很强的相关性。在这项评测任务中，语料包含了纵火、袭击、爆炸和绑架四种事件，在标注结果中相应的每种事件都设定了犯罪者、犯罪工具、犯罪目标和受害者四种事件角色。系统被要求输入文档级语料，输出各文档中实体头词所对应的角色，这也导致后续研究在分类角色的同时对是否需要区分事件类型产生了分歧，并采用了不同的评价方式。

在基于 MUC-4 的研究中，研究者更多地利用事件谓词作为事件的主体，当时的主流方法包括将事件谓词和论元联合建模分配的概率生成式方法[6-8]，以及为了推导事件槽而设计的特定场景下的聚类方法[9-12]。Chambers[6]在 2013 年首次利用概率生成式模型建模文档的生成过程，并利用 Gibbs 采样的方法进行了参数估计。他认为一个文档可以表示为一个经过实体指代消解或共指消解之后的实体集合，其中每一个实体的表示形式为一个三元组(h,M,F)：h 表示实体的中心词；M 表示实体指称的集合；F 表示实体类别特征和实体所处 WordNet 同义词集特征的集合。Nguyen 等人[8]在 2015 年对此进行了改进，他们首先将文档的生成过程进行改进，精简了其中对实体指称的建模，丰富了实体特征的表示，将每一个实体的表示形式改为三元组(h,T,A)：h 表示实体的中心词；T 表示实体触发词特征集合，利用依存分析的结果进行计算；A 表示实体属性特征集合，用于引入修饰语带来的信息。

在聚类方法中，Sha 等人[9]在 2016 年利用依存特征和点互信息，基于同一个句子中模板和角色操槽的限制，采用归一化割的聚类算法计算了每个实体所属的角色类别。Huang 等人[10]在 2016 年采用管道架构，基于词义和 AMR 解析，利用对组合表示进行谱聚类的方法推导了事件模板。主流的方法都是先进行事件触发词和类别分析，再进行角色分析。Ahn[11]在 2017 年提出了一种过程反转的方法，先利用表示学习进行角色分析，再进行类别聚类，并为事件模板推导提出了多种聚类时计算类别相似的方法。Yuan 等人[12]在 2018 年利用生成式模型为实体和角色槽建立了同一空间下的表示方法，并基于这些实体表示和角色槽表示进行聚类，从而产生出了事件模板。

除此之外，相关工作中还存在一类方法，即利用神经语言模型来对事件模板和脚本进行建模[13-15]。

但是，上述工作存在两个问题：①当时的概率生成式方法和聚类方法均依赖于手工编制的文本特征提取，同时没有考虑大规模文档级文本中可以利用的文本特征和冗余信息，而且其非迭代式的系统设计也不利于后续补充语料对事件模板进行迭代推导；②当时的神经语言模型建模方法没有考虑利用隐变量对建模提供解释，也忽略了语料文本中蕴含的冗余信息。因此，如何有效利用文本冗余信息和对事件模板进行迭代推导成了亟待解决的问题。

针对传统概率生成式方法和聚类方法均依赖手工编制的文本特征提取，没有利用大规模文档级文本中的冗余信息，不利于补充后续语料进行迭代等问题，本书提出了基于神经隐变量的事件模板推导，通过利用新领域下语料中的实体信息、连续化的语义信息和文本冗余信息来构建含有高维连续向量隐变量的概率生成式模型，利用神经变分推断方法进行后验分布的近似估计，同时赋予模型训练可迭代性，适合大规模语料库和基于批次的迭代学习。

8.3 融合语言特征的隐变量方法

融合语言特征的隐变量方法[8]将事件模板推导建模为对实体进行隐含类别推断。与传统工作不同的是，该方法不仅使用实体头词来代表实体，还结合实体相关的语言特征进行推断。该方法用于探究新闻文本领域中的事件模板推导。

8.3.1 技术路线

融合语言特征的隐变量方法[8]包含以下三个部分。

8.3.1.1 实体表示

每一个实体表示为一个三元组，包含一个实体头词 h、一组属性特征 A 和一组触发词特征 T。比如，在句子"Two armed <u>men</u> attacked the police <u>station</u> and killed a <u>policeman</u>. An innocent young <u>man</u> was also wounded."中，存在 4 个用下画线表示的实体，每个实体对应的三元组表示如表 8-1 所示。

表 8-1 每个实体对应的三元组表示

编号	实体头词	属性特征集合	触发词特征集合
1	men	[armed:amod]	[attack:nsubj, kill:nsubj]
2	station	[police:nn]	[attack:dobj]
3	policeman	[]	[kill:dobj]
4	man	[innocent:amod, young:amod]	[wound:dobj]

其中实体头词是利用规则从名词短语中抽取得到的；触发词特征集合用〈谓词：依存类型〉作为元素；类似地，属性特征集合也用〈修饰词：依存类型〉作为元素。在具体实现中采用 Stanford NLP 工具包[16]进行依存分析和实体共指消解。

值得注意的是，该方法定义了这些词的抽取规则。只有当一个实体头词为名词或代词并且与至少一个谓词有关系时，才被抽取出来。只有当一个谓词是 WordNet 中的动词或者表示事件性质的词并且有一个实体头词作为它的主语、宾语或介词时，才被认为是有效的。只有当一个修饰词是形容词、名词或动词并且作为一个实体头词的形容性、动作性或代词性修饰语时，才被认为是有效实例。

8.3.1.2 生成过程

融合语言特征的隐变量方法的生成过程如图 8-2 所示。对于每个表示实体 e 的三元组,生成式模型首先从一个均匀分布 $\mathrm{Uniform}(1,S)$ 中采样一个角色类别 s。然后,从一个多项分布 λ_s 中采样一个实体头词,从一个多项分布 ϕ_s 中采样触发词特征,从一个多项分布 θ_s 中采样属性特征。多项分布的参数由狄利克雷先验 $\mathrm{dir}(\alpha)$、$\mathrm{dir}(\beta)$ 和 $\mathrm{dir}(\gamma)$ 得到。

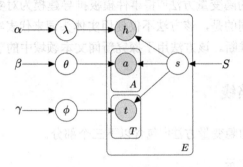

图 8-2 融合语言特征的隐变量方法的生成过程

于是,给定一个实体集合 E,该方法的生成式模型 (λ,ϕ,θ) 定义如下:

$$p_{\lambda,\phi,\theta}(E) = \prod_{e \in E} p_{\lambda,\phi,\theta}(e) \tag{8-1}$$

式中,实体 e 的概率 $p_{\lambda,\phi,\theta}(e)$ 定义如下:

$$p_{\lambda,\phi,\theta}(e) = p(s) \times p(h|s) \times \prod_{t \in T_e} p(t|s) \times \prod_{a \in A_e} p(a|s) \tag{8-2}$$

详细的融合语言特征的隐变量方法[8]中生成式模型的生成算法如下所示。

```
for 实体 e ∈ E do
    从均匀分布 Uniform(1,S) 中采样得到角色类别 s
    从多项分布 Multinomial(1,λ_s) 中采样得到实体头词 h
    for i = 1,2,···,|T_e| do
        从多项分布 Multinomial(1,φ_s) 中采样得到触发词特征 t_i
    end for
    for i = 1,2,···,|A_e| do
        从多项分布 Multinomial(1,θ_s) 中采样得到属性特征 a_i
    end for
end for
```

8.3.1.3 参数估计

该方法采用 Gibbs 采样[17]来估计参数。与以往方法[6,7]不同的是，该方法采用了一个全局的角色均匀分布，而不是一个文档一个角色分布；并且，在类别概率中，采用均匀分布来建模可以忽略角色分布的先验，减少参数，而基于采样的角色分配需要依靠初始状态和随机种子来进行，会更复杂和不稳定。

在该方法实现的 Gibbs 采样中，总共进行了 10000 次迭代，包含了 2000 次烧入（Burn-in）过程，用于保证在估计概率分布之前参数趋于稳态。

8.3.2 总结与分析

在以往工作的基础上，融合语言特征的隐变量方法[8]利用语言特征丰富了实体的表示，并且增强了可观测变量，使得概率生成模型建模变得更完整。

8.4 神经网络扩展的隐变量方法

基于神经隐变量的事件模板推导[18]通过利用新领域下语料中的实体信息、连续化的语义信息和文本冗余信息来构建含有高维连续向量隐变量的概率生成式模型，利用神经变分推断方法进行后验分布的近似估计，同时赋予模型训练可迭代性，适合大规模语料库和基于批次的迭代学习。本节主要解决的是在新领域中如何利用无监督学习得到一个可迭代的事件体系作为参考，缓解在新领域中从零开始构建一个有效的事件抽取系统所需要的人工定制事件体系模板和标注训练语料花费高的问题。本节所使用的语料大多是文档簇，其中每一个簇都包含对一个事件的多个描述，这可以使用简单的聚类方法进行处理，本节不过多讨论。本节探究的金融领域的事件模板推导，共分为三个部分。

1）特征的提取和神经隐变量模型的构建

传统的概率生成式方法和聚类方法均依赖于手工编制的离散文本特征提取，同时没有考虑大规模文档级文本中可以利用的文本冗余信息和新特征引入所导致的维数爆炸问题，而且其非迭代式的系统设计也不利于补充后续语料对事件模板进行迭代推导。本节提取的特征包括实体头词信息、语义信息和文本冗余信息三种。首先使用外部工具对语料进行实体识别和共指消解，为每一个实体抽取出实体头词作为实体头词信息；其次将实体头词所处的语境通过预训练的 ELMo 模型获得向量化的语义信息；再次通过共指消解记录实体的冗余度；最后按照从实体到文档的生成过程推导联合概率分布。

2）基于神经变分推断方法的后验分布推断

神经变分推断利用构建的神经推断网络来建模从可观测的数据到近似后验分布参数的一个映射，迭代提高隐变量模型的对数边缘似然，也就是最大化证据下限（ELBo），从而对各个可观测的数据点都能找到近似的可计算的后验分布的方法。除此之外，还通过蒙特卡洛采样和重参数的技巧将模型简化并使其可导。

3）实体槽解码

得到近似后验分布后，为每个实体使用最大似然估计的方法枚举计算得到对应的事件角色槽。

8.4.1 技术路线

本节通过递进的方法介绍具体的实施方案。

8.4.1.1 模型 1：参数连续化——ODEE-F

图 8-3 所示为 ODEE-F 模型图和生成过程。这可以看成 Nguyen 等人[8]在 2015 年提出的模型的改进版。他们使用离散的实体头词、基于依存分析的属性关系特征和谓词关系特征作为每一个实体的可观测量，采用 MCMC 方法采样推断后验分布。这个方法在面对大语料库和高维特征的情况下存在维数爆炸的风险。

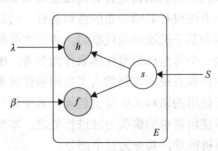

图 8-3　ODEE-F 模型图和生成过程

对于一个语料库 $\mathcal{N}$，本书设定其中存在 S 种角色槽，为每一个实体 e 从均匀分布 $\mathrm{Uniform}(1, S)$ 中采样一个角色槽 s，从多项分布中采样一个实体头词 h，从一个高维分布中采样一个连续的特征向量 $f \in \mathbb{R}^n$（为了简便，本书假设这就是一个协方差矩阵为对角矩阵的高维正态分布）。对应这个生成过程，本书采用预训练的语境向量 ELMo 作为特征抽取器，其基于字符级建模，具有一定的稳定性。模型对应的一个实体 e 的联合概率如下：

$$p_{\lambda,\beta}(e) = p(s) \times p_\lambda(h|s) \times p_\beta(f|s) \tag{8-3}$$

```
for 实体 e∈E do
    从均匀分布 Uniform(1,S) 中采样得到角色类别 s
    从多项分布 Multinomial(1,λ_s) 中采样得到实体头词 h
    从多维正态分布 Multinormal(β_s) 中采样得到特征向量 f
end for
```

8.4.1.2 模型2：建模事件类别——ODEE-FE

可以发现，ODEE-F 基于一个很受限的假设，它认为所有角色槽都服从一个全局的均匀分布，但是不同事件对不同角色槽的分布是不一样的。为此，本书先为每一个文档簇从一个全局的高维正态分布中采样一个隐式事件类别向量 $t \in \mathbb{R}^n$，然后利用多层感知机（MLP）来编码成多项分布中对应的角色槽分布 logits。

ODEE-FE 模型图和生成过程如图 8-4 所示。对应下方的生成过程，模型对应的一个文档簇 c 的联合概率如下：

$$p_{\alpha,\beta,\theta,\lambda}(c) = p_\alpha(t) \times \prod_{e \in E_c} p_\theta(s|t) \times p_\lambda(h|s) \times p_\beta(f|s) \tag{8-4}$$

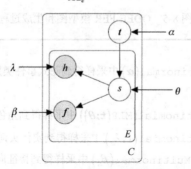

图 8-4 ODEE-FE 模型图和生成过程

```
for 文档簇 c∈N do
    从多维正态分布 Multinormal(α) 中采样得到隐式事件类别向量 t
        for 实体 e∈E do
            从多项分布 Multinomial(MLP(t;θ)) 中采样得到角色类别 s
            从多项分布 Multinomial(1,λ_s) 中采样得到实体头词 h
            从多维正态分布 Multinormal(β_s) 中采样得到特征向量 f
        end for
end for
```

8.4.1.3 引入文档冗余信息——ODEE-FER

本书在 ODEE-FE 的基础上引入实体在文档中的冗余信息,采用词级别的冗余度进行测量,也就是计算一个实体头词在共指链中出现的次数。本书认为这个可观测量也可以从一个正态分布中采样得到。ODEE-FER 模型图和生成过程如图 8-5 所示。对应下方的生成过程,模型对应的一个文档簇 c 的联合概率如下:

$$p_{\alpha,\beta,\gamma,\theta,\lambda}(c) = p_\alpha(t) \times \prod_{e \in E_c} p_\theta(s|t) \times p_\lambda(h|s) \times p_\beta(f|s) \times p_\gamma(r|s) \tag{8-5}$$

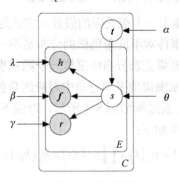

图 8-5 ODEE-FER 模型图和生成过程

```
for 文档簇 c ∈ N do
    从多维正态分布 Multinormal(α) 中采样得到隐式事件类别向量 t
    for 实体 e ∈ E do
        从多项分布 Multinomial(MLP(t;θ)) 中采样得到角色类别 s
        从多项分布 Multinomial(1,λ_s) 中采样得到实体头词 h
        从多维正态分布 Multinormal(β_s) 中采样得到特征向量 f
        从正态分布 Multinormal(γ_s) 中采样得到冗余特征 r
    end for
end for
```

8.4.1.4 神经变分推断后验分布

本书采用均摊变分推断方法构建神经推断网络(Neural Inference Network),来建模从可观测的数据到近似后验分布参数的一个映射,迭代提高隐变量模型的对数边缘似然的降低证据下限(ELBo),从而对各个可观测的数据点都能找到近似的可计算的后验分布。本书首先将离散隐变量 s 通过枚举求和的方式从公式中消除,得到 ELBo 如下:

$$\log p_{\alpha,\beta',\theta,\lambda}(c) = \log \int_t \left[\prod_{e \in E_c} p_{\lambda,\theta}(h|t) p_{\beta',\theta}(f'|t) \right] p_\alpha(t) \mathrm{d}t$$
$$\geqslant \mathrm{ELBo}_c(\alpha, \beta', \theta, \lambda, \omega) \quad (8\text{-}6)$$
$$= E_{q_\omega(t)} \log p_{\beta',\theta,\lambda}(c|t) - D_{\mathrm{KL}}\left[q_\omega(t) | p_\alpha(t) \right]$$

式中，p_α 为先验分布；q_ω 为变分后验分布。由于 KL 散度适合用在同种概率分布内，本书设定变分后验分布 q_ω 也为正态分布，并利用图 8-6 所示的推断网络来得到其均值和方差向量。为了计算 ELBo，本书使用蒙特卡洛采样和重参数的方法简化期望项，然后采用 ADAM 优化器最大化 ELBo。

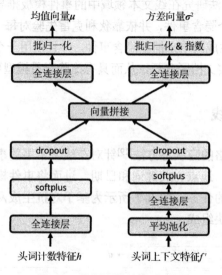

图 8-6 推断网络结构示意图

8.4.1.5 解码

完成以上步骤并将 ELBo 迭代至最大后，对每一个实体指称，本章根据最大似然估计的原则，利用下式对角色进行枚举，从而计算出取得最大概率的角色槽：

$$p_{\beta',\theta,\lambda}(s|e,t) \propto p_{\beta',\theta,\lambda}(s,h,f',t) = p_\theta(s|t) \times p_\lambda(h|s) \times p_{\beta'}(f'|s) \quad (8\text{-}7)$$

8.4.2 总结与分析

近年来，针对复杂生成式概率图模型的后验分布推断理论和方法受到了很多关注，并且其有效的研究结果被用于多个机器学习和人工智能领域。该方法在此基础上改进了传统的离散隐变量模型，添加了神经隐变量，并将生成过程与神经网络模块进行结合，兼具特征可扩展性和模板可迭代性。该方法还使用了被证明有效的预训练语境向量模型作为特征提取的一部分，实现了高质量的句子表示。

8.5 基于对抗生成网络的隐状态方法

基于对抗生成网络的隐状态方法[19]采用对抗生成网络（Generative Adversarial Network，GAN）的方法研究在线文本领域中的事件模板推导。该方法的优势在于能区分文本中的每一个隐含事件，并依靠狄利克雷先验对每一个事件进行建模。此外，该方法采用一个生成网络来捕获隐含事件，并且使用一个判别器来将隐含事件重构得到的文档与真实文档区分开，从而具有比隐变量模型更快的收敛速度。

8.5.1 技术路线

基于对抗生成网络的隐状态方法[19]针对在线文本中的事件定义了4种角色，即参与的非地名实体、地点、关键词和日期，进而将事件模板推导任务转变成了判断每个词隐含角色的任务。图 8-7 所示为基于对抗生成网络的隐状态方法的模型架构图，由 3 个模块组成。

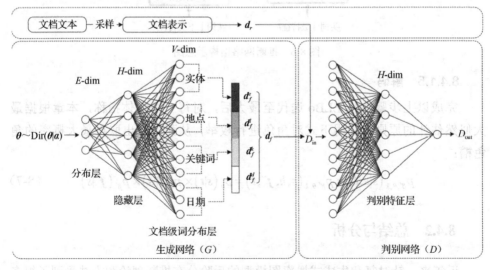

图 8-7 基于对抗生成网络的隐状态方法的模型架构图

8.5.1.1 文档表示模块

每一个文档都表示为 4 个多项分布的拼接,这 4 个多项分布分别表示实体分布、地点分布、关键词分布和日期分布。这 4 种分布的计算方式相似,下面以实体分布为例进行讲解。

实体分布 d_r^e 由一个正规化之后的 V_e 维向量表示概率,其中每一维的概率由 tf-idf 分值表现。其中第 i 个实体在文档 d 中的分值由式(8-8)计算得到:

$$\text{tf}_{i,d}^e = \frac{n_{i,d}^e}{\sum_{v_e} n_{v_e,d}^e}$$

$$\text{idf}_i^e = \log \frac{|C^e|}{|C_i^e|} \quad (8\text{-}8)$$

$$\text{tf} - \text{idf}_{i,d}^e = \text{tf}_{i,d}^e \times \text{idf}_i^e$$

相似地,可以得到地点分布 d_r^l、关键词分布 d_r^k 和日期分布 d_r^d。最后把这 4 种分布进行拼接,得到维度为 $V = V_e + V_l + V_k + V_d$ 的文档分布 d_r。

8.5.1.2 生成网络 G

生成网络 G 的作用是学习文档-事件分布 θ 和 4 种文档级词分布之间的投影关系。假定存在事件的个数最多为 E,那么 G 可以是一个前馈神经网络,输入维度为 E,输出维度为 V。由于 G 为生成器,在进行生成时,G 首先采用一个文档-事件分布 θ 作为输入。为了模拟文档-事件分布 θ 的多项分布性质,这个分布从一个由 α 作为参数的狄利克雷分布中采样得到。

生成网络 G 先将文档-事件分布 θ 投影到 H 维。如式(8-9)所示,利用 LayerNorm 和 LeakyReLU 实现($l_p = 0.1$)。

$$\begin{aligned} s_h &= \text{LayerNorm}(W_h \theta + b_h) \\ o_h &= \max(s_h, l_p \times s_h) \end{aligned} \quad (8\text{-}9)$$

然后将 H 维向量使用 4 组参数不同的子网络投影成不相交的 4 个分布 d_f^e、d_f^l、d_f^k 和 d_f^d,最后拼接得到生成的分布 d_f。

$$\begin{aligned} d_f^e &= \text{softmax}(\text{BatchNorm}(W_e o_h + b_e)) \\ d_f^l &= \text{softmax}(\text{BatchNorm}(W_l o_h + b_l)) \\ d_f^k &= \text{softmax}(\text{BatchNorm}(W_k o_h + b_k)) \\ d_f^d &= \text{softmax}(\text{BatchNorm}(W_d o_h + b_d)) \end{aligned} \quad (8\text{-}10)$$

8.5.1.3 判别器 D

判别器 D 是一个前馈神经网络，包含输入层、判别特征层和输出层，接收真实文档分布 d_r 和生成的文档分布 d_f 作为输入，并输出一个信号代表这两个分布能被区分的程度。为了保证判别器 D 的 Lipschitz 连续性，该方法在判别器 D 上采用谱标准化技巧[20]。

8.5.1.4 训练方法

训练目标是让生成的文档分布 d_f 与真实的文档分布 d_r 尽可能地接近。该方法采用 Jansen-Shannon 散度[21]结合梯度惩罚项[22]，损失函数构建如下：

$$L_d = -\mathbb{E}_{d_r \sim P_r}\{\log[D(d_r)]\} - \mathbb{E}_{d_f \sim P_g}\{\log[D(d_f)]\}$$
$$L_{gp} = \mathbb{E}_{d_* \sim P_*}\left[\left(\|\nabla_{d_*} D(d_*)\|_2 - 1\right)^2\right] \quad (8\text{-}11)$$
$$L = L_d + \lambda L_{gp}$$

该方法设置 $\lambda = 10$，采用 Adam 算法[23]进行参数更新，学习率为 0.0002。

8.5.2 总结与分析

基于对抗生成网络的隐状态方法[19]采用了对抗生成网络进行事件模板推导，相较于本章所述的前两种基于隐变量模型的方法，该方法的收敛速度更快，对数据的需求和拟合能力也更强。

8.6 实验验证

为了证明无监督的事件模板推导方法的性能，本书进行了三组实验，分别证明了本章讨论的三种方法的性能：①粗类别事件模板推导实验；②垂直领域事件模板推导实验；③网络文本事件模板推导实验。

8.6.1 实验设置

由于事件模板推导任务的特殊性，各个方法具有各自的特点和限制，并针对所要解决的问题提出了独特的优化，不具备一个通用的数据集进行公平的对比。因此每个实验将采用不同的数据集进行实验并分析结论。

8.6.1.1 实验数据集

本节所述的三组实验将采用以下数据集进行实验。对每个数据集概述如下。

（1）**MUC-4**。MUC-4 语料库包含 1700 篇关于拉丁美洲发生的恐怖事件的新闻文章。语料库分为 1300 个开发集文档和 4 个测试集，每个测试集包含 100 个文档。本书遵循文献[4]和[24]中的规则，以确保可比结果。评估重点是 4 种模板类型：纵火（Arson）、攻击（Attack）、轰炸（Bombing）、绑架（Kidnapping），以及 4 种事件要素类型，也称为"槽"：肇事者（Perpetrator）、器械（Instrument）、目标（Target）和受害者（Victim）。其中"肇事者"由"肇事者-个人"（Perpetrator Individual）和"肇事者-组织"（Perpetrator Organization）合并而成。计算召回时忽略 Optional 类型的模板和槽，并且在评估中忽略模板类型。这意味着，在系统输出中轰炸类型的肇事者可以与纵火、攻击、轰炸或绑架类型的肇事者进行匹配。

（2）**GNBusiness**。GNBusiness 数据集由文献[18]提出。该数据集的来源为 Google 商业新闻中的新闻报道，该网站提供来自不同来源介绍相同事件的新闻集群。在每个新闻集群中，保留了不超过 5 篇新闻报道。每个新闻报道保存了标题、发布时间戳、下载时间戳、源 URL 和全文。该数据集涵盖从 2018 年 10 月 17 日至 2019 年 1 月 22 日的共 55618 份商业新闻报道，共有 13047 个新闻集群。对于每一篇新闻，只保留标题和第一段。于是可以认为"新闻集群"这个概念与"文档"为同一等级。在 GNBusiness 数据集中未标注事件类型，文献[18]认为在商业领域中事件类型这个概念过于细小，于是在事件触发词之外，仅设计并标注了 8 个可能的事件要素类型槽：主体（Agent）、受体（Patient）、时间（Time）、地点（Place）、目的（Aim）、旧值（Old Value）、新值（New Value）和值变化（Variation）。"主体"和"受体"分别是事件触发词的语义主体和客体。"目的"是事件的目标或原因。如果事件涉及价值变动，则"值变化"为"新值"与"旧值"之差。GNBusiness 数据集分为测试集、开发集和未标注集，其中测试集包含 574 个新闻集群，开发集包含 105 个新闻集群，未标注集包含 12305 个新闻集群。

（3）**FSD**。FSD 数据集[25]是第一个用于第一故事检测（First Story Detection，FSD）的数据集，它包含 2499 条推文。由于只有少量推文中提到的事件不太可能是重要事件，因此在使用 FSD 数据集之前，需先过滤掉占比不到 15 条推文的事件。经过处理之后，FSD 数据集包含 2453 条推文，其中标注了 20 个事件。

（4）**Twitter**。文献[19]中提出了用于事件模板推导的 Twitter 数据集。该数据集的构造方法是使用 Twitter Stream API 爬取从 2010 年 12 月开始发布的推文集合。Twitter 数据集包含 1000 条推文，并附有 20 个事件的标注结果。

（5）**Google**。文献[19]中还提出了用于事件模板推导的 Google 数据集。这是

GDELT 事件数据库的一个子集,其中文档由事件相关词检索得到。例如,为事件"MH370"检索包含"马来西亚"、"航空公司"、"搜索"和"飞机"的文档。该数据集包含 11909 篇新闻文章,其中包括 30 个事件。

表 8-2 中描述了 MUC-4、GNBusiness、FSD、Twitter 和 Google 这五个数据集中的统计信息,其中的数字代表特定数据集划分中对应的实例数量。值得注意的是,FSD 数据集和 Twitter 数据集以句子作为标注单位,而 MUC-4 数据集和 Google 数据集以文档作为标注单位。与它们都不同的是,GNBusiness 数据集是以文档集群作为标注单位的。

表 8-2 五个数据集中的统计信息

数 据 集	总文档/句子	标注文档/句子	事件类型	要素类型
MUC-4	1700	400	4	4
GNBusiness	12985	680	—	8
FSD	2453	2453	20	4
Twitter	1000	1000	20	4
Google	11909	11909	30	4

8.6.1.2 评价指标

本节将介绍两种类型的评价指标,即模板匹配和槽连贯度,分别针对事件模板的外在质量和内在质量进行评价。

(1)模板匹配(Schema Matching)。模板匹配是一种评价事件模板外在质量的手段。本节遵循之前的工作[4,6-11],使用准确率、召回率和 F1 值(准确率和召回率的调和均值)作为模板匹配的性能计算指标。

模型输出和标注结果之间的匹配基于实体头词,换言之,如果实体头词匹配就认为实体指称正确匹配。遵循相关工作对实体头词的定义[4,6-11],本节把一个实体短语中最右边的词或第一个"of"、"that"、"which"和"by"之前(如果有的话)最右边的词作为实体头词。

由于无监督的事件模板推导方法是将实体填入可能的槽中,而没有与标注结果中的槽进行对应,所以需要对模型输出和标注结果进行槽映射(Slot Mapping)。本节根据相关工作[4,6-11],采用了自动贪心槽映射(Automatic Greedy Slot Mapping)方法,即为每一个模型输出的槽类型,采用贪心策略寻找标注结果槽集合中 F1 值得分最高的槽作为匹配目标。

(2)槽连贯度(Slot Coherence)。槽连贯度是一种评价事件模板内在质量的指标,在文献[18]中首次提出。本节所采用的槽连贯度基于文献[26]中的归一化点互信息(Normalized Pointwise Mutual Information,NPMI)进行计算。本节定义一

个角色槽 s 的槽连贯度 $C_{\text{NPMI}}(s)$ 通过式（8-12）和槽中前 N 个实体头词计算得到。其中 $p(w_i)$ 与 $p(w_i,w_j)$ 在外部参考语料库中，通过计数估计一个定长滑动窗口中的词共现得到；ϵ 为一个极小值，用于平滑和预防对 0 进行 log 运算。

$$C_{\text{NPMI}}(s) = \frac{2}{N^2 - N} \sum_{i=2}^{N} \sum_{j=1}^{i-1} \text{NPMI}(w_i, w_j)$$

$$\text{NPMI}(w_i, w_j) = \frac{\log \frac{p(w_i, w_j) + \epsilon}{p(w_i) * p(w_j)}}{-\log\left[p(w_i, w_j) + \epsilon\right]} \tag{8-12}$$

由于该评测指标只用于在垂直领域事件模板推导实验中验证神经网络扩展的隐变量方法的性能，对于外部参考语料库的选择，本节采用对应数据集 GNBusiness 中所有新闻的全文语料。全文语料包含 145 万个英文句子和 3100 万个单词。此外，为了减少稀疏性，对于每篇新闻报道，将计算在整个文档中的单词共现，即设定滑动窗口大小为文档长度。对于每个角色槽，分别计算前 5、前 10、前 20 和前 100 个实体头词，并在这 4 次结果上取平均值作为最终槽连贯度，即平均槽连贯度（Average Slot Coherence）。

8.6.1.3 参数设置

在实验过程中，模型超参数和方法细节设置严格遵循原始论文中的参数设置，具体如下。

（1）融合语言特征的隐变量方法。在 Gibbs 采样的实现中，总共使用了 10000 次迭代，其中包括 2000 次烧入。其目的是保证参数在估计概率分布之前收敛到稳定状态。此外，为了避免太强的相干性，在连续实例中采用了 100 的间隔步长。超参数是在开发集上调试得到的。槽数量设置为 35，狄利克雷先验参数设置为 $\alpha=0.1$、$\beta=1$ 和 $\gamma=0.1$。

（2）神经网络扩展的隐变量方法。在神经变分推断后验分布部分，大部分采用文献[27]中推荐的参数设置神经推断网络中的超参数。在开发集进行参数选择，槽数量设置为 30，特征维度设置为 256，全连接层神经元单元数设置为 100，层数为 1。激活函数使用 softplus，采用 Adam 优化方法[23]最大化 ELBo，学习率设置为 2e-3，动量参数设置为 0.99，dropout 率设置为 0.2，批大小设置为 200。

（3）基于对抗生成网络的隐状态方法。对于生成器，设置隐层单元数为 200，全连接层数为 3。超参数事件维度设定为 {25,30,35} 中的值。对于判别器，设置隐层单元数为 200，设置每个生成器迭代进行 5 次判别器迭代。

8.6.2 对比算法

本节验证和对比上述无监督的事件模板推导方法的性能，主要是对融合语言特征的隐变量方法、神经网络扩展的隐变量方法和基于对抗生成网络的隐状态方法进行对比实验。进行对比的算法概述如下。

- **HT**[8]：本章讨论的融合语言特征的隐变量方法的变体，仅使用实体头词和触发词特征进行事件模板推导。
- **HT+A**[8]：本章讨论的融合语言特征的隐变量方法，使用了提出的三种特征：实体头词、触发词特征和属性特征。
- **HT+A+D**[8]：在 HT+A 的基础上，对输入文档进行了是否包含事件模板的文档分类。该文档分类方法基于特定槽条件下事件触发词出现的条件概率计算了一个文档相关度，若相关度大于设定阈值则认为是相关文档。
- **HT+A+O**[8]：在 HT+A 的基础上，使用数据集提供的事件模板标注信息进行是否包含事件模板的过滤。可以认为 HT+A+O 相比 HT+A+D，采用的文档分类是一定正确的。
- **Cheung2013**[7]：第一个将生成式模型用于事件模板推导的工作，采用背景框架（Background Frame）和事件框架（Event Frame）等框架相关信息对依存特征和框架间转移信息进行建模。
- **Chambers2011**[4]：采用共指要素（Coreference Argument）和选择偏好（Selectional Preference）两种框架，结合 WordNet、句法特征和集群相似度进行聚类。
- **Chambers2013**[6]：采用实体指称和实体相关特征，搭建了类似潜在狄利克雷分布（Latent Dirichlet Allocation，LDA）的隐变量模型。
- **Clustering**[18]：仅使用本章讨论的神经网络扩展的隐变量方法中的 ELMo 外部特征进行谱聚类。
- **ODEE-F**[18]：本章讨论的神经网络扩展的隐变量方法中的参数连续化模型，采用 ELMo 作为特征抽取器。
- **ODEE-FE**[18]：在 ODEE-F 的基础上添加了对事件类型的建模。
- **ODEE-FER**[18]：在 ODEE-FE 的基础上添加了对冗余信息的利用。
- **K-Means**[19]：采用词袋信息和 tf-idf 加权，利用 K-Means 算法进行聚类。
- **LEM**[28]：一种贝叶斯建模的方法，它将事件看成一个隐变量，并将事件生成过程建模为单个事件元素之间的联合分布。
- **DPEMM**[29]：一个非参的混合模型。它解决了 LEM 中事件个数这个超参数需要提前设定的问题。

- **AEM**[19]:本章所讨论的基于对抗生成网络的隐状态方法,采用 GAN 为每个文档生成一个事件隐状态,从而得到实体的槽分类和事件表示。

8.6.3 实验分析

8.6.3.1 粗类别事件模板推导实验

本节在粗类别事件模板推导实验中对上述对比算法在 MUC-4 数据集上的结果进行对比,目的是验证本节所讨论的算法之间的性能差距和有效性。表 8-3 所示为粗类别事件模板推导实验在 MUC-4 数据集上进行模板匹配测试的结果。

表 8-3 粗类别事件模板推导实验在 MUC-4 数据集上进行模板匹配测试的结果

对比算法	P/%	R/%	F1/%
Chambers2011	48	25	33
Cheung2013	32	37	34
Chambers2013	41	41	41
HT	39.99	53.53	40.01
HT+A	32.42	54.59	40.62
HT+A+D	35.57	53.89	42.79
HT+A+O	44.58	54.59	49.08

对比 Chambers2011、Cheung2013 和 Chambers2013 与 HT+A+D 可以发现,HT+A+D 比 Chambers2011 的 F1 值提升了约 10%,比 Cheung2013 提升了约 9%,比 Chambers2013 提升了约 2%。这表明,融合语言特征的隐变量方法不仅在结构上具有简洁性的优势,在性能上也更优秀。

在消融实验中,首先对比了 HT+A 与 HT 的结果,HT+A 在结合了属性特征之后,与 HT 相比获得了 F1 值上 0.61%的提升,表明了属性特征的有效性。接着,通过对比 HT+A+D 和 HT+A 可以发现,利用文档分类对语料库中的文档进行预筛选后,可以获得 F1 值上 2.17%的提升,体现了该类生成式方法对数据的敏感性。同时在使用完全正确的标注信息对语料库进行过滤后,HT+A+O 比 HT+A+D 在 F1 值上提升了 6.29%,再次验证了关于数据敏感性的结论。

8.6.3.2 垂直领域事件模板推导实验

本节在垂直领域事件模板推导实验中对上述对比算法在 GNBusiness 数据集上的结果进行对比,目的是验证本节所讨论的算法之间的性能差距和有效性。表 8-4 和表 8-5 分别所示为垂直领域事件模板推导实验在 GNBusiness 数据集上进行模板匹配测试和槽连贯度测试的结果。

表 8-4 垂直领域事件模板推导实验在 GNBusiness 数据集上进行模板匹配测试的结果

对比算法	P/%	R/%	F1/%
HT+A+D	41.4	53.4	46.7
Clustering	41.2	50.6	45.4
ODEE-F	41.7	53.2	46.8
ODEE-FE	42.4	56.1	48.3
ODEE-FER	43.4	58.3	49.8

表 8-5 垂直领域事件模板推导实验在 GNBusiness 数据集上进行槽连贯度测试的结果

对比算法	平均槽连贯度
HT+A+D	0.10
ODEE-F	0.10
ODEE-FE	0.16
ODEE-FER	0.18

从表 8-4 中所展示的在 GNBusiness 数据集上的模板匹配实验结果可以看出，在所有的方法中，ODEE-FER 的 F1 值最高。通过比较 HT+A+D 和 ODEE-F 可以看出，使用连续化的上下文特征比使用离散特征具有更好的性能。这说明了连续化的语境特征可以弥补文本中离散特征的稀疏性。从 Clustering 的结果中也可以看出，仅使用上下文特征对神经网络扩展的隐变量方法是不够的，而在 ODEE-F 中结合神经隐变量模型可以得到更好的结果，即对比 ODEE-F 和 Clustering 可以得到 1.4% 的 F1 值提升。这说明神经网络隐变量模型能更好地解释观测数据分布。

这些结果证明了本章讨论的神经网络扩展的隐变量方法的有效性，该方法结合了上下文特征、隐事件类型和冗余信息。在消融实验中，ODEE-FE 的 F1 值比 ODEE-F 提高了 1.5%，说明隐事件类型建模是有效的，槽分布依赖隐事件类型。此外，通过比较 ODEE-FER 和 ODEE-FE，F1 值提高了 1.5%，这证实了利用冗余信息也有助于探索实体应分配的槽。

表 8-5 展示了学习到的模板中所有槽的平均槽连贯度结果的比较。由于 Clustering 方法无法输出每个槽中的前 N 个实体头词，所以无法在这个实验中与其进行比较。从表 8-5 中的数据可以发现，ODEE-FER 的平均槽连贯度最高，这与表 8-4 的结论一致。ODEE-F 的平均槽连贯度与 HT+A+D 相当，这再次证明了连续化的语境特征对离散特征具有很强的替代作用。ODEE-FE 和 ODEE-FER 的 F1 值均高于 ODEE-F，说明隐事件类型和冗余信息在本章所讨论的神经网络扩展的隐变量模型中是关键的。

8.6.3.3 网络文本事件模板推导实验

本节在网络文本事件模板推导实验中对上述对比算法分别在 FSD、Twitter 和 Google 这三个数据集上的结果进行对比，目的是验证本节所讨论的算法之间的性能差距和有效性。表 8-6 所示为网络文本事件模板推导实验在 FSD、Twitter 和 Google 数据集上进行模板匹配测试的结果。

表 8-6 网络文本事件模板推导实验在 FSD、Twitter 和 Google 数据集上进行模板匹配测试的结果

对比算法	FSD/%			Twitter/%			Google/%		
	P	R	F1	P	R	F1	P	R	F1
K-Means	84.0	55.0	66.5	68.0	75.0	71.3	60.0	56.7	58.3
LEM	80.0	80.0	80.0	68.0	80.0	73.5	71.4	73.3	72.4
DPEMM	84.6	85.0	84.8	69.2	80.0	74.2	29.7	66.7	41.3
AEM	88.0	85.0	86.5	72.0	85.0	77.9	85.7	90.0	87.8

从表 8-6 中可知，在这三个数据集中，AEM 取得了最好的结果，相比 DPEMM 在 FSD 数据集上的 F1 值提升了 1.7%，在 Twitter 数据集上的 F1 值提升了 3.7%，在 Google 数据集上的 F1 值提升了 46.5%；相比 LEM 在 FSD 数据集上的 F1 值提升了 6.5%，在 Twitter 数据集上的 F1 值提升了 4.4%，在 Google 数据集上的 F1 值提升了 15.4%；相比 K-Means 在 FSD 数据集上的 F1 值提升了 20%，在 Twitter 数据集上的 F1 值提升了 6.6%，在 Google 数据集上的 F1 值提升了 29.5%。这体现了本章所讨论的基于对抗生成网络的隐状态方法的有效性。除此之外，仅利用 tf-idf 特征进行聚类的 K-Means 方法取得了最差的效果，这体现了仅仅靠聚类是完全不够的。同时，对比 LEM 和 DPEMM 可以发现，在 FSD 和 Twitter 数据集上，DPEMM 是比 LEM 更优秀的；但是在 Google 数据集上，可能由于 DPEMM 生成了过多不相关的事件，在在线新闻领域的性能反而下滑许多，这也从侧面反映了仅利用生成式方法对数据是十分敏感的，需要在输入前和输出后进行相关性过滤。

8.6.4 问题与思考

无监督的事件模板推导研究面临诸多挑战。这些挑战主要体现在：在无监督过程中事件角色槽的数量为一个超参数，在其选择上需要经验，具有一定的困难；由于主流方法为生成式方法，容易出现单个槽包含大部分实体的现象，这方面还需要技术理论的突破来解决；此外，生成式方法对数据十分敏感，需要对输入和输出进行相关性过滤；无监督方法输出的事件模板目前只能作为一个减少人工标

注所需花费的手段，不能完全替代人工标注，具体表现在模型中设置的槽数量通常大于实际值，造成合并困难；在模型调优的过程中，输出的槽与标注结果中的槽难以对应；目前方法输出的槽为词集合，无法自动为槽进行命名，同时也无法为输出的模板和事件类型进行命名。

综上，现有无监督的事件模板推导方法存在的问题和不足概述如下。

（1）槽数量选择难。从上节实验中可知，本章讨论的所有方法[8,18,19]均需设定槽数量或事件类型数量。在初次设定该值时，需要对数据集有一定的处理经验。这个值为一个超参数，通常手段为在开发集设定规则进行调整，这就需要预先标注一份开发集。通常在为新语料库推导事件模板时，不存在这样一份标注数据。这样两难的情况就制约了无监督的事件模板推导方法的应用。

（2）单个槽包含大部分信息。在主题模型相关研究[27]中，经常会出现单个主题 top-N 集合中包含压倒性数量的大部分词，其他主题中出现的词过于稀少的现象。由于使用算法的相似性，相似的现象在无监督的事件模板推导中也会出现[6-8,18,19]，这个现象目前只能通过参数搜索进行缓解，无法完全回避，亟须相关方法在理论上的突破。

（3）对数据敏感，依赖相关性过滤。由实验可知，对无监督的事件模板推导的输入文档和输出事件进行相关性过滤能有效提高模板匹配测试中的性能指标[8,19]。由于语料库中存在不包含相关事件的文档，因此通过相关性过滤可以使干扰项减少，从而拟合得到更符合需求的角色槽后验分布。此外，现有方法没有着重研究如何对输出事件进行过滤，这方面对于事件模板的输出应用将产生很大作用。

（3）调优时需人工干预：输出槽与标注槽对应难。在将输出模板与标注信息对比的过程中，需要将输出槽与标注槽进行对应。现有的对应方法为贪心方式，容易导致将多个槽合并为一个槽，从而再次引发单个槽包含大部分信息的现象。如何有效地应对这个问题，并进行合理评测将成为今后的一个研究方向。

（5）输出后需人工干预：槽合并难。模型中设置的槽数量通常大于实际值，这使得在使用输出结果之前需要将模型输出的槽进行合并，再进行后续应用。目前最有效的组织输出结构的方法还是人工干预和贪心规则，但是并不能做到自动化。如何有效自动化组织输出结构是一个潜在的研究点。

（6）使用前需人工干预：缺少类别名。从算法过程和输出结果可知，现有的方法只能对每个槽计算 top-N 的实体头词，还需要标注人员花费人力进行槽类别名和事件类别名的归纳。由于类别名与实体头词之间存在层级关系等较为复杂的关系，如何生成推荐的类别名也将成为一个有趣的研究方向。

8.7 本章小结

随着信息时代的到来，各领域的文本数据量激增，事件模板推导抽取的需求愈发明显，如何从新领域海量文本数据中推导出合适的模板，在此基础上进行事件标注，同时节约人力、物力、财力已经逐渐成为研究热点。为了减少构建事件库所需要的花费，我们需要对事件模板进行低花费推导。现有的方法中无监督的事件模板推导方法较为可行。

本章介绍和对比了三种具有代表性的无监督的事件模板推导方法。其中，融合语言特征的隐变量方法整合了之前生成式模型的各方面优点，并结合了属性特征作为辅助，取得了稳定的进展；神经网络扩展的隐变量方法开创性地将离散特征转化为连续特征，并将神经网络模块引入概率生成式模型中，推动了神经变分推断在生成式模型中的应用和研究；基于对抗生成网络的隐状态方法开创性地完全抛弃了概率生成式方法的根基，转而采用对抗生成网络进行事件模板整体的建模，将半神经网络化转变为全神经网络化。对比实验结果表明，融合语言特征的隐变量方法比传统的生成式方法更有优势；神经网络扩展的隐变量方法则展示了连续化特征强大的表现能力和神经变分推断强大的拟合能力；基于对抗生成网络的隐状态方法体现了神经网络对于建模和拟合方面的优越性。

本章所研究的无监督的事件模板推导，以第 7 章所研究的多实例联合的事件抽取作为研究背景，还将与之共同支撑第 9 章所讨论的信息抽取在图谱构建中的应用和第 10 章所讨论的基于图谱知识的应用。

参考文献

[1] Shinyama Y, Sekine S. Preemptive Information Extraction Using Unrestricted Relation Discovery[C]. Proceedings of the Human Language Technology Conference of the NAACL, New York, 2006: 304-311.

[2] Filatova E, Hatzivassiloglou V, McKeown K. Automatic Creation of Domain Templates[C]. Proceedings of the COLING/ACL 2006 Main Conference Poster Sessions, Sydney, 2006: 207-214.

[3] Qiu L, Kan M Y, Chua T S. Modeling Context in Scenario Template Creation[C]. Proceedings of the Third International Joint Conference on Natural Language Processing, Hyderabad, 2008: 157-164.

[4] Chambers N, Jurafsky D. Template-based Information Extraction without the Templates[C]. Proceedings of the 49th Annual Meeting of the Association for Computational Linguistics: Human Language Technologies, Portland, 2011: 976-986.

[5] Sundheim B M. Overview of the Fourth Message Understanding Evaluation and Conference[R]. San Diego: Naval Command Control and Ocean Surveillance Center Rdt and E Div, 1992.

[6] Chambers N. Event Schema Induction with A Probabilistic Entity-driven Model[C]. Proceedings of the 2013 Conference on Empirical Methods in Natural Language Processing, Washington, 2013: 1797-1807.

[7] Cheung J C K, Poon H, Vanderwende L. Probabilistic Frame Induction[C]. NAACL HLT, Atlanta, 2013: 837-846.

[8] Nguyen K H, Tannier X, Ferret O, et al. Generative Event Schema Induction with Entity Disambiguation[C]. Proceedings of the 53rd Annual Meeting of the Association for Computational Linguistics and the 7th International Joint Conference on Natural Language Processing, Beijing, 2015: 188-197.

[9] Sha L, Li S, Chang B, et al. Joint Learning Templates and Slots for Event Schema Induction[C]. Proceedings of the 2016 Conference of the North American Chapter of the Association for Computational Linguistics: Human Language Technologies, Stroudsburg, 2016: 428-434.

[10] Huang L, Cassidy T, Feng X, et al. Liberal Event Extraction and Event Schema Induction[C]. Proceedings of the 54th Annual Meeting of the Association for Computational Linguistics, Berlin, 2016: 258-268.

[11] Ahn N. Inducing Event Types and Roles in Reverse: Using Function to Discover Theme[C]. Proceedings of the Events and Stories in the News Workshop, Vancouver, 2017: 66-76.

[12] Yuan Q, Ren X, He W, et al. Open-schema Event Profiling for Massive News Corpora[C]. Proceedings of the 27th ACM International Conference on Information and Knowledge Management, Torino, 2018: 587-596.

[13] Modi A, Titov I. Inducing Neural Models of Script Knowledge[C]. Proceedings of the Eighteenth Conference on Computational Natural Language Learning, Ann Arbor, 2014: 49-57.

[14] Rudinger R, Rastogi P, Ferraro F, et al. Script Induction as Language Modeling[C]. Proceedings of the 2015 Conference on Empirical Methods in Natural Language Processing, Lisbon, 2015: 1681-1686.

[15] Pichotta K, Mooney R. Using Sentence-Level LSTM Language Models for Script Inference[C]. Proceedings of the 54th Annual Meeting of the Association for Computational Linguistics, Berlin, 2016: 279-289.

[16] Manning C D, Surdeanu M, Bauer J, et al. The Stanford CoreNLP Natural Language Processing Toolkit[C]. Proceedings of 52nd Annual Meeting of the Association for Computational Linguistics: System Demonstrations, Baltimore, 2014: 55-60.

[17] Griffiths T. Gibbs Sampling in the Generative Model of Latent Dirichlet Allocation[R]. Palo Alto:Stanford University, 2002.

[18] Liu X, Huang H Y, Zhang Y. Open Domain Event Extraction Using Neural Latent Variable Models[C]. Proceedings of the 57th Annual Meeting of the Association for Computational Linguistics, Florence, 2019: 2860-2871.

[19] Wang R, Zhou D, He Y. Open Event Extraction from Online Text Using A Generative Adversarial Network[C]. Proceedings of the 2019 Conference on Empirical Methods in Natural Language Processing and the 9th International Joint Conference on Natural Language Processing, Hong Kong, 2019: 282-291.

[20] Miyato T, Kataoka T, Koyama M, et al. Spectral Normalization for Generative Adversarial Networks[C]. International Conference on Learning Representations, Vancouver, 2018.

[21] Goodfellow I, Pouget-Abadie J, Mirza M, et al. Generative Adversarial Nets[C]. Proceedings of the 27th International Conference on Neural Information Processing Systems, Montreal, 2014: 2672-2680.

[22] Gulrajani I, Ahmed F, Arjovsky M, et al. Improved Training of Wasserstein Gans[C]. Proceedings of the 31st International Conference on Neural Information Processing Systems, Long Beach, 2017: 5769-5779.

[23] Kingma D P, Ba J. Adam: A Method for Stochastic Optimization[J]. ArXiv Preprint ArXiv:1412.6980, 2014.

[24] Patwardhan S, Riloff E. Effective Information Extraction with Semantic Affinity Patterns and Relevant Regions[C]. Proceedings of the 2007 Joint Conference on Empirical Methods in Natural Language Processing and Computational Natural Language Learning, Prague, 2007: 717-727.

[25] Petrovic S, Osborne M, McCreadie R, et al. Can Twitter Replace Newswire for Breaking News[J]. Proceedings of the International AAAI Conference on Web and Social Media, 2013, 7(1): 713-716.

[26] Lau J H, Newman D, Baldwin T. Machine Reading Tea Leaves: Automatically Evaluating Topic Coherence and Topic Model Quality[C]. Proceedings of the 14th Conference of the European Chapter of the Association for Computational Linguistics, Gothenburg, 2014: 530-539.

[27] Srivastava A, Sutton C. Autoencoding Variational Inference for Topic Models[C]. The 5th International Conference on Learning Representations, Palais des Congrès Neptune, 2017.

[28] Zhou D, Chen L Y, He Y. A Simple Bayesian Modelling Approach to Event Extraction from Twitter[C]. Proceedings of the 52nd Annual Meeting of the Association for Computational Linguistics, Baltimore, 2014: 700-705.

[29] Zhou D, Zhang X, He Y. Event Extraction from Twitter Using Non-parametric Bayesian Mixture Model with Word Embeddings[C]. Proceedings of the 15th Conference of the European Chapter of the Association for Computational Linguistics, Valencia, 2017: 808-817.

第 9 章 信息抽取在知识图谱构建中的应用

9.1 引言

知识图谱技术是指知识图谱建立和应用的技术，是融合认知计算、知识表示与推理、信息检索与抽取、自然语言处理与语义 Web、数据挖掘与机器学习等方向的交叉研究。知识图谱于 2012 年由 Google 公司提出并成功应用于搜索引擎，知识图谱属于人工智能重要的研究领域——知识工程的研究范畴，是利用知识工程建立大规模知识资源的一个撒手锏应用。最具代表性的大规模网络知识获取工作包括 DBpedia、Freebase、KnowItAll、WikiTaxonomy 和 YAGO，以及 BabelNet、ConceptNet、DeepDive、NELL、Probase、Wikidata、XLore、Zhishi.me 等。这些知识图谱遵循 RDF 数据模型，包含数以千万级或者亿级规模的实体，以及数十亿或百亿事实（即属性值和与其他实体的关系），并且这些实体被组织在成千上万的由语义来体现的客观世界的概念结构中。

本章讲述信息抽取在知识图谱构建中的应用。知识图谱构建解决如何建立计算机的算法从客观世界或者互联网的各种数据资源中获取客观世界知识的问题。可以看出，知识图谱构建是一项综合性的复杂技术。知识图谱利用到了自然语言处理技术中的分词和词性标注、命名实体识别、句法语义结构分析、指代消解等，反过来可以促进自然语言处理技术的研究，建立知识驱动的自然语言处理技术如基于知识图谱的词义排歧和语义依存关系分析等。

知识图谱构建是根据特定知识表示模型，从分布异构的海量互联网资源中采用机器学习和信息抽取等技术，建立大规模知识图谱的过程。知识图谱构建是知识图谱技术最为关键的技术之一，信息抽取和信息集成是知识图谱构建的核心技术。

在本书前面的章节中已经详细介绍了联合实体识别的关系抽取技术、弱监督的关系抽取技术、基于知识迁移的关系抽取技术、多实例联合的事件抽取技术和无监督的事件模板推导技术。从本章开始，将围绕这些信息抽取技术，讨论信息抽取在知识图谱构建中的应用，并进而引出第 10 章的基于图谱知识的应用。

信息抽取的核心是将自然语言表达映射到目标知识结构上。然而，自然语言表达具有多样性、歧义性和结构性，导致信息抽取任务极具挑战性。这需要在知识图谱构建这个庞大的应用背景下对信息抽取技术进行一些补足。本章将从指代消解和实体链接两个在知识图谱构建中亟待解决的问题入手，对信息抽取的内容进行进一步利用，完善知识图谱构建中的技术空缺。

9.2 指代消解方法

指代是自然语言中的一种重要的表达方式，它使得语言表达简洁连贯，然而在篇章中大量使用指代，会增加计算机对篇章理解的难度。指代消解的主要任务是识别篇章中对现实世界同一实体的不同表达。

指代消解是文本理解不可缺少的内容。只有当照应语同先行语建立起联系时，才能理解照应语所指的语义，才有助于对句子乃至篇章进行理解。随着自然语言处理应用的日益广泛，特别是对文本处理需求的进一步增加，指代消解的作用愈来愈突出。文本摘要（Text Summarization）、机器翻译（Machine Translation）、多语言信息处理（Multilingual Information Processing）和信息提取（Information Extraction）等诸多应用，都涉及指代消解的问题。近年来，指代消解研究已经成为自然语言处理研究中的热点问题，受到了广泛的关注。

9.2.1 基于逻辑规则的指代消解

早期的算法采用手工建立的逻辑规则进行指代消解，处理的对象主要是代词，所采用的语料没有现在这么规范和标准，语料中的指代关系并没有标注。绝大多数算法应用语法信息相关的逻辑规则进行消解，很少使用语义信息。由于当时可以用来区分先行语和照应语的知识较少，只能应用较少的规则从大量的候选项中筛选，因此实验结果并不十分理想，但这些方法为以后的研究奠定了基础。

9.2.1.1 早期算法与理论模型

（1）Hobbs 算法。1978 年 Hobbs 提出一种针对英文人称代词的指代消解算法[1]，该算法直到现在仍是最有效、最简单、最有影响力的指代消解算法之一。Hobbs 算法的主要思想是以一个倒序的形式分析一个给定的句子，从句子中代词的位置开始，在句法分析树上结合语法规则并且利用广度优先策略，从左至右搜索代词所指向的名词短语。

（2）中心理论。 1986 年 Grosz 和 Sidner 根据语言学原理提出了中心理论[2]，值得说明的是，该理论并不用于指代消解而是一种用来预测下一句焦点的计算语言学模型。中心理论认为若干个句子 $s_1,s_2,\cdots,s_n$ 组成一个篇章，为了保证阅读流畅性，这些语句应当是连贯的。而篇章的连贯程度可以通过句子的中心来刻画。该理论指出了代词所指向的先行语就是语句中心，所以该理论被广泛地应用在指代消解中，如 BFP 算法[3]、S-List 算法[4] 及 LRC 算法[5] 等。

（3）其余基于规则的算法。 从 20 世纪 90 年代开始，一大批底层自然语言处理技术开始逐渐成熟，如分词技术、词性标注技术、浅层句法分析技术、句法树分析技术等。这些技术的成熟间接地推动了指代消解的发展，并涌现了一大批经典的基于规则的消解策略。例如，针对第三人称代词及反身代词的 RAP 算法[6]；对 RAP 算法的修改和扩充[7]；Mitkov 提出了一种基于强鲁棒性、弱语言知识的指代消解算法[8]；王厚峰和何婷婷从概念关联的角度分析了照应语与先行语之间的关系并用于指代消解[9]；王厚峰和梅铮根据中文的特点提出了基于弱化语言知识的方法用于指代消解[10]。其余基于规则的指代消解方法很多，但是该类型算法主要有以下几个缺陷：①只考虑了第三人称代词及反身代词的指代消解；②需要对文本进行句法分析或者浅层句法分析；③系统的可移植性比较差。

上述方法的共同点是，首先通过一些规则获取先行语的候选集合，然后对先行语集合里的候选先行语进行单复数、性别等各种特征的加权，最后选取排序最高的先行语作为最终的消解结果。这些方法需要大量的人力和时间制定规则以及选取语言特征的权重，然而在大规模测评中上述方法的效果不能令人满意而且系统的可移植性比较差。有研究者通过不断地增加特征来获取新的规则，这样做会引入很大一部分的低正确率的特征，这些特征甚至会覆盖高正确率的特征。

9.2.1.2 基于层次过滤消解模型的方法

为了解决上述问题，2010 年 Raghunathan 等人[11]提出了一个基于多重过滤框架的指代消解模型。这个框架由 7 个消解模块组成，这些模块按照精度从高到低进行排列，每一层的输入以上一层输出的实体聚类体为基础。该框架通过共享属性传递全局信息（如性别或者单复数），这样保证了强属性信息的功能优于弱属性，也使得过滤模型做出共指判断时能使用所有的属性信息。该模型是最近两年来较为经典的模型之一，主要做出了以下三点贡献：①使用了一个十分简单的框架结合强特征属性用于指代消解，经过实验对比证实其优于单模型的方法。②该框架比较简单，易于理解，不需要机器学习方法及语义信息。该框架在标准测试集上测试，被证实要好于基于机器学习的方法。③该模型易于扩展，适合添加任何模型，包括统计模型及基于有监督的模型。2011 年 Lee 等人[12]基于 Raghunathan 等人的文献的思想，在他们的模型上进行了三个方面的扩展：①在原模型上添加了 5 个额外的过滤器，其中最主要的过滤器通过计算两个实体表达对之间的语义相似度过滤相关实体表达。②在预处理流中增加了候选先行语的抽取及确定，主要是利用一组简单的规则过滤掉在句法成分上不太可能成为实体表达的词语。③增加了一个后处理步骤，使得系统的输出符合 OntoNotes 格式。该系统在随后的 CoNLL-2011 Shared Task 测评中获得了较高的准确率。值得一提的是，Lee 等人在网站上公布了所有的源码，而且后续有多篇文章基于 Lee 等人和 Raghunathan 等人的文献进行了扩展和修改，并取得了不错的效果。

9.2.2 基于数据驱动的指代消解

9.2.2.1 基于有监督学习的方法

基于有监督学习的指代消解方法在基于数据驱动的指代消解方法中占主流地位。相关的经典文献很多，基于有监督学习的指代消解方法总结归纳为如下五个步骤。基于有监督学习的指代消解示意图如图 9-1 所示。

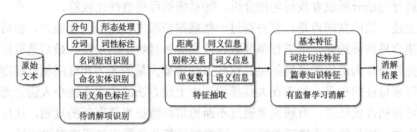

图 9-1 基于有监督学习的指代消解示意图

（1）首先输入待消解的原始文本。

（2）对原始文本进行预处理并抽取出待消解项。这个步骤主要对输入文本进行分句、分词、词性标注、名词短语识别等操作。该阶段的准确率将严重制约指代消解的精度，因此在大部分国际测评中，为了更好地研究指代消解方法，都会提供标注好的待消解项。

（3）特征抽取阶段的主要任务是获取实体表达的特征值，并且对每个特征赋予不同的权重构建实体的特征向量。这些特征应当针对所有文本具有通用性。指代消解的常用特征主要有距离、同义信息、别称关系、词义信息、单复数、语义信息等。特征的抽取对后续的机器学习方法有至关重要的作用，选择强有力的特征将在很大程度上提高分类模型的准确度。因此在指代消解系统中，特征的使用是一个由少变多的过程，如从 McCarthy 和 Lehnert[13]提出的 8 个基本特征到 Soon

等人[14]提出的 12 个特征再到 Ng 和 Cardie[15]提出的 53 个特征。但不是特征越多越好，特征越多越容易造成数据稀疏以及引入相矛盾的特征等不利因素，分类模型效率的高低关键在于选取强有力的特征属性。

（4）消解部分主要有三个步骤。首先是构建训练实例，通常采用 Soon 等人[14]提出的正负例选择方法。该方法把当前的实体表达以及最近的前向共指表达作为正例，二者之间的实体表达作为负例。正负例比例的选择将对模型的训练产生重要的影响。其次是分类过程，主要是采用不同的学习模型训练分类器，并用于判断两个实体表达是否指向同一个实体。现在用得比较多的有监督学习方法主要有决策树[13]、最大熵模型[16]、支持向量机[17]、条件随机场[18]等。最后是聚类过程，该步骤主要是把分类结果通过最近优先或者最好优先等聚类方法把指向同一实体的实体表达聚成一条共指链，并对消解结果进行测评。

（5）最后得到篇章中所有的共指链。

9.2.2.2 基于无监督学习的方法

有监督的机器学习方法依赖大量标注好的语料，然而标注指代消解语料是一项费时、费力的工作，为了弥补上述缺陷，有研究者对无监督的指代消解方法进行了研究。以下将讨论几种有代表性的无监督指代消解方法。

1999 年，Cardie 和 Wagstaff 提出了一种比较经典的指代消解聚类方法[19]。该方法把篇章的每一个名词短语和前面的名词短语进行比较，根据单复数、位置信息、是否是代词等 12 种基本特征对收集好的名词短语，计算两个名词短语之间的距离。如果两个名词短语之间的距离小于聚类阈值，而且它们是可以相容的，则可以合并成一类实体。上述方法首次将无监督的方法用于指代消解，主要存在以下两个缺陷：①该方法只针对名词短语对之间的消解，而没有从全局角度考虑共指等价类的划分。②该方法对距离函数的阈值设定有很强的依赖性。为了解决上述不足，周俊生等人于 2007 年提出了基于图划分的无监督汉语指代消解算法[20]，该方法将指代消解看成图聚类过程，并引入一个有效的模块函数控制图的自动划分，避免了依赖人工设定阈值的问题。在 ACE 语料上的测试结果表明，该方法要好于 Cardie 和 Wagstaff 提出的方法。

尽管 Cardie 和 Wagstaff 最早提出将无监督的方法用于指代消解，但是基于无监督的指代消解方法的第一个里程碑式的工作是 Haghighi 和 Klein 提出的基于狄利克雷过程的变参数贝叶斯模型[21]。在每个篇章中，目标是发现实体 Z 和所有的实体表达 X 的最大后验概率 $P(Z|X)$，当该最大后验概率大于某一个值时被合并成一类。这个方法的核心是一个混合模型，这个模型通过一些语言学特征如核心词、实体属性及凸显性，来提高代词消解准确率。所提模型最后在实验过程中取得了

F 值为 62.3%～70.3%的成绩。2008 年，Ng 在 Haghighi 的系统上进行了三个方面的改进，将指代消解视为最大期望聚类的过程[22]，通过最大期望聚类形成产生式、无监督模型用于未标注文本的共指划分。该模型利用了传统的二元分类模型所提供的基本的语言学约束用于无监督学习的指代消解。尽管该方法在 ACE 语料上测试被证实优于 Haghighi 的方法，但是效果和有监督的指代消解相比稍逊一筹。

2012 年，Martschat 等人提出把指代消解看成一个图划分问题[23]，该方法将篇章中抽取出来的实体表达作为图中的点，边看成两个实体之间的关系。通过训练语料学习每条边的权重，并通过贪心算法完成对图的划分得到最后的共指链。该方法在 CoNLL-2012 Shared Task 上获得了英文封闭测试第二的成绩。

下面对上述两类指代消解方法进行比较。早期基于逻辑规则的指代消解方法主要关注代词消解，而基于数据驱动的消解方法则更加关注名词短语的指代消解。基于逻辑规则的指代消解方法便于理解也容易实现，在一定程度上推进了指代消解的发展。由于自然语言的复杂性和多样性，如何针对不同的消解文档选择不同的规则，给不同的规则赋予不同的权重显得尤为困难，一些研究者为了让基于逻辑规则的指代消解更加准确，采取了不断地对系统增加新的规则的方法。在这个过程中很有可能会引入相矛盾的规则，而且规则的不断引入极有可能会导致推理的复杂化。不断地制定规则需要大量的人力参加，系统的自动化水平会很低，可移植性会很差。所以这些缺陷在很大程度上限制了基于逻辑规则的指代消解方法的发展。基于数据驱动的指代消解方法都在国际公认的测评语料上进行测评，实验结果更加具有普遍性和代表性。因此，基于数据驱动的指代消解方法显得更加具有指导意义。

现在的指代消解的主流方法都是基于数据驱动的，但是近两年出现了一个有趣的现象，只要能准确地抽取丰富的词义、句法、语义及篇章知识，基于启发性规则的指代消解方法的成功率完全可以和基于数据驱动的指代消解方法媲美，甚至超过该类方法。例如，Lee 等人提出的基于规则的层次过滤方法在 CoNLL-2011 Shared Task 测评中获得了较高的准确率[12]。Chen 和 Ng 在 COLING-2012 上分析中文指代消解现状时，对基于层次过滤的指代消解系统和基于实体表达对模型的指代消解系统做了一个公平的比较测试实验[24]，该实验是在同语料、同平台、同特征、同实体表达对集合的前提下进行的。实验结果表明，基于层次过滤的指代消解系统要明显优于基于实体表达对模型的指代消解系统。随后在 COLING-2012 及 CoNLL-2012 Shared Task 上仍旧有基于启发性规则的指代消解方法的文献不断出现[25]，基于启发性规则的指代消解方法有复兴的趋势。

9.2.3 利用结构化信息的指代消解

在指代消解领域，在早先的基于逻辑规则的指代消解研究中，诸多研究者就已经意识到结构化信息的重要性，并基于结构化信息设立了一些规则来帮助指代消解，典型的工作如下所述。

Hobbs 算法尝试使用句法树进行代词的指代消解。Hobbs 算法首先为文档中的每个句子建立完全解析树，然后采用从左到右广度优先的搜索方法遍历完全解析树，最后根据语法结构中的支配和约束关系选择合法的名词短语作为先行语。

RAP 算法首先使用 McCord 提出的槽文法（Slot Grammar）获得文档的句法结构，然后手工加权各种语言特征，最后计算各先行语候选的突显性，利用过滤规则确定先行语，实现句内和句间第三人称代词和反身代词的消解。

近年来，基于机器学习的指代消解方法得到了长足的发展，许多研究者也一直尝试将各种结构化信息引入指代消解。传统的应用结构化信息的方法是将它转化成平面特征，再使用基于特征的方法来解决，典型的工作如下所述。

（1）基于语义相容统计信息的代词指代消解方法。在确定代词的先行语时，首先提取先行语候选词所在上下文的谓词元组信息（如 subject_verb、verb_object 等关系），而这实质上是一些结构化信息；然后对提取的元组进行预处理，用语义类别代替命名实体、还原到动词原型等，以降低数据稀疏问题以及语义相容计算的复杂度；最后借助语料和互联网去统计提取的元组出现的频度，将这一统计结果作为考虑要素，融入基于特征的指代消解中，取得了较好的代词消解的性能。

（2）基于路径的代词指代消解方法。首先将依存树中可能具有指代关系的两个节点间的节点序列和依存标签定义成依存路径（不包含具有指代关系的两个终端节点）；然后根据出现的代词的单复数和性别信息分别统计语料中这一依存路径出现的次数；最后利用依存路径相似度计算公式计算出这一路径链接的两个对象间具有指代关系的概率，结合这一概率对代词进行消解，使得指代消解性能有了一定的提升。

这几年，随着核方法的广泛应用，各类用于处理结构化信息的树核函数被不断提出，例如，通过计算两棵句法树之间的相同子树的数量来比较句法树之间相似度的卷积树核；通过一些转换规则(如主语依存于谓语、形容词依存于它们所修饰的名词等)将句法树转换成依存树，并在树节点上增加词性、实体类型、词组块、WordNet 上位词等特征，定义了基于依存树的树核函数；基于最短路径依存树的树核函数等。在这些树核函数研究的基础上，相关研究人员开始尝试借助树核函数，直接将结构化信息应用于指代消解，取得了一定的突破，典型的工作如下所述。

在 Yang 等人[26]的研究中，他们将提取的结构化信息利用卷积树核直接应用到代词的指代消解中，进行的各种实验表明，简单扩展树在代词的指代消解中的性能最好，这表明指代解析树越大固然能包含更多的结构化句法信息，但也会引入更多的噪声，因而降低其性能。

Zhou 等人[27]在 Yang 等人[26]的工作基础上提出了能有效捕获上下文信息的上下文相关卷积树核函数，并把这一卷积树核函数应用于代词的指代消解，并探讨了各种句法化信息对指代消解的影响。

Fang 等人[28]在 Zhou 等人的工作基础上进一步系统地探索了多种结构化句法信息对代词消解的性能影响情况。孔芳和周田栋[29]基于树核函数，提出了 3 种基本结构化句法树捕获方案，并使用 SVMLight 中提供的卷积树核函数直接进行基于结构化句法树的相似度计算，从而完成了指代消解任务。他们还提出了从使用中心理论、集成竞争者信息和融入语义角色相关信息这 3 个方面对结构化句法树进行动态扩展来提升中英文代词消解的性能的方法。

本章从系统框架、结构化句法树和卷积树核函数这 3 个方面入手，介绍基于卷积树核函数的中英文代词消解[29]，并通过对 ACE 2004 NWIRE 英文语料和 ACE 2005 NWIRE 中文语料上实验结果的分析，说明了结构化句法信息对代词消解的作用。

9.2.3.1　系统框架

参考 Soon 等人[14]提出的指代消解基本框架结构，针对中文和英文使用了统一的系统框架，采用全自动的方式实现中文和英文的指代消解。基于卷积树核函数的指代消解架构示意图如图 9-2 所示。其中，各构成模块针对中文和英文的处理略有差异。

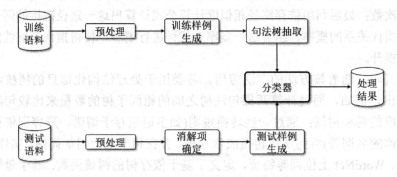

图 9-2　基于卷积树核函数的指代消解架构示意图

在英文指代消解平台上，线性地使用错误驱动的基于隐马尔可夫模型的命名实体识别、词性标注和名词短语识别模块对语料进行了预处理。在中文指代消解平台上，使用 Stanford CoreNLP 的中文分词和词性标注模块，以及由苏州大学 NLP 实验室自行开发的基于可信模型的命名实体识别模块对语料进行了线性预处理。在训练和测试中，采用了与 Soon 等人提出的一致的方式进行了实例生成。

9.2.3.2 结构化句法树

三种基本句法裁剪策略获得的结构化句法树定义如下。

（1）公共节点树（Common Nodes Tree，CNT）：在句法树中，由指代词节点和先行语候选词节点可确定一个层次最近的公共祖先节点，以该节点为根的子树称为公共节点树。显然，这种句法树裁剪策略保留了与指代词和先行语候选词相关的大部分结构化句法信息。

（2）最短路径树（Shortest Path Tree，SPT）：在句法树中，以指代词节点为一端，先行语候选词节点为另一端，在句法树中形成最短路径。显然，这种句法树裁剪策略保留了指示词和先行语候选词自身的一些特征，而它们所在的大部分上下文信息丢失了。

（3）最小树（Minimum Tree，MT）：由最短路径包含的部分句法树。从某种意义上讲，该策略是 CNT 策略和 SPT 策略的一个折中方案。

9.2.3.3 卷积树核函数

给出了上述结构化句法树后，一个关键问题就是如何利用基于树核函数的方法直接计算两个结构化句法树之间的相似度。此处直接使用 SVMLight 中提供的卷积树核函数。该卷积树核函数已被应用于句法分析、语义角色标注、语义关系抽取和代词指代消解等领域，并取得了一定的成功。

卷积核（Convolution Kernel）通过类似卷积(*)的操作将较大的结构分解成子结构，首先计算子结构之间的匹配情况，然后将子结构匹配的结果求和，计算出大结构的相似性。这一计算过程满足核函数成立的对称及半正定条件，因此，以这种方式构造的相似函数是一个核函数，称为卷积核函数。其中，Collins 和 Duffy 提出的卷积树核函数是卷积核函数的一个特例[30]，它通过列举两棵树之间的公共子树数目来计算相似度：

$$K_{CTK}(T_1, T_2) = \sum_{n_1 \in N_1, n_2 \in N_2} \Delta(n_1, n_2) \tag{9-1}$$

式中，N_i 代表树 T_i 中的节点集合；$\Delta(n_1, n_2)$ 评价以 n_1 和 n_2 为根节点的子树的相似度，并可计算如下。

（1）如果以 n_1 和 n_2 为根节点的上下文无关产生式（上下文无关文法规则）不准确匹配，那么返回 0；否则，转步骤（2）。

(2) 如果 n_1 和 n_2 是词性标记，那么返回 $\Delta(n_1,n_2)=\lambda$；否则，转步骤（3）。

(3) 重复计算 $\Delta(n_1,n_2)$ 如下：

$$\Delta(n_1,n_2)=\lambda\prod_{k=1}^{\#ch(n_1)}\left\{1+\Delta\left[ch(n_1,k),ch(n_2,k)\right]\right\} \qquad (9\text{-}2)$$

式中，$\#ch(n_i)$ 表示节点 n_i 的子树个数；$ch(n_i,k)$ 是节点 n_i 的第 k 个子树；λ 满足 $0<\lambda<1$，是一个衰退因子，用于在不同大小的子树间取得平衡。

无论是在中文指代消解平台上还是在英文指代消解平台上，SPT 策略都获得了最高的准确率，说明这种策略能够尽可能地去除冗余信息，保留了指代消解任务最需要的一些关键信息。

9.2.4 利用深层语义信息的指代消解

随着指代消解研究的不断深入，越来越多的研究者发现，语义信息在指代消解中起着至关重要的作用。在语义信息处理中，传统的解决方法是使用一定的模型来表示语义信息，并依靠人工经验抽取实例特征规则，基于机器学习方法实现分类或预测。虽然这种方法在一定程度上提升了系统的性能，但是存在以下局限性。

（1）在模型运用不出差错的前提下，特征规则的好坏就成为整个系统性能的瓶颈。人工设计实例特征规则时，要发现一个好的特征规则，就要求研究人员对待解决的问题有很深入的理解，而达到这个程度，往往需要反复摸索，耗时太久。因此，人工设计实例特征规则，存在可扩充性差的局限。

（2）传统机器学习大多属于一类浅层学习方法，如隐马尔可夫模型（HMM）、条件随机场（CRF）、最大熵模型（ME）、支持向量机（SVM）、核回归及仅含单隐层的多层感知器等，这些模型的结构基本上可以看成带有一层隐层节点（如 SVM）或没有隐层节点（如 ME）。仅含单层非线性变换的浅层学习结构，其局限性在于在实例和计算单元有限的情况下对复杂函数的表示能力有限，面临复杂问题时的泛化能力受到一定制约。

近年来在机器学习领域出现的深度学习方法，可通过学习一种深层非线性网络结构，实现复杂函数逼近，表征输入数据分布式表示，展现从少数实例集中学习数据集本质特征的强大能力。深度学习方法通过构建具有很多隐层的机器学习模型和海量的训练数据，学习更有用的特征，从而最终提升分类或预测的准确性。区别于传统的浅层学习，深度学习的不同在于：①强调模型结构的深度，通常有 3 层、5 层，甚至 10 多层的隐层节点；②明确突出特征学习的重要性，通过逐层特征变换，将实例在原空间的特征表示变换到一个新特征空间，使分类或预测更加容易。基于上述原因，本节使用深度学习方法进行基于深层语义的指代消解，研究深层结构的处理机制，探索面向指代消解的语义特征泛化表示，利用深层学习机制自动挖掘深层语义信息，研究深层语义信息在指代消解中的作用。本节从系统框架、特征表示和样例生成3个方面，介绍基于深度学习的中英文代词消解方案。

9.2.4.1 系统框架

针对中文及英文的指代消解问题，本节基于统一的系统框架，采用全自动的方式实现指代消解。由于中文和英文语言体系的差异，本节的系统框架在某些模块的处理上稍有不同。在英文指代消解平台上，本书使用基于隐马尔可夫模型的命名实体识别、词性标注和名词短语识别模块对语料进行预处理。在中文指代消解平台上，使用 Stanford 的中文分词和词性标注模块以及基于可信模型的命名实体识别模块对语料进行线性预处理。

9.2.4.2 特征表示

众多研究成果表明，语义特征信息对指代消解,特别是代词消解具有重要意义，但哪些语义特征信息对代词消解是直接有效的，这一问题依然没有很好地解决。传统浅层机器学习方法结合特征规则进行处理，强调人工提取有效特征规则，在方法不出错的情况下，面向领域问题的特征规则就变得非常关键。然而从人类认知过程的研究来看，上述传统方法至少存在特征规则可扩充性差及浅层学习方法泛化表示能力弱两个主要问题。深度学习通过构建具有很多隐层的机器学习模型和海量的训练数据，自动学习更有用的特征，从而提升分类或预测的准确性。

Soon 等人首次抽取出 12 个表层特征，并基于机器学习方法提出一个完整的指代消解框架。在此基础上，Ng 和 Cardie 进行了扩充，共抽取出 53 个系列词法、语法和语义特征，在国际标准评测系统 MUC-6 上取得了 F 值为 69.4 的显著性能。Yang 等人探索了候选语指代属性在消解中的作用，抽取出 24 个先行语和候选语的词法、句法、语义及位置特征，取得了优于 Baseline 系统的消解性能。上述系统中抽取出的特征表示，尽管都考虑不同层面的特征，如词法、语法、语义、位置层面等，但是在利用特征的实际学习过程中，依然采用单层学习机制，仅考虑特征值的作用，而没有考虑特征层次类型在系统学习中的影响。事实上，人类的认知过程带有抽象分层特性，对于某些未知物体的识别，往往是逐步从抽象到具体。抽象层次越高，物体识别的准确率越高。因此，有必要对特征类型进行分层,并发挥其在学习过程中的作用。在英文指代消解平台上,采用 24 个特征集,并扩充定义特征抽象层,如表 9-1 所示。根据特征所属不同抽象层次,分别定义 5 类不同特征抽象层次,赋予不同的特征抽象值,并将其引入深度学习的训练数据集中,进一步促进深度学习抽象分层学习性能。

表 9-1 特征抽象层

特征抽象层	抽 象 值
Lexical	1
Grammatical	2
Semantic	3
Position	4
Other	0

9.2.4.3 样例生成

本节采用 Soon 等人[14]的方法,首先通过聚类形成链,之后采用分类方法实现分类。对例句"我曾直接要求藤森逮捕西蒙,并立即把他送上法庭受审。"进行预处理,得到的中文指代消解平台上的中文训练及测试样例格式如表 9-2 所示。

表 9-2 中文指代消解平台上的中文训练及测试样例格式

先 行 语	照 应 语	样例值(17 个特征值+17 个抽象值)	是 否 指 代
西蒙	他	1,0,0,1,1,1,0,0,0,0.9,1,1,0,0,0,0,1,1,1,1,1,1,3,3, 1,1,4,2,2,2,2,3,3	是
藤森	他	1,0,0,1,1,1,1,0,0,0.9,1,1,0,0,0,0,1,1,1,1,1,1,3,3, 1,1,4,2,2,2,2,3,3	否

本节结合语义信息讨论了一类代名词的指代消解问题。本节在使用原有语义信息的基础上,进一步提出了分层泛化的语义特征表示集;同时,针对传统浅层机器学习方法的局限性,探索了基于深度学习的深层学习方法在指代消解中的应用。

9.2.5 跨文本的指代消解

随着信息抽取技术向信息融合和知识工程等方向发展,跨文本的指代消解成为自然语言处理研究中的重要环节,并且成为信息检索、信息抽取和多文档摘要等应用系统的重要组成部分,因此受到了广泛的重视。跨文本实体指代消解是指将不同文章内指向同一实体的所有指代词归入同一个指代链。在1997年的 MUC-6 上，跨文本指代消解（Cross Document Coreference Resolution，CDCR）作为一个潜在的任务被提了出来，之后在 ACE 2008 中引入的全局实体检测和识别（Global Entity Detection and Recognition，GEDR）任务就包含了跨文本指代消解。

近几年来由于出现了一些与跨文本指代消解相关的语料资源，例如，SemEval-2007 评测设立 WebPeople Search(WePS-1)测评用于不同的网页中英文人名的消解，值得一提的是，WePS-1 语料是第一个用于评估跨文本指代消解的大型语料，并且随后的 WePS-2、WePS-3 扩展了上述跨文本指代消解语料。在 CIPS-SIGHAN 的 CLP 2010 会议上首次设置了中文人名跨文档的消解任务[31]。

跨文本指代通常包含两种情况：多名现象和重名现象。前者指的是同一实体在不同文本中有不同的指代词，比如，"蓝色巨人"和"国际商业机器"均指代 IBM 公司；而后者则是指不同文档中的相同指代词指向不同的实体，比如，"比尔"可能指代"比尔·克林顿"，也有可能指代"比尔·盖茨"。因此，跨文本指代消解系统既需要将指代一个实体的多个名称归入同一个指代链中，称为多名聚合，也需要将相同名称的不同实体归入各自的指代链，称为重名消歧。

在以上两种跨文本指代情况之中，重名现象是传统的面向信息检索的跨文本指代消解所讨论的重点问题。这是由于在信息检索时，重名现象的存在导致了检索结果包含了很多不符合查询需求的噪声信息。例如，"宋佳"这个人名可能是指两个完全不同的演员，也可能是指其他教授、学者等不同的人物；又如地名，在中国各县市均有解放路、中山路等街道。在信息检索当中，跨文本指代消解可以根据用户的检索关键字，依照实际指代的不同实体，将检索结果归类后再向用户呈现，以此提高信息检索的效率。而在其他自然语言处理应用中，如从单文本关系抽取向跨文本实体关系网络抽取的转变，只有正确地解决跨文本指代中的重名现象，才能构造正确和可靠的实体关系网络（如社会关系网络）。

除了重名现象外，多名现象也是跨文本指代中经常出现的。除了上面提到的例子外，在人物方面还有如"周杰伦"与"周董"，在国名上有如"英国"与"大不列颠"，在机构上有如"中央电视台"和"央视"等众多例子。在单文本的信息抽取中，需要通过文本内指代消解解决文本内的指代现象，进而提高信息抽取的性能；如今自然语言处理的研究已从单文本环境转向跨文本环境，甚至是开放的互联网环境，信息抽取的目的也不仅限于在单个文本中获取实体以及实体关系，而是希望从不同文本中获取实体，同时建立起跨文本的实体关系，并将多个文本中的实体关系融合起来构造一个大规模的复杂实体关系网络。在这个过程中，不可避免地要解决跨文本的多名现象，这就是面向信息检索的跨文本指代消解不同于传统的重名消歧之处。另外，跨文本指代消解也与实体链接、知识库扩充等研究领域有密切关系。因此，开展跨文本指代消解研究，一方面可以借鉴相关研究领域的研究方法和成果，另一方面也可以反过来促进其他领域的研究。

Bagga 和 Baldwin[32]开创了跨文本指代消解的研究工作，他们通过抽取实体所在句子的词汇特征，利用矢量空间模型和单连通聚类方法，在 John Smith 语料库上取得了 84.6%的 F 值。Mann 和 Yarowsky[33]使用了更为详尽的传记信息作为实体特征。Gooi 和 Allan[34]指出，相同测试系统的准确率和召回率会因待消解实体的不同而不同。王厚峰和梅铮[10]归纳了中文人名在文档中的相关特征词属性。Chen 和 Martin[35]通过抽取局部和全部的词汇、短语和实体等多种特征，使用单连通聚类方法在 John Smith 语料库上取得了 92%的 F 值。他们的方法也在很长一段时间内是英文跨文档指代消解研究中的一般思路：首先对每一篇文档进行处理形成单文本指代链，并为每一篇文档生成一个摘要；然后采用基于向量空间模型（Vector Space Model，VSM）的方法对摘要进行聚类。一些研究也已经将信息抽取（Information Extraction，IE）的方法应用到了英文跨文本指代消解的研究中，并且取得了可喜的结果。

Malin[36]则利用人名实体共现关系构造了一个歧义人名的社会网络，在计算歧义人名所在社区的社区相似度的基础上使用单连通方法进行聚类，在 IMDB 语料库上的跨文本指代消解实验表明，它比向量空间模型上的层次聚类方法更有效。Huang 等人[37]首先从文本中构造每个人物的概况（Profile）信息，如各种属性和关系，利用专家组（Specialist Ensemble）来融合其相似度，然后通过软聚类的方法进行跨文本指代消解，旨在解决文档级指代消解粒度较粗和聚类边界难以确定等问题。

Ji 等人[38]使用 ACE 2005 训练集完成了一个时间轴任务。任务是将预定义的事件链接到同一时间线上的同一中心实体（即实体频繁地参与事件）。Bejan 和 Harabagiu[39]使用一组丰富的语言特征模型，包括词汇特征、类特性、语义特征等进行跨文档和文档级别的指代消解。他们使用了一种基于无参数贝叶斯模型的无监督方法。Li 等人[40]提出的工作提供了一种指代消解方法应用于事件融合，通过结合从网站上抓取的不同文档中提到的一组关联事件，来获得最完整的事件。另一种跨文档的方法是由 Lee 等人[41]提出的，即一种新型的共指系统，该系统将实体和事件联合起来。Cybulska 和 Vossen[42]应用一个基于四个组件的事件模型：位置、时间、参与者和动作，使用机器学习方法来分析事件组件如何影响事件的相关性。Goyal 等人[43]在事件相关决议中使用基于语法的分布式语义方法来处理指代消解。Dutta 和 Weikum[44]介绍了无监督指代消解的跨文本指代消解框架，以两种方式改进了技术的状态。首先，通过构建一个语义总结的概念来扩展知识库的利用方式，使用属于不同链的共现实体来构建内部文档共指链的概念。其次，在分层聚类的过程中，通过使用频谱聚类或图划分的方法降低成本。这将使指代消解扩展到大型企业。

9.3 实体链接方法

随着网络数据以指数级别增长，网络已经成为最大的数据仓库之一，且大量的数据在网络上以自然语言的形式呈现。但是自然语言本身具有高度的歧义性，尤其是对于一些出现频率较高的实体，它们可能对应多个名称，而每个名称又可能对应多个同名实体。另外，类似像 DBpdia、YAGO 这样的实体知识库也在通过信息抽取等技术的发展而不断地进行丰富和构建。因此，如果能够将网络数据与知识库连接起来，就可以对网络上的自然语言进行标注，这将为我们理解网络数据的语义信息提供很大的便利。而实现这一步的关键便是实体链接技术。

9.3.1 实体链接介绍

实体链接（Entity Linking）就是将一段文本中的某些字符串映射到知识库中对应的实体上。比如，对于文本"郑雯出任复旦大学新闻学院副院长"，就应当将字符串"郑雯""复旦大学""复旦大学新闻学院"分别映射到对应的实体上。在很多时候，存在同名异实体或者同实体异名的现象，因此这个映射过程需要进行消歧，比如，对于文本"我正在读《哈利·波特》"，其中的"《哈利·波特》"应该指的是"《哈利·波特》（图书）"这一实体，而不是"《哈利·波特》系列电影"这一实体。当前的实体链接一般已经识别出实体名称的范围，一般称作指称（Mention），需要做的主要是实体的消歧。也有一些工作同时做实体识别和实体消歧，变成了一个端到端的任务。

给定一个富含一系列实体的知识库与已经标注好指称的语料，实体链接任务的目标是将每一个指称匹配到知识库中它所对应的实体上面，如果知识库中没有某一指称对应的实体项，则认为该指称不可链接到当前知识库，标记为 NIL。图 9-3 所示为实体链接过程的一个简单图示。

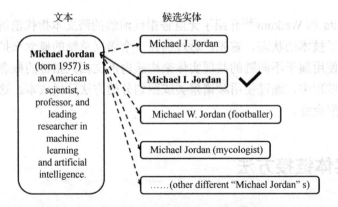

图 9-3　实体链接过程的一个简单图示

实体链接的难点在于两个方面，即多词一义和一词多义，多词一义是指实体可能有多个指标，实体的标准名、别名、名称缩写等都可以用来指代该实体；一词多义是指一个指标可以指代多个实体。解决一词多义问题要利用知识库中的实体信息进行实体消歧，单一知识库中的实体信息相对较少，如果能利用多个知识库中的实体信息进行实体消歧，一词多义的问题将会得到更好的解决。

9.3.2　实体链接基本架构

实体发现与链接的一般流程是，首先从文本中识别出所有的命名实体的指称；然后为这些指称生成候选的实体集合；最后对这个集合里的实体进行排序并选取最高的那个作为链接实体返回。但有时候这个指称所关联的实体有可能不在我们的知识库里，所以一般在最后还有一步 NIL 预测。

下面详细讨论实体链接包括的两个步骤，即候选实体生成和候选实体排序（或者指称识别和实体消歧）两个过程，不同的研究划分方式略有不同。

1）候选实体生成

候选实体生成主要利用到以下多方面信息：维基百科信息、维基百科重定向页面、维基百科消歧页面、超链接的名称、指称和实体名称的相似性、缩写的相似性、字符串的相似性、上下文其他指称对应的实体信息等。

具体来说，实体链接的第一步是进行指称识别，首先要构建一个指称-实体字典，大多数研究者抽取维基百科的实体页面、消歧页面、重定向页面的标题作为实体指称，建立指称-实体字典，还有其他的建立方式，例如，Sil 和 Yates[45]抽取了 Freebase 中实体的标准名和别名。然后按一定的规则识别实体指称，如 Cucerzan[46]利用大小写规则、先验统计信息进行了指称识别，并选择实体上下文与实体维基百科主页、候选实体之间的一致性最高的实体序列。Mihalcea 和

Csomai[47]利用链接概率识别指称，然后综合利用知识工程方法和朴素贝叶斯分类方法确定了最终的实体序列。

2）候选实体排序

当前的排序方法主要包括利用局部特征的消歧和利用全局信息的消歧两种。其中利用局部特征的消歧指对一段文本中的多个指称分别进行消歧。利用全局信息的消歧指对一段文本中的多个指称同时进行消歧，认为同一段文本中的实体具有较强的相互关联。当前利用局部特征的消歧使用的特征主要包括指称和实体名称的相似性、指称对应各实体先验概率、指称和实体上下文的相似性。利用全局信息的消歧主要比较同一个文档下各实体间的连贯度，使用的特征可以是超链接记录或上下文的相关性，衡量方法包括上下文独立性连贯度和基于维基百科链的分值等。

由于一个指称可能指向多个实体，因此需要用一定的方法确定指称所指向的实体，即实体消歧。目前实体消歧方法主要包括机器学习[48,49]、排序学习[50,51]、图模型[52-55]、无监督方法[56,57]和集成方法[58]等。Ratinov等人[59]假设指称已经给定，并提出两类特征：局部特征和全局特征，其中局部特征包括指称上下文与实体主页文本、指称所在文档与实体主页文本、指称上下文与实体上下文、指称所在文档与实体上下文等的余弦相似度；全局特征包括标准化Google距离、点互信息测度的实体类别相似度、入链相似度、出链相似度。进而利用这些特征训练得到Rank SVM模型，并选取排序最高的实体为该指称在上下文中所指的实体。Han等人[52]同样只关注实体消歧问题，以指称及其候选实体为节点，构建指称-实体、实体-实体关系图，利用类似网页排名（PageRank）方法的机制识别实体。

9.4 总结分析

在知识图谱构建中，信息抽取是最为关键的技术之一。但是由于自然语言表达的多样性、歧义性和结构性，以及目标知识的复杂性，所以需要对信息抽取技术进行过渡和补足，使其产生的输出适应知识图谱构建这个庞大的应用背景。

本章从指代消解方法和实体链接方法这两个在知识图谱构建中不可或缺的需求切入，完善知识图谱构建中的技术空缺。在指代消解方面，本章讨论了基于逻辑规则的指代消解方法、基于数据驱动的指代消解方法、利用结构化信息的指代消解方法、利用深层语义信息的指代消解方法和跨文本的指代消解方法，从而识别篇章中对现实世界同一实体不同的表达方式。在实体链接方面，本章先对其进行基本介绍，然后分析实体链接基本框架，从候选实体生成和候选实体排序两个角度对实体链接方法进行探讨。

本章所讨论的信息抽取在知识图谱构建中的应用,以第 4 章所研究的联合实体实别的关系抽取技术、第 5 章所研究的弱监督的关系抽取技术、第 6 章所研究的基于知识迁移的关系抽取技术、第 7 章所研究的多实例联合的事件抽取技术和第 8 章所研究的无监督的事件模板推导技术作为研究背景,与第 10 章将要讨论的基于图谱知识的应用共同支撑文本信息抽取研究的应用分析。

参考文献

[1] Hobbs J R. Resolving Pronoun References[J]. Lingua,1978, 44(4): 311-338.

[2] Grosz B J, Sidner C L. Attention, Intentions, and the Structure of Discourse[J]. Computational Linguistics, 1986, 12(3): 175-204.

[3] Brennan S E, Friedman M W, Pollard C. A Centering Approach to Pronouns[C]. The 25th Annual Meeting of the Association for Computational Linguistics, Stanford, 1987: 155-162.

[4] Strube M. Never Look Back: An Alternative to Centering[C]. Proceedings of COLING-ACL'98, Montreal, 1998.

[5] Tetreault J. Analysis of Syntax-based Pronoun Resolution Methods[C]. Proceedings of the 37th Annual Meeting of the Association for Computational Linguistics, College Park, 1999: 602-605.

[6] Lappin S, Leass H J. An Algorithm for Pronominal Anaphora Resolution[J]. Computational Linguistics, 1994, 20(4): 535-561.

[7] Kennedy C, Boguraev B. Anaphora for Everyone: Pronominal Anaphora Resolution without A Parser[C]. The 16th International Conference on Computational Linguistics, Copenhagen, 1996.

[8] Mitkov R. Robust Pronoun Resolution with Limited Knowledge[C]. Proceedings of the 18th International Conference on Computational Linguistics, Montreal, 1998: 869-875.

[9] 王厚峰, 何婷婷. 汉语中人称代词的消解研究[J]. 计算机学报, 2001, 24(2): 136-143.

[10] 王厚峰, 梅铮. 鲁棒性的汉语人称代词消解[J]. 软件学报, 2005, 16(5): 700-707.

[11] Raghunathan K, Lee H, Rangarajan S, et al. A Multipass Sieve for Coreference Resolution[C]. Proceedings of the 2010 Conference on Empirical Methods in Natural Language Processing, Cambridge, 2010: 492-501

[12] Lee H, Peirsman Y, Chang A, et al.Stanford's Multi-pass Sieve Coreference Resolution System at the CoNLL-2011 Shared Task[C]. Proceedings of the Fifteenth Conference on Computational Natural Language Learning, Portland, 2011: 28-34.

[13] McCarthy J F, Lehnert W G. Using Decision Trees for Conference Resolution[C]. Proceedings of the 14th International Joint Conference on Artificial Intelligence, Montréal, 1995: 1050-1055.

[14] Soon W M, Ng H T, Lim D C Y.A Machine Learning Approach to Coreference Resolution of Noun Phrases[J]. Computational Linguistics, 2001, 27(4): 521-544.

[15] Ng V, Cardie C.Improving Machine Learning Approaches to Coreference Resolution[C]. Proceedings of the 40th Annual Meeting on Association for Computational Linguistics, Philadelphia, 2002: 104-111.

[16] 钱伟, 郭以昆, 周雅倩, 等. 基于最大熵模型的英文名词短语指代消解[J]. 计算机研究与发展, 2003, 40(9): 1337-1343.

[17] Zheng J P, Chapman W W, Miller T A, et al. A System for Coreference Resolution for the Clinical Narrative[J]. Journal of the American Medical Informatics Association, 2012, 19(4): 660-667.

[18] Wellner B, McCallum A, Peng F, et al. An Integrated, Conditional Model of Information Extraction and Coreference with Application to Citation Matching[C]. Proceedings of the 20th Conference on Uncertainty in Artificial Intelligence, Banff, 2004: 24.

[19] Cardie C, Wagstaff K. Noun Phrase Coreference as Clustering[C]. Proceedings of the 1999 Joint SIGDAT Conference on Empirical Methods in Natural Language Processing and Very Large Corpora, College park, 1999: 281-289.

[20] 周俊生, 黄书剑, 陈家骏, 等. 一种基于图划分的无监督汉语指代消解算法[J]. 中文信息学报, 2007, 21(2): 77-82.

[21] Haghighi A, Klein D. Unsupervised Coreference Resolution in A Nonparametric Bayesian Model[C]. Proceedings of the 45th Annual Meeting of the Association of Computational Linguistics, Prague, 2007: 848-855.

[22] Ng V. Unsupervised Models for Coreference Resolution[C]. Proceedings of the Conference on Empirical Methods in Natural Language Processing, Honolulu, 2008: 640-649.

[23] Martschat S, Cai J, Broscheit S, et al. A Multigraph Model for Coreference Resolution[C]. Joint Conference on EMNLP and CoNLLs-Shared Task, Jeju Island, 2012: 100-106.

[24] Chen C, Ng V. Chinese Noun Phrase Coreference Resolution: Insights into the State of the Art[C]. Proceedings of the 24th International Conference on Computational Linguistics, Mumbai, 2012: 188-193.

[25] Stoyanov V, Eisner J. Easy-first Coreference Resolution [C]. Proceedings of the 24th International Conference on Computational Linguistics, Mumbai, 2012: 2519-2534.

[26] Yang X, Su J, Tan C L. Kernel-based Pronoun Resolution with Structured Syntactic Knowledge[C]. Proceedings of the 21st International Conference on Computational Linguistics and 44th Annual Meeting of the Association for Computational Linguistics, Sydney, 2006: 41-48.

[27] Zhou G D, Kong F, Zhu Q. Context-sensitive Convolution Tree Kernel for Pronoun Resolution[C]. Proceedings of the Third International Joint Conference on Natural Language Processing, Hyderabad, 2008: 25-31.

[28] Fang K, Li Y, Zhou G, et al. Exploring Syntactic Features for Pronoun Resolution Using Context-sensitive Convolution Tree Kernel[C]. 2009 International Conference on Asian Language Processing, Singapore, 2009: 201-205.

[29] 孔芳, 周国栋. 基于树核函数的中英文代词消解[J]. 软件学报 2012, 23(5): 1085-1099.

[30] Collins M, Duffy N. Convolution Kernels for Natural Language[C]. Proceedings of the 14th International Conference on Neural Information Processing Systems: Natural and Synthetic, Vancouver, 2001: 625-632.

[31] Zhao H, Liu Q. The CIPS-SIGHAN CLP 2010 Chinese Word Segmentation Backoff[C]. CIPS-SIGHAN Joint Conference on Chinese Language Processing, Beijing, 2010: 1-11.

[32] Bagga A, Baldwin B. Entity-based Cross-document Coreferencing Using the Vector Space Model[C]. The 17th International Conference on Computational Linguistics, Montréal, 1998: 79-85.

[33] Mann G, Yarowsky D. Unsupervised Personal Name Disambiguation[C]. Proceedings of the Seventh Conference on Natural Language Learning at HLT-NAACL 2003, Edmonton, 2003: 33-40.

[34] Gooi C H, Allan J. Cross-document Coreference on A Large Scale Corpus[R]. Amherst: Massachusetts University Amherst Center for Intelligent Information Retrieval, 2004.

[35] Chen Y, Martin J H. Towards Robust Unsupervised Personal Name Disambiguation[C]. Proceedings of the 2007 Joint Conference on Empirical Methods in Natural Language Processing and Computational Natural Language Learning (EMNLP-CoNLL), Prague, 2007: 190-198.

[36] Malin B. Unsupervised Name Disambiguation via Social Network Similarity[J]. Workshop on Link Analysis, Counterterrorism, and Security, Atlanta, 2005, 1401: 93-102.

[37] Huang J, Treeratpituk P, Taylor S, et al. Enhancing Cross Document Coreference of Web Documents with Context Similarity and Very Large Scale Text Categorization[C]. Proceedings of the 23rd International Conference on Computational Linguistics, Beijing, 2010: 483-491.

[38] Ji H, Grishman R, Chen Z, et al. Cross-document Event Extraction and Tracking: Task, Evaluation, Techniques and Challenges[C]. Proceedings of the International Conference RANLP-2009, Borovets, 2009: 166-172.

[39] Bejan C A, Harabagiu S. Unsupervised Event Coreference Resolution[J]. Computational Linguistics, 2014, 40(2): 311-347.

[40] Li P, Zhu Q, Zhu X. A Clustering and Ranking Based Approach for Multi-document Event Fusion[C]. 2011 12th ACIS International Conference on Software Engineering, Artificial Intelligence, Networking and Parallel/Distributed Computing, Sydney, 2011: 159-165.

[41] Lee H, Recasens M, Chang A, et al. Joint Entity and Event Coreference Resolution Across Documents[C]. Proceedings of the 2012 Joint Conference on Empirical Methods in Natural Language Processing and Computational Natural Language Learning, Jeju Island, 2012: 489-500.

[42] Cybulska A, Vossen P. Semantic Relations Between Events and Their Time, Locations and Participants for Event Coreference Resolution[C]. Proceedings of the International Conference Recent Advances in Natural Language Processing RANLP 2013, Hissar, 2013: 156-163.

[43] Goyal K, Jauhar S K, Li H, et al. A Structured Distributional Semantic Model for Event Coreference[C]. Proceedings of the 51st Annual Meeting of the Association for Computational Linguistics, Sofia, 2013: 467-473.

[44] Dutta S, Weikum G. Cross-document Co-reference Resolution Using Sample-based Clustering with Knowledge Enrichment[J]. Transactions of the Association for Computational Linguistics, 2015, 3: 15-28.

[45] Sil A, Yates A. Re-ranking for Joint Named-entity Recognition and Linking[C]. Proceedings of the 22nd ACM International Conference on Information & Knowledge Management, San Francisco, 2013: 2369-2374.

[46] Cucerzan S. Large-scale Named Entity Disambiguation Based on Wikipedia Data[C]. Proceedings of the 2007 Joint Conference on Empirical Methods in Natural Language Processing and Computational Natural Language Learning (EMNLP-CoNLL), Prague, 2007: 708-716.

[47] Mihalcea R, Csomai A. Wikify!: Linking Documents to Encyclopedic Knowledge [C]. Proceedings of the 16th ACM Conference on Information and Knowledge Management, Lisboa, 2007: 233-242.

[48] Zhang W, Su J, Tan C L, et al. Entity Linking Leveraging: Automatically Generated Annotation [C]. Proceedings of the 23rd International Conference on Computational Linguistics Association for Computational Linguistics, Beijing, 2010: 1290-1298.

[49] Pilz A, Paab G. From Names to Entities Using Thematic Context Distance [C]. Proceedings of the 20th ACM International Conference on Information and Knowledge Management, Glasgow, 2011: 857-866.

[50] Zheng Z, Li F, Huang M, et al. Learning to Link Entities with Knowledge Base[C]. Human Language Technologies: The 2010 Annual Conference of the North American Chapter of the Association for Computational Linguistics, Los Angeles, 2010: 483-491.

[51] Shen W, Wang J, Luo P, et al. LINDEN: Linking Named Entities with Knowledge Base via Semantic Knowledge [C]. Proceedings of the 21st International Conference on World Wide Web, Lyon, 2012: 449-458.

[52] Han X, Sun L, Zhao J. Collective Entity Linking in Web Text: A Graph-based Method [C]. Proceedings of the 34th International ACM SIGIR Conference on Research and Development in Information Retrieval, Beijing, 2011: 765-774.

[53] Hoffart J, Yosef M A, Bordino I, et al. Robust Disambiguation of Named Entities in Text[C]. Proceedings of the 2011 Conference on Empirical Methods in Natural Language Processing, Edinburgh, 2011: 782-792.

[54] Hachey B, Radford W, Curran J R. Graph-based Named Entity Linking with Wikipedia[C]. International Conference on Web Information Systems Engineering, Berlin, 2011: 213-226.

[55] Guo Y, Che W, Liu T, et al. A Graph-based Method for Entity Linking[C]. Proceedings of 5th International Joint Conference on Natural Language Processing, Chiang Mai, 2011.

[56] Gottipati S, Jiang J. Linking Entities to A Knowledge Base with Query Expansion[C]. Proceedings of the 2011 Conference on Empirical Methods in Natural Language Processing, Edinburgh, 2011: 804-813.

[57] Zhang W, Sim Y C, Su J, et al. NUS-I2R: Learning A Combined System for Entity Linking[C]. Proceedings of Text Analysis Conference 2010 Workshop, Gaithersburg, 2010.

[58] Chen Z, Ji H. Collaborative Ranking: A Case Study on Entity Linking [C]. Proceedings of the Conference on Empirical Methods in Natural Language Processing, Scotland, 2011: 771-781.

[59] Ratinov L, Roth D, Downey D, et al. Local and Global Algorithms for Disambiguation to Wikipedia[C]. Proceedings of the 49th Annual Meeting of the Association for Computational Linguistics: Human Language Technologies, Portland, 2011: 1375-1384.

第 10 章
基于图谱知识的应用

10.1 引言

在如今互联网技术快速发展和人们需求日益增长的时代,我们见证了数据量每年呈指数级别地攀升。根据 IDC 在 2018 年年底发布的白皮书《数据时代 2025》可知,2018 年全球产生的数据量达到 33ZB(1ZB 等于 1 万亿 GB),IDC 预测到 2025 年全球数据量将扩大到 175ZB[1]。这些数据的来源渠道多种多样,有人们在使用互联网时产生的数据、物联网中传感器产生的数据和政府企业运作时产生的数据等,它们包含了许多反映现实世界和人类社会客观规律的有用信息。如何让计算机自动获取、分析、理解这些信息,并从中得到有价值的知识,为用户提供更智能的服务,是人工智能领域面临的巨大挑战。

近年来,知识图谱因为其高效的组织知识能力和强大的语义处理能力,受到人们越来越多的关注。作为人工智能领域中重要的基础核心技术,知识图谱能够赋予智能体分析、推理和理解等能力,被广泛应用于智能搜索、问答系统及个性化推荐等任务,成为推动人工智能发展的核心驱动力之一。知识图谱这一术语起源于 2012 年 Google 公司发布的新一代智能搜索功能 Google 知识图谱(Google Knowledge Graph)。在维基百科中,知识图谱被定义为 Google 公司及其服务使用的一个知识库,它通过收集不同数据来源的信息提升搜索引擎返回结果的质量。基于知识图谱的必应搜索示例如图 10-1 所示。在必应搜索引擎中搜索"北京理工大学",相较于传统的搜索引擎只是返回相关大学和排名比较靠前的网页,基于知识图谱的必应搜索能够直接返回结构化信息,如创办时间、校长和电话等。从表现形式上看,知识图谱是一种用语义网表示的知识库,以符号形式描述现实世界中的具体事物和抽象概念以及它们之间的相互联系,使用实体表示某种具体事物,关系表示实体与实体、概念之间的语义联系。知识图谱的基本组成单位是(头实体,关系,尾实体)三元组,以及实体与其相关属性-属性值对构成的(实体,属性,属性值)三元组,这些三元组也称为事实,实体之间通过关系相互联结,构成网状的知识结构,这种知识结构也可以通过有向图结构来表示,图中的节点表示实体或者概念，边表示实体的属性或者实体间的关系。知识图谱示例如图 10-2 所示，图中显示的是洛克希德·马丁公司的结构图。

图 10-1　基于知识图谱的必应搜索示例

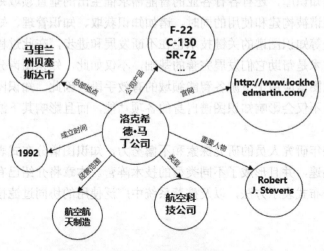

图 10-2　知识图谱示例

随着互联网的蓬勃发展，数据呈现爆发式增长，人们对快速准确地获取高质量信息的诉求越来越强烈，越来越多的需要知识赋予智能的应用需求也推动了知识图谱的诞生和发展。特别是在 Google 搜索引擎使用知识图谱进行智能搜索大获成功以后，知识图谱技术无论是在学术界还是在工业界都备受关注，国内外众多互联网公司开始构建自己的知识图谱。比如，微软公司构建知识图谱 Satori 用于各种智能服务（如新闻推荐[2]），IBM 公司构建知识图谱用于智能问答，Facebook

公司构建社交知识图谱支撑智能搜索好友的服务，百度公司构建的"知心"用来提高搜索结果的准确性，搜狗公司构建的"知立方"用于支撑智能搜索服务。知识图谱技术发展至今，其内容已经远远超出语义网和知识工程的范围，在实际应用中它被赋予了越来越丰富的内涵。在如今大数据时代的背景下，知识图谱作为一种技术体系，代表着一系列代表性技术的总和，包括知识图谱构建、知识表示、知识推理与补全、实事监测和自动问答等相关技术。这些关键技术在发展过程中仍存在着大大小小的问题，而知识图谱表示技术是帮助它们不断发展完善的基础，不仅如此，知识图谱表示技术也是将知识图谱应用于下游智能领域的有效手段。

10.2 知识表示方法

随着人工智能逐步迈向认知智能，知识图谱作为人工智能的核心技术和认知智能的基石得到快速长足的发展。当前的知识图谱不仅有开放领域协同知识发展而来的大规模知识库，还有各行各业的智能需求催生出的垂直领域知识图谱。在这众多知识图谱被构建和使用的同时，诸如知识获取、知识管理、知识推理与计算和知识融合等知识图谱的关键技术也在不断发展和进步，在此过程中知识图谱分布式表示技术是帮助它们发展完善的基础，不仅如此，知识图谱分布式表示技术也是将知识图谱应用于下游各智能领域的有效手段。因此，知识图谱分布式表示性能的好坏不仅会影响知识图谱自身的各项功能，而且影响其下游智能应用的效果。

通过近些年研究人员的研究探索和不懈努力，知识图谱分布式表示方法百花齐放、发展迅速，并且形成了不同类型的技术阵营。本章将介绍已有的四种类型的知识图谱分布式表示方法，以及推荐系统中广泛使用的协同过滤推荐算法的相关研究工作。

10.2.1 基于距离的知识表示方法

基于距离的知识表示方法的代表工作是结构向量化（Structured Embedding，SE）[3]。SE 设定实体是 d 维实数向量，对于一个事实三元组 (h,r,t)，SE 通过与 r 相关的不同映射矩阵 $M_{r,1}, M_{r,2} \in \mathbb{R}^{d \times d}$，将头实体和尾实体投影到同一个向量空间 $\mathbb{R}^d$ 并要求它们距离相近，于是可以得到如下的评分函数：

$$f(h,r,t) = -\left\| M_{r,1}h - M_{r,2}t \right\|_{L_1} \qquad (10\text{-}1)$$

评分函数计算的距离反映了在关系 r 下头实体和尾实体的语义相关性，距离值越小，表明它们越相近，越有可能具有这种关系。把所有事实的评分函数值求和可以得到需要优化的目标函数，通过最大化这个目标函数，学习出最优的实体的向量参数和关系的矩阵参数。

10.2.2 基于翻译的知识表示方法

基于翻译的知识表示方法将事实三元组中的关系看成头实体和尾实体在向量空间中的翻译操作。该类方法的提出受到了词向量方法 word2vec 的启发，在使用 word2vec 时，Mikolov 等人发现了词向量在向量空间中的平移不变现象，比如 $v_{man} - v_{woman} \approx v_{king} - v_{queen}$，即 $v_{man} \approx v_{king} - v_{queen} + v_{woman}$，这表明单词 king 和 queen 词向量之间的语义关系可以作为一个平移操作，将单词 woman 变成 man，这个平移操作可以看成 woman 词向量到 man 词向量的翻译。

Bordes 等人[4]受到该现象的启发提出了 TransE 模型。TransE 将实体和关系表示成向量空间 $\mathbb{R}^d$ 的向量。给定一个事实 (h, r, t)，h、r、t 分别是实体 h、t 和关系 r 的向量表示，它们应该满足 $h + r \approx t$，也就是说，通过关系向量 r 翻译后的头实体向量 $h + r$ 应该和尾实体向量 t 距离相近，如图 10-3（a）所示。基于此，TransE 定义评分函数如下：

$$f(h, r, t) = -\|h + r - t\|_{L_1 \atop L_2} \tag{10-2}$$

式中，$\dfrac{L_1}{L_2}$ 分别表示 1-范数和 2-范数。TransE 使用如下损失函数作为目标函数，使得正、负实例尽可能分开：

$$\text{loss} = \sum_{(h,t,r) \in \mathcal{T}} \sum_{(h',t,r') \in \mathcal{T}'} \max\{0, \gamma - f(h, r, t) + f(h', t, r')\} \tag{10-3}$$

$$\begin{aligned}\mathcal{T}' &= \{(h', r, t) | h' \in \varepsilon \wedge h' \neq h \wedge (h, r, t) \in \mathcal{T}\} \\ &\cup \{(h, r, t') | t' \in \varepsilon \wedge t' \neq t \wedge (h, r, t) \in \mathcal{T}\}\end{aligned} \tag{10-4}$$

式中，$\mathcal{T}'$ 是采样出来的负实例集合；$\gamma > 0$ 是区分开正实例和负实例的间隔值；知识图谱集合 $\mathcal{T}$ 的事实看成正实例；负实例是通过从实体集合 ε 随机采样一个实体替换头实体或者尾实体得到的。TransE 方法虽然简单高效，但是它无法支持一对多、多对一或者多对多类型的关系，而这些关系在现实生活中是十分常见的，比如，"张艺谋"既是电影《红高粱》的导演又是电影《活着》的导演。

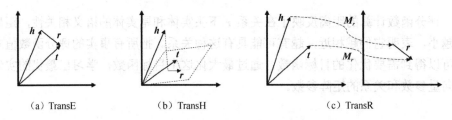

图 10-3 TransE、TransH 和 TransR 方法的示意图

为了解决 TransE 的问题，TransH[5]引入了特定关系的超平面，TransH 如图 10-3（b）所示。对于不同的关系，头实体和尾实体投影到不同的超平面上，然后像 TransE 那样进行翻译操作。给定一个事实三元组 (h,r,t)，TransH 将每个关系 r 对应的超平面使用法向量 w_r 表示，头、尾实体投影到 r 的超平面后得到新的向量：

$$h_\perp = h - w_r^T h w_r \\ t_\perp = t - w_r^T t w_r \quad (10\text{-}5)$$

在超平面上，新的头、尾实体向量进行翻译操作，即 $h_\perp + r \approx t_\perp$。于是，得到 TransH 的评分函数如下：

$$f(h,r,t) = -\|h_\perp + r - t_\perp\|_{L_1/L_2} \quad (10\text{-}6)$$

TransR[6]为了解决 TransE 的问题，引入了关系的向量空间，它将实体和关系定义在不同的向量空间中，通过空间变换操作把头、尾实体映射到关系的向量空间中再进行翻译操作。TransR 如图 10-3（c）所示。假设实体和关系的向量空间分别为 $\mathbb{R}^d$ 和 $\mathbb{R}^k$，给定一个事实三元组 (h,r,t)，TransH 将头、尾实体经过 $M_r \in \mathbb{R}^{k \times d}$ 矩阵变换投影到关系向量空间后得到新的向量：

$$h_\perp = M_r h \\ t_\perp = M_r t \quad (10\text{-}7)$$

TransR 的评分函数同样定义成式（10-6）。由于 TransR 的变换矩阵参数较多，时空复杂度高，因此 TransD[7]方法通过将矩阵分解成两个向量的方式减少 TransR 的复杂度。具体地说，对于一个事实 (h,r,t)，TransD 设计了映射向量 $w_h, w_t \in \mathbb{R}^d$ 和 $w_r \in \mathbb{R}^d$，可以得到头、尾实体的投影矩阵 M_r^1 和 M_r^2 如下：

$$M_r^1 = w_r w_h^T + I \\ M_r^2 = w_r w_t^T + I \quad (10\text{-}8)$$

经过上面的投影矩阵变换后，头、尾实体的向量表示如下：

$$h_\perp = M_r^1 h$$
$$t_\perp = M_r^2 t \tag{10-9}$$

10.2.3 基于双线性的知识表示方法

基于双线性的知识表示方法将实体表示为向量，关系表示为矩阵，对于一个事实三元组，头实体或者尾实体向量通过关系进行线性变换后在向量空间与尾实体向量或者头实体向量重合。RESCAL 方法[8]是首个基于双线性的知识表示方法，给定事实(h,r,t)，它定义实体$h,t \in \mathbb{R}^d$，关系 r 对应的线性变换矩阵 $M_r \mathbb{R}^{d \times d}$，RESCAL 如图 10-4（a）所示，评分函数定义如下：

$$f(h,r,t) = h^\mathrm{T} M_r t \tag{10-10}$$

接着，RESCAL 方法使用如下 logistics 损失函数作为目标函数，实体和关系的分布式表示如下：

$$\sum_{(h,r,t) \in T \cup T'} \log\{1 + \exp[-y_{hrt} f(h,r,t)]\} \tag{10-11}$$

式中，$y_{hrt} = \pm 1$ 表示(h,r,t)是正实例或者负实例；T' 的定义如式（10-4）所示。

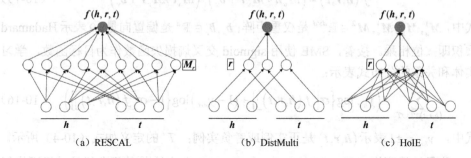

(a) RESCAL   (b) DistMulti   (c) HoIE

图 10-4 RESCAL、DistMulti 和 HoIE 方法示意图

为了简化 RESCAL 方法的时空复杂度，DistMulti[9]提出使用对角矩阵替换矩阵 M_r，即为每个关系 r 定义一个向量$r \in \mathbb{R}^d$，通过该向量可以得到线性变换矩阵 $M_r = \mathrm{diag}(r)$，（diag 函数将向量转换成对角化矩阵）。DistMulti 如图 10-4（b）所示。于是得到 DistMulti 方法的评分函数如下：

$$f(h,r,t) = h^\mathrm{T} \mathrm{diag}(r) t \tag{10-12}$$

HoIE 方法[10]使用循环互相关操作（Circular Correlation Operation）解决 DistMulti 方法只支持对称关系的问题。同样地，它将实体和向量使用实数向量表示，即 $h,t,r \in \mathbb{R}^d$。给定一个事实(h,r,t)，首先通过循环互相关操作将头、尾实体组合成一个新的向量 $h \star t \in \mathbb{R}^d$，然后衡量该向量与关系向量的相似度作为事实的得分。HolE 如图 10-4（c）所示。HolE 方法的评分函数如下：

$$f(h,r,t) = r^T(h \star t) = \sum_{i=0}^{d-1}[r]_i \sum_{k=0}^{d-1}[h]_k[t]_{k+i \bmod d} \quad (10\text{-}13)$$

由于循环互相关操作是不可交换的，因此 HolE 方法可以建模非对称关系。

10.2.4 基于神经网络的知识表示方法

基于神经网络的知识表示方法将实体和关系表示为向量，并利用多层神经网络强大的自适应学习能力和支持非线性映射等优点，建模知识图谱中实体和关系之间存在的语义关联。SME（Semantic Matching Energy）方法[11]使用线性神经网络架构对实体和关系进行语义匹配。给定一个事实 (h,r,t)，SME 将实体和关系的向量作为神经网络的输入层，并定义两种评分函数，分别为线性和双线性形式，如下所示：

$$f(h,r,t) = \left(M_u^1 h + M_u^2 r + b_u\right)^T \left(M_v^1 t + M_v^2 r + b_v\right) \quad (10\text{-}14)$$

$$f(h,r,t) = \left(M_u^1 h \circ M_u^2 r + b_u\right)^T \left(M_v^1 t \Diamond M_v^2 r + b_v\right) \quad (10\text{-}15)$$

式中，$M_u^1, M_u^2, M_v^1, M_v^2 \in \mathbb{R}^{d \times d}$ 是权重矩阵；$b_u, b_v \in \mathbb{R}^d$ 是偏置向量；$\Diamond$ 表示 Hadamard 乘积即按位相乘。接着，SME 使用 sigmoid 交叉熵损失函数作为目标函数，学习实体和关系的分布式表示：

$$\sum_{(h,r,t) \in \mathcal{T} \cup \mathcal{T}'} -\left(y_{hrt} \log\{\sigma[f(h,r,t)]\} + (1-y_{hrt})\log\{1-\sigma[f(h,r,t)]\}\right) \quad (10\text{-}16)$$

式中，$y_{hrt} = \pm 1$ 表示 (h,r,t) 是正实例或者负实例；$\mathcal{T}'$ 的定义如式（10-4）所示。

张量神经网络（Neural Tensor Network，NTN）方法[12]使用非线性神经网络架构建模实体和关系之间的语义关联。给定一个事实 (h,r,t)，NTN 方法首先将实体的向量 $h,t \in \mathbb{R}^d$ 作为神经网络的输入层，然后使用与关系 r 相关的一个张量 $\bar{M}_r \in \mathbb{R}^{d \times d \times k}$ 将头、尾实体向量结合在一起，输入一个非线性的隐藏层，最后通过输出层得到该事实的得分，于是定义 NTN 的评分函数如下：

$$f(h,r,t) = r^T \tanh\left(h^T \bar{M}_r t + M_r^1 h + M_r^2 + b_r\right) \quad (10\text{-}17)$$

式中，$M_r^1, M_r^2 \in \mathbb{R}^{k \times d}$ 是权重矩阵；$b_r \in \mathbb{R}^k$ 是偏置向量；tanh 是激活函数。

多层感知机（Multi-Layer Perceptron，MLP）方法[13]是比 NTN 方法更简单的一种基于神经网络的方法。给定一个事实 (h,r,t)，MLP 方法首先将实体和关系的

向量 h, r, t 拼接起来作为神经网络的输入层，然后经过一层非线性隐藏层，最后接入一个线性输出层，于是可以得到 MLP 方法的评分函数如下：

$$f(h,r,t) = w^\mathrm{T} \tanh(M[h,r,t]) \tag{10-18}$$

式中，$M \in \mathbb{R}^{d \times 3d}$、$w \in \mathbb{R}^d$ 分别是隐藏层的权重矩阵和输出层的权重向量；tanh 是激活函数。

神经关联模型（Neural Association Model，NAM）方法[14]使用深度神经网络架构进行建模。给定一个事实 (h,r,t)，NAM 方法首先将头实体向量和关系向量拼接起来作为输入层，然后接入一个由 L 层非线性隐藏层组成的深度神经网络，最后将第 L 层的结果与尾实体向量一同输入线性输出层，于是本书可以得到 NAM 方法的评分函数如下：

$$f(h,r,t) = t^\mathrm{T} z^L$$
$$z^l = \mathrm{ReLU}(M^l z^{l-1} + b^l), \quad l = 1, \cdots, L \tag{10-19}$$
$$z^0 = [h;r] \in \mathbb{R}^{2d}$$

式中，M^l 表示隐藏层第 l 层的权重矩阵；b^l 表示第 l 层的偏置向量。

ConvE 方法[15]则使用卷积神经网络架构进行建模。给定一个事实 (h,r,t)，ConvE 方法首先将头实体向量和关系向量进行二维重塑，其次接入一个卷积层，再次接入一个全连接层，最后将其结果与尾实体向量一同输入线性输出层，于是可以得到 ConvE 方法的评分函数如下：

$$f(h,r,t) = g\left(\mathrm{vec}\left\{g\left[\mathrm{concat}(\hat{h},\hat{r})*\omega\right]\right\}W\right)t \tag{10-20}$$

式中，$\hat{h}$ 和 $\hat{r}$ 分别表示 h 和 r 的二维重塑矩阵；$\mathrm{concat}(\cdot)$ 函数将矩阵 $\hat{h}$ 和 $\hat{r}$ 拼接；ω 表示一组卷积过滤器；* 则表示执行一个卷积操作；$\mathrm{vec}(\cdot)$ 函数将卷积层输出的张量转换成一个向量；$g(\cdot)$ 表示一个非线性函数。

10.3 知识推理

知识推理利用概念上下位关系识别两个概念之间是否具有某种关系。该任务的主流研究方法可分为基于语言模式的匹配方法与基于分布式表示的识别方法。基于语言模式的匹配方法最早可追溯至著名的 Hearst 模式，一些后续研究工作主要是不断地挖掘高质量语料库（如在线百科网站），并从中学习高准确率、高泛化性的语言模式。基于分布式表示的识别方法主要致力于设计先进的向量表示学习算法，通过学习概念的表示向量来预测它们之间具有上下位关系的可能性。这类方法避免了概念共现的客观要求，使相关模型的召回率得到了一定的提升。

10.3.1 基于语言模式的匹配方法

这类方法主要通过预定义的规则或词法-句法模式从大规模的语料库中挖掘具有上下位关系的概念对。这些语言模式要么由人工进行设计[16]，要么通过自枚举的方式从语料中自动学习得到[17]。Hearst 模式[16]作为这类方法中的典型代表，被广泛应用于多个大规模分类体系的构建任务中，如 Probase、WebIsA 语料库等。表 10-1 所示为典型的 Hearst 模式。但是，由于 Hearst 模式的高度固定性，更多的研究工作尝试从精准度、覆盖率两个方面对其进行改进。例如，Luu 等人[18]设计了多种灵活的抽取模式，保证这些模式中的部分词是可以替换的，进而通过初始输入的种子实例在大规模语料库中自动抽取可能具有上下位关系的候选概念对。Navigli 和 Velardi[19]提出了*模式，将语言模式中频繁出现的词或短语替换为通配符，通过不断地对*模式做聚类，可获得更多的、泛化性能更强的词法-句法模式。Nakashole 等人[20]设计了 PATTY 系统，该系统在与词相关的依存路径的基础上，进一步融入了词性标注、通配符、本体类别（Ontological Type）等额外的知识来提高模式的泛化性。Snow 等人首次利用了语义网络中的上下位词对文本中的句法路径进行采样，进而自动生成句法模式来抽取上位词。基于语文模式的匹配方法的最大缺陷在于概念的共现性约束，即只有当概念对中的两个词同时出现在一个句子中时，它们之间的上下位关系才能被正确抽取。然而对于表达灵活、语言模式不固定的语言，如中文，相关研究工作曾证明：这类方法的效果并不理想。再者，在真实的语言场景中，仅仅依靠固定的语言模式来刻画复杂的语言现象显然是很困难的。

表 10-1 典型的 Hearst 模式

模　式	举例说明
NP such as {NP,}*{(or|and)} NP	companies such as IBM, Apple
NP{,} including {NP,} *{(or | and)} NP	algorithms including SVM, LR and RF
NP {,NP} *{,} or other NP	animals, dogs, or other cats
NP {,NP} *{,} and other NP	representatives in North America, Europe, Japan, China, and other countries
NP {,} especially {NP,} *{(or | and)} NP	developing countries, especially China and India

在线百科网站的标签系统通常被视为蕴含上下位关系的理想数据源。现有的基于百科知识的抽取方法仍然主要遵循基于语言模式的匹配思路：首先从标签系

统中筛选出高质量的概念（即概念型标签），然后通过词法-句法模式识别百科类别词条中的上下位关系，或者是与 Word Net 等外部知识库建立联系来识别特定标签是否与知识库的概念之间具有上下位关系。Suchanek 等人[21]发现概念标签间或者概念标签与其类别标签之间的单复数形式可作为判定它们具有上下位关系的关键依据。例如，"British computer scientists" 和 "computer scientists" 两个标签名称中的中心词均为 "scientists"，并且为复数形式，则认为它们具有较大的概率满足上下位关系；"Crime Comics" 和 "Crime" 之间为错误的上下位关系，实际上，"Crime" 为不可数名称，常用于表达概念所属的主题，属于主题标签。Suchanek 等人提出在识别出维基百科中的概念型标签后，将它们与 Word Net 知识库中的概念建立上下位关系，进而构建了一个包含庞大概念层级体系的知识库 YAGO[22]。不难发现，基于在线百科的方法虽然在一定程度上扩大了用于抽取、检测上下位关系的高质量语料库，但其有效适用范围主要局限在英文版的在线百科，并且与百科上下文的语言特征紧密相关。

10.3.2 基于分布式表示的识别方法

这类方法主要通过学习两个概念的分布式表示（Distributional Representation）来预测它们之间具有上下位关系的可能性。与基于分布式表示的识别方法紧密相关的是 Geffet 和 Dagan 提出的分布式包含假设（Distributional Inclusion Hypothesis，DIH）[23]，这一假设的提出主要来源于对以下现象的观察：在语义层面，作为上位词的概念的上下文包含作为下位词的概念的上下文。基于 DIH，研究者提出了一系列无监督的上下位关系度量方法，它们主要通过计算一个可信度值来衡量两个概念间具有上下位关系的可能性大小，经典的度量方法包括 WeedsPrec[24]、SLQS[25]等。然而这类方法的整体性能并不理想，并没有一种度量方法能够在多个基准数据集（Benchmark Dataset）上超过这一类中的其他度量方法。

近年来，有监督的上下位关系识别模型表现抢眼，这类方法通常包括两个阶段：首先第一阶段的主要任务是从训练语料中学习候选上下位关系元组中两个概念的向量表示；然后将它们作为特征，输入第二阶段的二元分类器进行训练；最后利用训练好的分类器模型对测试集上的候选上下位关系元组进行预测。在这类模型中，相关研究工作将通过第一阶段训练得到的两个概念的向量表示的差值作为特征来训练上下位关系分类器。Roller 等人[26]考虑到上下位关系的非对称性并提出了 asym 模型，该模型同时使用概念向量表示的差值与平方差值作为分类器的输入特征。除此之外，在上述文献中，作者还对通过不同方式获得的上下文特征的权重进行了讨论分析。类似的模型还有 simDiff 模型，它通过计算两个候选概念与语料库中其他概念间的语义相似度,并将形成的相似度向量的差值作为特征输入分类器。

在神经语言模型中,Yu 等人提出了一种最大距离间隔神经网络模型。该模型依赖于 Probase 中海量的上下位关系元组,对于每个元组中的两个概念,分别学习其作为上位词和下位词的不同向量表示,最终通过优化一个基于最大距离间隔的目标函数得到它们的上下文向量表示。该模型有两个缺点:①过度依赖于 Probase 中的上下位关系元组数据集,使学习到的概念的上下文向量表示仅与 Probase 中的数据特征紧密相关。如果候选上下位关系元组未在 Probase 中出现,那么模型很可能给出错误的预测结果。②神经网络中的权重参数的值是静态的,这意味着这些权重在迭代训练的过程中无法得到有效的更新,从而制约了该模型的实际性能。针对上述问题,Luu 等人[27]提出了一种具有三种结构的动态权重神经网络(Dynamic Weighting Neural Network,DWNN)模型。该模型通过一个动态的三层神经网络(包括输出层、隐藏层和输出层)学习如何将候选下位词及其与候选上位词所在的句子中的由若干个词组成的上下文投影至上位词的词向量表示。该神经网络的动态特征主要表现在,对于每一个候选下位词,由于其所在的上下文有所不同,相应地,它对应的输入神经网络的上下文的词数也是不同的。神经网络在训练的过程中会不断更新其中的权重参数。最终,分别将候选上下位概念自身的向量表示,以及它们之间的差值进行拼接,作为特征来训练一个基于 SVM 的上下位关系分类器。Shwartz 等人[28]首先利用长短期记忆网络来编码候选上下位概念的依存路径,然后结合两个概念的词向量作为特征,协同训练混合神经网络对候选上下位关系进行分类。该模型采用端对端的方式进行训练,训练过程中的所有向量表示都会得到更新。

10.4 知识补全

近些年来,包括 Freebase[29]、YAGO[21]、DBpedia[30]在内的不少具有代表性的大型知识图谱已逐渐形成体系,它们作为高价值的资源被广泛地应用于诸多下游任务[31],并且取得了显著的性能提升。虽然这些知识图谱包含了庞大数量的实体和关系事实,但就其所包含的事实知识的语义丰富度而言,它们是远远不够完善的,尤其是其中已有大量长尾实体,并没有多少关系事实与它们相互关联。发生这一问题的主要原因在于:这些实体、关系事实主要来源于未经标注的半结构化、非结构化文本语料,依赖于先进的机器学习与信息抽取技术将它们编织成知识并扩展到知识图谱之中。然而,在现实的场景中,没有任何一种数据源能够保证拥有全部精良的数据，以充分满足信息抽取算法对数据质量的要求。同样地，也没有任何一种或多种信息抽取技术堪称足够完美，以充分满足构建规模巨大、语义丰富、质量精良、结构良好的知识图谱的编织要求。因此，在知识工程及相关领域，知识图谱补全依然是一项长期存在的、并且在不断发展的研究课题。

最近，融入时序信息的知识图谱表示学习技术异军突起，当代研究者致力于将事实知识上的时序信息融入知识图谱的向量表示，以实现对时序知识图谱上缺失链接的补全与纠正，从而获得更为精准、完整、真实的时序知识图谱。例如，t-TransE 模型将知识图谱中包含事实的有效时间进行分析。Jiang 等人拓展了上述工作，首次尝试将一些在时间维度上具有先后顺序的关系信息融入模型，以学习时序知识图谱的向量表示。TTransE 模型研究了未标注时序信息的事实上的时间戳预测任务。从本质上来说，上述模型主要依赖于学习时序顺序关系来融入时序信息至知识图谱的向量表示，其主要面临以下两个方面的挑战：①在特定的时序空间中，忽略了同一个时序关系链上不同距离的时序顺序关系之间的演化影响，导致模型只能学习到事实间粗粒度的时序关系表示；②模型仅依靠学习到的时序知识图谱的向量表示对图谱中可能存在的链接进行预测，模型在学习知识图谱中的事实与事实间时序关系的过程中，难免混入一定的噪声，如果未对候选向量结果进行有效的纠正，那么链接预测的真实性将受到显著的影响。

10.4.1 预备知识

10.4.1.1 静态知识图谱

静态知识图谱（即知识图谱）是一种大规模的语义网络，表现为一种有向图结构，可被定义为 $\mathcal{G}=\{\mathcal{E},\mathcal{R}\}$，其中 $\mathcal{E}$ 和 $\mathcal{R}$ 分别表示实体和关系的集合，$\mathcal{G}$ 中的每个元素称为事实，或者是关系实例，又或者是三元组实例，其主要表现为三元组的形式 (h,r,t)，其中 $h\in\mathcal{E},t\in\mathcal{E},r\in\mathcal{R}$ 分别表示头实体、尾实体及它们之间的关系。

10.4.1.2 时序知识图谱

时序知识图谱（Temporal Knowledge Graph，TKG）被认为是静态知识图谱在时间维度上的自然扩展，被定义为 $\mathcal{G}=\{\mathcal{E},\mathcal{R},\mathcal{T}\}$，其中，$\mathcal{E}$ 和 $\mathcal{R}$ 分别表示实体和关系的集合，$\mathcal{T}$ 表示和事实相关的时间戳集合。$\mathcal{G}_t$ 中的每个元素表现为四元组的形式 (e_s,r,e_o,t_r)，其中 $e_s\in\mathcal{E},e_o\in\mathcal{E},r\in\mathcal{R}$ 分别表示两个实体以及它们之间的关系，三元组实例 (e_s,r,e_o) 在时间间隔 $t_r=[t_{\text{start}}:t_{\text{end}}]\in\mathcal{T}$ 内成立。

时序知识图谱和静态知识图谱的差异如图 10-5 所示。图 10-5（a）所示为一个关于"足球运动员"主题的静态知识图谱示例。其中的 5 个顶点表示 5 个实体（如大卫·贝克汉姆、英国，4 种有向边上的标签表示 4 种关系类型（如效力于、出生）。图 10-5（b）所示为一个由图 10-5（a）扩展而形成的时序知识图谱示例。其中每条边上的关系都有一个时间戳 $[t_{start}:t_{end}]$，表示该关系链接的事实发生于 t_{start}、结束于 t_{end}。例如，事实（大卫·贝克汉姆，效力于，曼联）仅在 1996—2003 年这个时间间隔内有效。

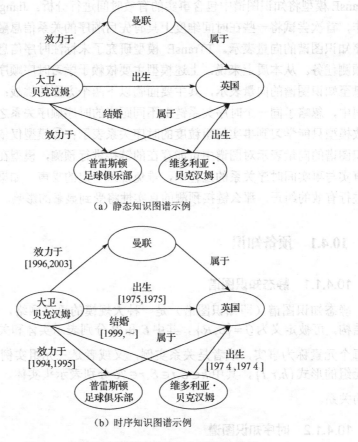

图 10-5 时序知识图谱和静态知识图谱的差异

10.4.1.3 时序知识图谱补全

给定一个时序知识图谱，其补全任务的目的在于向其中添加缺失的四元组实例 (e_s, r, e_o, t_r)。对于新增加的元素，无论是头实体 e_s、尾实体 e_o，还是它们之间的关系 r，都已存在于知识图谱之中。换言之，新增的事实并不会给知识图谱带来额外的节点，或是从未出现过的边，而是让知识图谱的图结构更加稠密。与静态知识图谱补全任务类似，上述任务可分为两个子任务，分别为实体预测和关系预测。形式化地，在实体预测中，$(?, r, e_o, t_r)$ 表示在 t_r 间隔内，已知关系 r 与尾实体 e_o，预测缺失的头实体 e_s；$(e_s, r, ?, t_r)$ 表示在 t_r 间隔内，已知头实体 e_s 与关系 r，预测缺失的尾实体 e_o。在关系预测中，已知头实体 e_s 与尾实体 e_o，判定 (e_s, r, e_o, t_r) 在 t_r 间隔内是否为合理的事实。

10.4.2 基于时序知识图谱的自动补全模型

近年来，大量的当代研究者聚焦于如何更好地融入事实上与事实间的时序信息来学习更为精准、完整、真实的知识图谱的向量表示。Jiang 等人[32]通过对知识图谱中事实的发生时间进行分析，考虑到事实中关系之间的时序顺序演化，在 TransE 模型的基础上，首次提出了轻量级的改进版本 t-TransE 模型。基于上述工作，Jiang 等人[33]提出了 TransE-TAE 模型。具体而言，该模型不是直接在特定的时序空间上学习知识图谱的向量表示，它首先学习关系之间的时序顺序信息（例如，在……出生→在……工作→在……去世），然后将这些信息融入一个联合框架来训练知识图谱的向量表示，进而通过向量表示的结果对知识图谱中缺失的链接做出预测。

在 TransE-TAE 中，$\varDelta$ 表示给定时序知识图谱中已有的四元组实例集合，在同一个头实体的时序关系链上，存在任意两个四元组实例 $(e_i, r_k, e_j, t_{rk}) \in \varDelta$，$(e_i, r_l, e_m, t_{rl}) \in \varDelta$，与之相对应的是一个时序顺序关系对 $\langle r_k, r_l \rangle$。如果 $t_{rk} \leq t_{rl}$，用 $y^+ = (r_k, r_l)$ 表示该时序顺序关系对的正实例，$y^- = (r_k, r_l)^{-1}$ 表示针对以上正实例而构造的负实例。对于每一个时序顺序关系对 $\langle r_k, r_l \rangle$，定义了以下时序评分函数：

$$g(\langle r_k, r_l \rangle) = \|r_k T - r_l\|_{L_1/L_2} \tag{10-21}$$

式中，T 为用于刻画时序顺序关系的演化矩阵，通过 T 将 r_k 和 r_l 投影到一个特定的时序向量空间上，它们之间的距离越小，说明 r_k 先于 r_l 发生（即 $y^+ = (r_k, r_l)$ 为正实例）；反之，说明 r_k 后于 r_l 发生（即 $y^- = (r_k, r_l)^{-1}$ 为负实例）。模型希望在遵循时间顺序的时序关系链上，正实例的评分值 g 足够小，负实例的评分值 g 足够大。

时序信息向量的知识图谱的表示学习问题将被建模为一个带有时序正则化的联合学习问题，定义的优化目标函数如下：

$$L = \sum_{x^+ \in \Delta} \sum_{x^- \in \Delta'} \left[\gamma_1 + f(x^+) - f(x^-) \right]_+ + \lambda \sum_{y^+ \in \Omega_{e_i,t_{t_k}}, y^- \in \Omega'_{e_i,t_{t_k}}} \left[\gamma_2 + g(y^+) g(y^-) \right]_+ \quad (10\text{-}22)$$

式中，$x^+ = (e_i, r_k, e_j) \in \Delta$ 表示正例三元组；$x^- = (e'_i, r_k, e'_j) \in \Delta'$ 表示对 x^+ 中的头、尾实体进行替换得到的负例三元组；$f(\cdot)$ 为 TransE 模型的评分函数，计算公式如式（10-3）所示。对于时序知识图谱中以 e_i 开头的关系链，其中时序关系对的正实例集合如下：

$$\begin{aligned}\Omega_{e_i,t_{t_k}} = &\{\langle r_k, r_l \rangle | (e_i, r_k, e_j, t_{t_k}) \in \Delta, (e_i, r_l, e_m, t_{t_l}) \in \Delta, t_{t_k} < t_{t_l}\} \\ \cup &\{\langle r_l, r_k \rangle | (e_i, r_k, e_j, t_{t_k}) \in \Delta, (e_i, r_l, e_m, t_{t_l}) \in \Delta, t_{t_k} < t_{t_l}\}\end{aligned} \quad (10\text{-}23)$$

式中，关系 r_k 和 r_l 共享同一个头实体 e_i；$\Omega'_{e_i,t_{t_k}}$ 为交换 $\Omega_{e_i,t_{t_k}}$ 中每个时序关系对中的关系顺序而得到的负实例集合。在训练的过程中，TransE-TAE 模型采用随机梯度下降（Stochastic Gradient Descent，SGD）方法求解优化目标函数式（10-22）的最优值。在实际过程中，本书对模型中的实体、关系向量，以及时序关系的投影进一步做规范化限制：$\|e_i\|_2 \leq 1, \|r_k\|_2 \leq 1, \|r_l\|_2 \leq 1, \|e_j\|_2 \leq 1, \|r_k T\|_2 \leq 1, \|r_l T\|_2 \leq 1$。

尽管 TransE-TAE 模型能够从时序顺序关系的角度对事实之间的时序信息进行建模表示，但该方法仍然暴露出两个重要的缺陷：①在特定的时序空间中，忽略了同一个时序关系链上不同距离的时序顺序关系之间的演化影响，导致模型只能学习到事实间粗粒度的时序关系表示；②Zhou 等人曾在相关工作中指出：在实际中，与 TransE 模型的评分函数类似，式（10-3）并不能保证正实例的评分值远小于负实例的评分值，尤其是在时序顺序关系稀疏的知识图谱中。因此，本书认为该模型仍具有较大的改进空间。TTransE 模型研究了未标注时序信息的事实上的时间戳预测任务，提出了多种基于 TransE 风格的关系向量表示模式。在 TransH 模型的基础上，Dasgupta 等人提出了 HyTE 模型，其核心思想是在根据时序事实的时间片来切分的若干个超平面上学习实体、关系的向量表示。相比于 TransE-TAE 模型，这种做法有利于帮助缺少时序顺序关系的事实建立更合适的投影空间，并在该空间上学习事实的向量表示；再者，在一定程度上解决了 1∶M、M∶1 等关系类型下实体向量学习错误的问题。TA-TransE 模型利用一个数字级别（Digit-level）的 LSTM 模型，结合经典模型（如 TransE、DistMulti）的评分函数学习时序知识图谱的向量表示。Know-Evolve 是一种深度演化知识网络，在该网络中，主要通过一种多变量时序点过程来对时序事实进行建模，以及深度循环神经网络来学习一种非线性的、实体间的演化表示。

10.5 基于知识图谱的推荐算法

知识图谱可以用于推荐系统，并大大提升推荐效果。众所周知，推荐系统面临着三大问题：用户物品之间的交互行为数据稀疏、新用户或者新物品到来时的冷启动和推荐结果可解释性差。而这些问题通过引入知识图谱可以得到很好的缓解。比如，物品的知识图谱中包含物品大量的背景知识，以及物品之间存在的语义关联。知识图谱可以与推荐系统中用户物品之间的交互行为数据结合起来，扩展用户与物品之间潜在的关联关系，补充用户与物品之间的交互信息，从而缓解交互数据稀疏的问题。当新物品到来时，即使没有任何用户与其有交互行为，根据知识图谱中该物品的结构化信息和已有的用户交互数据，我们仍然可以找到它与某些用户之间的关联，向这些用户推荐它，从而解决冷启动的问题。另外，通过知识图谱，我们可以给出用户与物品之间的所有具有语义信息的关联路径，从而给出向用户推荐某种物品的原因。

正是因为知识图谱带来的这些好处，研究人员开始越来越多地关注和研究如何将知识图谱结合到推荐系统中，而知识图谱分布式表示技术的提出进一步加快了这一进程。目前主流的推荐系统使用的推荐算法大多都是使用低维向量空间的向量表示用户和物品，知识图谱分布式表示技术学习到的知识图谱向量使得将知识图谱信息引入已有的推荐算法中变得更加便利。然而，知识图谱的结构化信息和推荐系统中用户物品交互信息的异质性，导致如何有效地将知识图谱中的结构化信息集成到用户和物品中面临着很大的挑战。在此，将基于知识图谱的推荐系统方法分为三大类：基于分布式表示的方法、基于路径的方法和基于传播的方法。

10.5.1 基于分布式表示的方法

该类方法通常首先使用知识图谱分布式表示技术预训练学习出实体的向量，然后将实体的向量作为物品向量的一部分输入协同过滤推荐算法中。根据知识图谱是否包含用户，本书可以进一步将基于分布式表示的方法分成两类。

第一类，知识图谱由物品及其相关属性构造而成，称为物品知识图谱，其中不包含用户。首先利用已有知识图谱向量算法学习出物品对应的实体向量，它表示物品在知识图谱中的语义信息，然后将知识图谱中反映该物品的辅助信息整合到推荐框架中。此类方法的总体设计思路如下：每个物品 v_j 的潜在向量 v_j 是通过融合多个来源（如物品知识图谱、用户与物品交互二分图、物品的文本描述内容及属性）的信息而获得的。每个用户 u_i 的潜在向量 u_i 可以从用户与物品的交互数据中获取，或者使用用户交互过的物品向量表示。定义 $\hat{y}_i = f(u_i, v_j)$ 计算 u_i 选择 v_j 的概率，其中 $f(\cdot)$ 表示将用户和物品的向量映射到偏好分数的函数，它可以是向量内积操作、深度神经网络结构等。在推荐阶段，首先计算用户对所有物品的偏好得分 $\hat{y}_{i,j}$，然后降序排列得到推荐结果。例如，Zhang 等人提出 CKE 方法，在推荐模块中将各种辅助信息统一起来。CKE 首先将物品的结构知识（物品属性构成的知识图谱）和内容（文本和图像）知识输入物品向量模块。物品的结构知识潜在向量使用 TransR 算法进行编码，而物品的文本和图像信息则使用自编码器分别提取文本特征 $z_{t,j}$ 和图像特征 $z_{v,j}$。然后，将这些向量表示与从用户物品交互数据中提取的向量 η_j 汇聚在一起得到物品的向量 $v_j = \eta_j + x_j + z_{t,j} + z_{v,j}$。最后，用户对物品的偏好由协同推荐模型 $\hat{y}_{i,y} = u_i^T v_j$ 获得。Wang 等人提出了方法用于新闻推荐，它通过结合使用 Kim CNN 学习的句子文本向量和使用 TransD 学习的新闻内容中的实体向量对新闻进行建模，可以得到新闻 v_j 的最终向量 v_j。为了捕获用户对新闻的动态兴趣，使用注意力机制汇聚用户的历史点击新闻 $v_1, v_2, \cdots, v_{Ni}$ 的向量来学习 u_i 的向量表示 u_i。最后，使用一个深度神经网络表示推荐模型，将 u_i 和 v_j 作为输入得到用户对物品的偏好。

第二类，将用户物品交互二分图和物品知识图谱相结合组成一个更大的知识图谱，称为用户物品图，其中用户作为新的实体节点，用户和物品的交互作为新的关系边。首先使用知识图谱向量表示算法学习出实体和关系的向量，然后通过 $\hat{y}_{i,j} = f(u_i, v_j)$ 或 $\hat{y}_{i,j} = f(u_i, v_j, r)$ 计算用户的偏好，其中 r 表示用户和物品之间交互关系的向量。例如，Zhang 等人提出了 CFKG，它构造了一个用户物品图。在该知识图谱中，用户作为新的实体，用户的行为（如购买、提及）被视为实体之间的一种新关系。CFKG 使用 TransE 算法学习图中实体和关系的向量，在推荐阶段，按照 u_i 和 v_j 之间的距离 $\|u_i + r_{buy}, v_j\|_{L_1/L_2}$ 的升序对候选物品 v_j 进行排名并给出推荐结果，其中 r_{buy} 是针对购买行为关系的向量。Wang 等人提出了 SHINE，它将名人推荐任务看成知识图谱中实体之间的情感链接预测任务。SHINE 为用户和物品（名人）建立了情感网络 G_s，并引入他们的社交网络 G_r 和档案信息网络 G_p 作为辅助信息，首先将这三个网络组合成一个新的网络，然后使用深度自编码器技术学习实体的向量，最后，将用户和物品对应实体的向量输入一个基于深度神经网络的推荐模型中进行训练。

除了上面两类基于分布式表示的方法，最近的研究工作倾向于采用多任务学习策略，将推荐任务和知识图谱相关任务一起联合学习。通常，推荐任务利用学习得到的用户和物品的向量进行推荐；而知识图谱相关任务则利用学习得到的实体和关系的向量衡量三元组的真实性。将它们联合起来进行多任务学习可以共享推荐模块中的物品向量信息和知识图谱中物品对应的实体的向量信息,如此互利互惠能够同时帮助提升这两个任务的效果。例如,Cao 等人[34]提出了 KTUP 方法来共同学习推荐任务和知识图谱补全任务。KTUP 方法使用 TransH 学习知识图谱中实体和关系的向量,同时提出了一种基于翻译的推荐模型去学习用户和物品的向量,最后将它们结合起来放在同一个损失函数中训练。其中,推荐模块的任务是挖掘用户和物品之间的偏好关系,而知识图谱补全的任务是挖掘知识图谱中物品之间存在的关系。这两个模块可以通过物品与其在知识图谱中相对应的实体架起桥梁,同时推荐模块中用户的偏好也与知识图谱的关系有关。因此,在 KTUP 框架下,可以通过在每个模块中传递实体、关系和偏好的知识来丰富物品和偏好的向量。另外,Wang 等人[35]提出了 MKR,它由一个推荐模块和一个知识图谱向量模块组成。前者学习用户和物品的潜在向量表示,而后者则通过双线性知识图谱向量模型学习物品对应的实体的向量表示。MKR 设计了一个"交叉压缩"单元将这两部分相连,从而传递各自的信息并共同对推荐模块的物品和知识图谱向量模块的实体进行正则化。Xin 等人[36]提出了 RCF 方法,它引入物品的层次描述信息,通过这些信息将物品关联起来构造知识图谱,RCF 首先使用 DistMulti 向量模型学习物品向量以及组成关系的类型向量和值向量,然后通过注意力机制分别对用户的类型级别偏好和值级别偏好进行建模,最后将推荐模型和知识图谱模型结合起来训练得到更好的推荐效果。

10.5.2　基于路径的方法

基于路径的方法通常将用户物品交互二分图和物品知识图谱组合起来构建用户物品图,通过利用图中实体之间不同模式的关联路径,为推荐模型提供额外的指导信息。Yu 等人先后提出了 Hete-MF[37]、HeteRec[38]和 HeteRec-p[39]方法,Hete-MF 方法提取 L 个不同的元路径并计算每个路径连接的物品—物品相似度,用于正则化物品向量之间的相似性,该正则项与加权非负矩阵分解方法集成在一起学习用户和物品的向量,以获得更好的推荐效果。HeteRec 方法则定义 L 种不同类型的元路径,这些元路径连接了图中的用户和物品,首先使用 PathSim 方法[40]计算每个路径下物品—物品的相似度,从而形成 L 个物品相似度矩阵,它们与用户物品交互矩阵相乘便可得到 L 个用户偏好矩阵;然后通过对这些偏好矩阵应用非负矩阵分解技术,可以获得 L 个不同元路径下用户和物品的潜在向量表示;最后通过将每个路径上的用户偏好结合在一起得到推荐结果。HeteRec-p 方法进一步考虑了不同元路径对于不同用户的重要性,HeteRec-p 方法首先根据用户过去的行为将其聚类为 c 个组，并使用聚类信息生成个性化推荐，而不是应用全局偏好模型。

为了克服元路径表达能力有限的问题，Zhao 等人[41]提出了 FMG 方法使用元图代替元路径，由于元图包含比元路径更丰富的关联性信息，所以 FMG 方法可以更准确地捕获实体之间的相似性。FMG 方法首先利用矩阵分解技术为每个元图中的用户和物品生成其潜在向量表，然后应用因子分解机（Factorization Machine）融合不同元图之间用户和物品的特征，从而计算用户偏好得分用于推荐。Hu 等人[42]提出了 MCRec 方法学习元路径的向量表示，以描述用户物品之间交互的上下文信息。对于用户 u_i 和物品 v_j，MCRec 方法首先对其定义的 L 个元路径中每个元路径都采样得到 K 个连接 u_i 和 v_j 的路径实例，这些实例通过一个卷积神经网络得到路径向量；然后，通过对每个元路径的 K 个路径实例的向量使用最大池化操作计算得到该元路径向量。这些元路径向量通过注意力机制汇聚在一起以得到最终的交互行为向量 p，最后，通过 $\hat{y}_{i,j} = \mathrm{MLP}(u_i, v_j, p)$ 计算用户偏好分数，其中 MLP 是多层感知机。以上介绍的工作使用的都是预定义的元路径或者元图信息，而得到这些信息通常需要耗费较多的人力、物力。

因此，有人提出使用自动选取有效元路径的方法。其中，Sun 等人[43]提出了一种循环知识图谱向量（RKGE）方法，该方法自动挖掘用户 u_i 和物品 v_j 之间的路径关系，而无须手动定义元路径。RKGE 方法首先枚举出在给定路径长度约束下连接 u_i 和 v_j 的不同关系路径 $p(u_i, v_j)$；然后将路径上的实体（包括用户和物品）向量的序列输入循环神经网络中得到路径的向量，所有路径向量通过平均池化操作进行汇总，以建模 u_i 和 v_j 之间的交互关系 p；最后，用 $\hat{y}_{i,j} = \mathrm{FC}(p)$ 估计 u_i 对 v_j 的偏爱，其中 FC 是一个全连接层。通过利用实体对之间的语义路径信息，可以获得更好的 u_i 和 v_j 的向量表示，并进一步集成到推荐中。同样地，Wang 等人提出了一种知识感知路径循环网络（KPRN）方法，KPRN 方法使用实体向量和关系向量构造提取的路径序列。这些路径使用 LSTM 层进行编码，并且通过全连接层来预测 u_i 对 v_j 的偏好。通过加权池化层对每个路径的偏好分数进行汇总，可以得到最终的偏好估计从而用于推荐。虽然这些方法可以自动选取出用户与物品关联的路径，但是它们的算法计算复杂度高且难以优化。

10.5.3　基于传播的方法

为了充分利用知识图谱中的信息帮助推荐，基于传播的方法既使用了实体和关系的向量信息，又利用了知识图谱结构中实体间高阶关联性信息。该类方法沿着整个知识图谱上的关系链接以迭代传播的方式获取与用户／物品相关联的所有辅助信息，从而丰富它们的向量表示。基于传播的方法可以分为三类。

第一类方法通过传播的方式汇聚知识图谱中的实体信息作为用户的向量表示。Wang 等人[44]提出了 RippleNet 方法，它是第一个引入偏好传播概念的方法，RippleNet 方法通过用户历史交互数据和物品知识图谱，将用户的偏好信息沿着知识图谱的关系链接传播到实体中，反过来知识图谱中的实体在一定程度上反映了用户的偏好。因此 RippleNet 方法先使用类似 RESCAL 的方法学习实体的向量，然后通过传播路径汇聚偏好实体的向量得到用户的向量表示用于协同过滤算法。与 RippleNet 方法类似，Tang 等人[45]提出了 AKUPM 方法并使用用户的历史点击记录表示用户的偏好行为，AKUPM 方法首先应用 TransR 方法学习实体的向量，然后在每次偏好传播过程中使用一个自注意力层学习实体间的关系向量用于计算实体的偏置，最后使用注意力机制汇聚每一跳传播的实体向量作为用户的向量表示。

第二类方法则是通过传播的方式汇聚在知识图谱中与物品有多跳连接的实体信息作为物品的向量表示。该类方法大多利用图神经网络（GNN）[46]技术获取知识图谱中实体的向量用于推荐算法。Wang 等人[47]提出了 KGCN 方法，该方法通过将知识图谱中物品 v_j 的远近邻居和 v_j 本身的向量进行聚合，来建模物品 v_j 的最终向量表示。KGCN 方法首先对知识图谱中物品 v_j 的邻居进行固定数量的采样，然后为每个邻居实体迭代采样相同数目的邻居直到传播到 H 跳邻居，再从 H 跳邻居开始，迭代地为每个实体聚合其邻居的向量并更新自己的向量表示。在聚合过程中，KGCN 方法针对不同的用户为不同的关系链接设置不同的权重。随后，Wang 等人[48]扩展了 KGCN 方法并提出了 KGNN-LS 方法，它在 KGCN 模型上进一步增加了标签平滑度（LS）机制。LS 机制定义了用户交互的标签，并在知识图谱上传播该标签，从而能够约束并指导物品 v_j 向量表示的学习。

第三类方法将用户物品交互图和物品知识图谱组合成更大的图，通过传播的方式分别为用户和物品汇聚它们在图中的高阶关联实体信息。Wang 等人[49]提出了 KGAT 方法直接通过实体向量传播对用户和物品之间的高阶关联性进行建模。KGAT 方法首先应用 TransR 获得实体的初始向量表示，然后在图中从用户/物品出发向外进行 H 跳传播，在传播过程中，用户/物品的向量信息将与多跳邻居进行迭代交互，最后将得到的 H 个向量聚合起来形成最终的用户/物品向量表示。通过这种方式，用户和物品的向量表示因为包含相应的邻居实体信息而得到了充实。同时，Qu 等人[50]提出了 KNI 方法，它考虑了用户侧的邻居和物品侧的邻居之间的相互作用，根据它们之间的相互作用做出推荐。Sha 等人[51]提出了 AKGE 方法，它通过在 (u_i,v_j) 用户物品对的子图中传播信息来学习用户 u_i 和物品 v_j 的向量表示。AKGE 方法首先使用 TransR 对图中的实体向量进行预训练，然后对连接 u_i 和 v_j 的多个路径进行采样，从而形成 u_i 和 v_j 的子图；最后，AKGE 方法在该子图中使用基于注意力的 GNN 传播来自邻居的信息，以最终表示子图的构造能够过滤掉图中较不相关的实体，从而有助于挖掘用户和物品之间高阶的关联信息并用于推荐。最近，Wang 等人提出了 CKAN 方法，CKAN 方法使用用户交互的物品信息和与物品有交互行为的用户交互过的物品作为协同信息，同时设计一个知识感知的注意力机制为知识图谱中与物品有关联性的不同的实体定义不同的权重。

10.6 基于知识图谱的自动问答

知识图谱的出现，使得研究者将目光转移到基于知识图谱的问答上，这种方案目前已被大规模应用，是问答系统中的研究热点。知识问答的流程通常是先对自然语言问题进行分词、语义解析及实体链接，然后对问题理解后的结果进行知识检索，最后将检索得到的三元组进行可信度排序及加工，最终生成答案。基于这种方法的问答系统在答案检索中的关键在于如何将自然问题对应到知识图谱具体可查询的查询语句。如果问题类型为事实型，那么这种基于知识图谱的做法正确率较高，但是对知识图谱本身的规模要求较大，且无法给出图谱内容之外的答案。因此，通常知识图谱问答的工业应用都是限定在特定领域之中的，由此保证问答系统的准确度及可靠性。下面将分别介绍知识图谱问答的研究成果，并指出仍然存在的不足。

10.6.1 常用知识图谱和问答数据集

首先，本书介绍一些知名知识图谱和基于它们构建的问答数据集。开放域知识图谱的代表包括 Google 公司的 Freebase、维基媒体基金会的 Wikidata、马克斯普朗克研究所的 Yago、从维基百科页面中抽取得到的 DBPedia、多语知识图谱 BabelNet、集成各大中文百科网站的 Zhishi.me 和 CN-DBPedia。限定域知识图谱则包括金融领域的 Thomson Reuters Knowledge Graph 和中文开放知识图谱联盟（OpenKG）上发布的医疗、气象等领域的知识图谱。以它们为知识来源，有多个问答数据集被相继发布。QALD 是一个较早的知识图谱问答数据集，它基于 DBPedia，至今已发布 9

期，每期包含英语问答、多语问答、知识图谱与自由文本混合问答等多个任务，问题规模从数十到数百不等。Free917 是第一个规模较大的知识图谱问答数据集，它基于 Freebase，有 917 个自然语言问题，每个问题被标注了对应的结构化查询。同时期发布的另一数据集是 WebQuestions，作者先在互联网上爬取真实的用户提问，再人工标注它们在 Freebase 中对应的答案。WebQuestions 既包含关于一个实体和关系的简单问题，也包含关于多个实体、关系、类型和数字操作的复杂问题，是被最广泛研究的数据集之一。WebQuestionsSP 基于 WebQuestions，它删除了个别含义模糊或答案错误的问题，并为每个问题标注了 SPARQL 语句。同样基于 Freebase 的还有 ComplexQuestions 和 GraphQuestions，前者专注于数字和类型等限制操作，后者的构造方式是先在 Freebase 上游走获得一个查询，再基于规则将查询转化为正式问题，最后人工地对问题进行口语化改写。基于相似的方法，LC-QuAD 在 DBPedia 和 Wikidata 上构建了不同规模的数据集。以上数据集同时包含了简单和复杂问题，然而数据分析表明人们最常询问的是某个实体的某种关系，这一特定场景称为简单关系问答。为了能更好地解决此类问题，学者们发布了基于 Freebase 的 SimpleQuestions 数据集，它通过限制问题复杂度降低了数据标注难度从而提升了规模，是目前最大的人工标注知识图谱问答数据集。它的每个问题对应一个"实体-关系"形式的查询。30M Factoid Questions 是一个被自动构造的知识图谱简单问答数据集，能够保证知识图谱中每个关系都有充足的训练样例。最近，对话式人工智能引起了研究者的广泛关注，为使知识图谱问答最终应用于智能助手等，CSQA 数据集被发布。它同样基于 Freebase，但每个实例是一系列简单而前后关联的问题，需要理解上下文才能获得正确的查询。

10.6.2 知识图谱简单关系问答

知识图谱简单关系问答的核心是找到问题中包含的实体和关系。该问题被单独提出的时间较晚，相关工作普遍采用深度学习技术。Bordes 等人提出了一个基于记忆网络框架的方法，将问题的词和查询的实体、关系表示为向量，对问题的平均向量和实体-关系对的相加向量计算余弦相似度，并用正确的问题和实体-关系对训练这些向量。Dai 等人提出了一个条件关注算法，通过预测实体在问题中的提及位置来减少候选实体-关系对，并用门控循环单元（Gated Recurrent Unit, GRU）捕捉问题和关系的语义。He 等人采用序列到序列学习的方法，将问题进行编码再解码成可能的实体和关系。其问题、实体和关系都用字母向量表示，从而实现了字面关联并具有一定的语义关联能力。Lukovnikov 等人同时使用词向量和字母向量表示问题、实体和关系，并用循环神经网络将向量融合为问题、实体和关系三个向量再进行匹配。Yin 等人和 Yu 等人探索了卷积神经网络和循环神经网络的结构对问题和关系匹配的效果影响。Huang 等人提出了一个基于知识图谱向量的方法，他们学习了一个将问题映射到知识图谱实体和关系向量空间的模型，并计算相应向量与每个候选事实的距离。Petrochuk 等人分析了 SimpleQuestions 数据集的上限并给出一个简单有效的基准方法。Lukovnikov 等人引入了最新的预训练语言模型 BERT 来分别提升实体识别和关系匹配的效果。

10.6.3 知识图谱复杂关系问答

知识图谱复杂关系问答需要确定问题中包含的实体、关系、类型和数字操作等，并确定它们之间的连接顺序。由于场景限制更少，复杂关系问答有更长的发展历程。针对该问题的方法可以划分为以下几类：基于模板的、基于语法或句法分析的、基于人工特征的和基于深度学习的。

第一类是基于模板的方法，它们将部分空缺的问题和查询对应起来，再采用词典等方式实现未知内容的映射。例如，文献指出将问题转换成三元组不能反映它的全部语义，因为复杂问题会涉及多个三元组和数字操作。在此基础上，研究者基于问题句法结构和查询语义表示存在映射关系设计了一套模板构造方法，核心是一个句法解析器和一套规则及词典。Shekarpour 等人预先定义了一套知识图谱查询模板，根据问题的关键词获得可能的实体和关系并排序，将最佳组合置入相符的模板中查看结果。Ding 等人提出了一种基于常见查询子结构的方法，首先预测问题中出现的常见查询子结构，然后基于组合方法从训练集的完整结构模板中查找和排序，最后在没有相应模板时基于子结构对完整结构进行扩充。Cui 等人从文本和知识图谱中挖掘了二元问题-查询模板，基于这些模板将复杂问题分解为子问题并形成了查询组合。近几年，模板的自动生成受到广泛关注，相关方法包括根据问题和查询的图相似性生成模板，利用问题-答案对抽取从依赖关系到查询骨架的模板和根据用户反馈从新问题中补充模板等。

第二类是基于语法或句法分析的方法。基于语法的方法的核心是设计或学习一套语法。以 CCG（Combinatory Categorial Grammar）为例，它包括一个词典（词汇-句法信息-语义表示的映射）、一套组合规则（对词典中的单元根据句子中出现顺序进行组合），在有多种组合的情况下还需要一个概率模型（对组合进行排序），问题中的词先被词典映射为句法和语义表示，组合规则再根据整个句子的句法对语义表示进行组合，概率模型则对多种可能的语义表示进行排序。基于 CCG 的方法，Zettlemoyer 等人针对英语使用人工编制词典和组合规则，Kwiatkowski 针对多种语言从问题-语义表示对中自动学习词典和概率模型，Cai 等人和 Kwiatkowski 等人提出了进一步扩充词典的方法以应对更开放的问题。此外，Narayan 等人尝试了用其他形式的语法提升效果。基于句法分析的方法不依靠词典，而是直接捕捉整句句法信息和语义表示的对应性，首先对问题进行依赖分析，然后利用规则将依赖关系映射为有结构但用自然语言表示实体和关系等元素的未落实语义表示，最后将元素和结构映射到知识图谱进行落实。Reddy 等人最早提出了基于图匹配的未落实表示到落实表示的转换方法，还基于它提出了一套完整的从依赖关系到知识图谱查询的映射过程，以通用依赖图作为中间结果从而可以处理多种语言。

第三类是基于人工特征的方法。相关方法首先通过字符串匹配等手段从问题中识别出可能的实体、关系等，再依据规则等从识别的元素出发构建候选查询，最后对每个可能的查询抽取字面、句法和语义等各类特征并进行排序，并用问题-查询对或问题-答案对训练排序模型。在此类工作中，实现问题到实体和关系的映射往往基于大量网页信息抽取得到的词典。将多个元素组合为查询除了基于启发式规则，还可以采用整数线性规划（Integer Linear Programming，ILP），它将相应组合过程设计成一个有许多限制条件的优化，通过求解复杂条件下的最优解获得最终查询。对候选查询基于特征进行排序主要用标注数据训练一个机器学习模型。Berant 等人提出首先用标注的相似问题训练一个问题相似度模型，再将不同的候选查询转化为正式问题，与原问题计算相似度后获得正确的查询和最终答案。Bao 等人将查询的生成过程视为机器翻译，在不断的剪枝过程中生成最终查询。Yih 等人基于有限状态机生成查询，并在模型中引入了丰富的匹配特征。

第四类是基于深度学习的方法。近年来，深度学习技术快速发展，在自然语言处理各项任务上展现了良好的语义建模能力，并具有模型构造成本低、扩展性强等特点。Yang 等人首次提出基于向量的问题到查询映射方法，他们将问题表示为 n 元词组，将查询表示为"头实体类型-关系"，并将 n 元词组、头实体类型和关系表示为低维实数化向量。他们采用规则在维基百科上挖掘 n 元词组到头实体类型和关系的映射，从而对相应向量进行训练，再基于向量实现问题到查询的相似度计算。为应对复杂查询，他们人工记录一些实体类型和关系的组合，在识别到相应类型时先组合再映射。Yih 等人首次提出了查询图的概念，基于状态机在知识图谱上生成子图作为查询。它分为三个阶段，首先将问题链接到一个主题实体上，然后识别一跳或复合的两跳关系作为主题实体到答案实体的核心关系链，最后根据从问题中识别到的其他实体、类型和数字操作在核心关系链上添加限制。该方法整体上属于人工特征类，但对核心关系链的识别采用了深度卷积神经网络。以该思路为范式，Yu 等人提出了层次循环神经网络模型，针对关系探测能力进行了提升。文献[52]也采用类似的思路，但对主题实体和核心关系链进行了联合推断，在添加限制阶段使用维基百科帮助问题中条件的校对，从而借助外部知识实现更准确的限制识别。他们的关系探测模型使用多栏卷积神经网络（Multi-column CNN），对问题的句法信息和语义信息分别抽取特征再与关系向量匹配。Liang 等人首次采用序列到序列学习架构从问题直接生成复杂查询，基于识别到的实体和数字操作，他们定义了跳跃、过滤、最大和最小四种函数，模拟与查询图相似但不限制长度的生成过程。此外，该工作还优化了策略梯度方法从而解决了从问题-答案对直接学习相应模型的困难。类似地，Cheng 等人基于序列到序列设计了不同的状态转移方法，首先根据问题内容生成基于问题词的非落实语义表示，再将非落实表示与知识图谱的子图匹配进行落实。此外，Jain 等人探索了记忆网络框架在知识图谱复杂问答上的效果。Maheshwari 等人主要关注候选查询的排序模型，探索不同排序机制和训练方法对模型效果的影响。最近，随着更复杂问答数据的发布，学者们分别探索了问题分解方法和查询组合方法在相应数据上的效果。

10.6.4 知识图谱序列问答

随着智能和可穿戴设备带来的屏幕缩小化，人们越来越多地采用语音方式进行人机互动。在这类场景下，人们表达一个复杂意图往往通过几个简单且前后关联的问题实现，即序列问答。因此，序列问答既要识别当前问题中的实体、关系和其他限制，也要理解它对前面问题的哪些内容通过哪种方式实现了引用。Guo 等人提出了一个对话到动作的方法，他们在序列到序列中引入一个记忆管理模块，用于储存前面问题中识别到的实体、关系，以及这些问题被转换成的查询和答案。在解析当前问题时，首先对当前问题和前面问题的文字共同编码，然后基于对当前问题内容和与前面问题关系的理解，在动作生成的过程中引用记忆管理模块内容，从而实现对前面问题相关信息的引用。Guo 等人将序列问答视为一个元学习任务，首先通过一个考虑上下文的检索器检索与新问题相似的训练集中的样例，然后用这些样例快速调整元模型，实现针对新问题良好的回答效果。Shen 等人采用多任务学习训练一个指针网络，从而同时提升上下文中的语义解析和实体识别两个任务的性能。

10.6.5 基于信息检索的知识图谱问答

上面介绍的所有方法都基于语义解析，需要生成一个与问题含义相同的结构化查询。与此完全不同的是，基于信息检索的方法直接将答案与问题进行匹配。此类方法一般先确定一个话题实体，然后在一定关系跳数内确定候选答案，并对每个答案抽取多种特征再与问题进行匹配和排序。其中，Yao 等人提出了基于向量的方法，它抽取了问题的句法信息和答案在图谱中的上下文信息，通过训练方式获得了一个答案评分模型。Bordes 等人同样基于向量表示，抽取了候选答案实体包括类型、语义、周围实体等子图信息，实现答案的打分和排序。Dong 等人进一步引入了 Multi-column CNN 对问题和答案的各类特征实现准确的匹配。Hao 等人用在完整知识图谱上训练的向量来增强实体和关系的特征信息，并通过交叉注意力机制实现对问题向某个特定匹配目标的针对性特征抽取。最近，Chen 探索记忆网络作为一种新架构实现了跳数更多的候选答案与问题的匹配。

10.6.6 结合非结构化知识的知识图谱问答

构建知识图谱需要有专业知识的人员投入大量时间，因而即使如 Freebase 这样拥有数十亿事实，所含的知识依然十分不完备。为了能回答更多问题，研究者提出了许多方法探索将知识图谱和自由文本结合作为知识来源。自由文本可以是百科词条、社区问答记录、搜索引擎结果和信息抽取工具获得的三元组等，结合方法也多种多样，可以是通过模板导入、将知识图谱作为候选答案的特征补充、将自由文本作为知识图谱的信息补充，或同时使用两者后相互验证。

10.6.7 多结构或多语言的知识图谱问答

目前，设计问答系统需要提前确定唯一的知识图谱，因为主流方法不支持将同一问题转化为适合不同知识图谱结构的查询，也不能处理不同语言的问题。研究这一问题的目的是提升方法的可扩展性，使它能快速地加入多种结构或多语言知识源。Diefenbach 等人将 SimpleQuestions 数据集分别迁移至 Wikidata 和 DBPedia；Ringler 等人分析了几个大规模知识图谱的结构异同和迁移难点；Zhang 等人研究了多个结构相同的知识图谱在问答过程中事实的冲突和关联问题；Diefenbach 基于 QLAD-9 的问答数据集提出了一个最小可替代语言依赖模块的模型。但是，这方面的研究仍然需要进一步展开。

10.7 本章小结

伴随着大数据、深度学习技术的飞速发展，以及在国内外研究人员的辛勤努力下，知识图谱在过去几年取得了长足的发展。其主要体现在以下两个方面：一方面，支撑知识图谱构建与智能应用的知识获取、知识表示、知识推理、知识补全等一系列代表性技术在不断地产生新的突破，相伴的种类丰富的知识图谱/知识图谱项目也逐渐形成体系且高质量化；另一方面，知识图谱的内涵也越来越丰富，已从一种特指的知识库成为大数据时代的一种重要的知识组织与表示形式，能够有效地解决自然语言处理的下游任务，如推荐算法和自动问答等。但是知识图谱依然存在不足，知识图谱分布式表示学习方法仍然无法很好地应对知识图谱普遍存在的实体数据稀疏性问题；面对日益增长的网络数据，知识图谱存在更新迭代慢、准确率难以保障等问题。因此，本书对未来的研究工作提出四点展望。

（1）随着语料规模的增长或应用需求的变迁，关系类型的数量也在不断地增长，传统的限定域关系抽取方法已无法有效获取文本中更多的未定义的关系类型。

（2）从外部知识库中引入更具价值的文本描述，为拓展候选上下位关系元组中两个概念的语义上下文提供了新的建模思路。

（3）无论是对于静态知识图谱，还是对于时序知识图谱，基于表示学习的技术方案俨然成了实现图谱上缺失链接补全与纠正的核心技术手段。

（4）面向非结构化文本数据的语义信息挖掘是一个有趣且充满挑战的研究方向，未来仍会有多个值得扩展的研究方向。

参考文献

[1] Reinsel D, Gantz J. Data Age 2025：The Digitization of the World From Edge to Core [R]. International Data Corporation, 2018.

[2] Zhang J, Li J. Enhanced Knowledge Graph Embedding by Jointly Learning Soft Rules and Facts[J]. Algorithms, 2019, 12(12): 265.

[3] Bordes A, Weston J, Collobert R, et al. Learning Structured Embeddings of Knowledge Bases[C]. Twenty-fifth AAAI Conference on Artificial Intelligence, San Francisco, 2011.

[4] Bordes A, Usunier N, Garcia-Duran A, et al. Translating Embeddings for Modeling Multi-relational Data[C]. Proceedings of the 26th International Conference on Neural Information Processing Systems, Lake Tahoe, 2013: 2787-2795.

[5] Wang Z, Zhang J, Feng J, et al. Knowledge Graph Embedding by Translating on Hyperplanes[C]. Proceedings of the AAAI Conference on Artificial Intelligence, Québec City, 2014.

[6] Lin Y, Liu Z, Sun M, et al. Learning Entity and Relation Embeddings for Knowledge Graph Completion[C]. Twenty-ninth AAAI Conference on Artificial Intelligence, Austin, 2015.

[7] Ji G, He S, Xu L, et al. Knowledge Graph Embedding via Dynamic Mapping Matrix[C]. Proceedings of the 53rd Annual Meeting of the Association for Computational Linguistics and the 7th International Joint Conference on Natural Language Processing, Beijing, 2015: 687-696.

[8] Nickel M, Tresp V, Kriegel H P. A Three-way Model for Collective Learning on Multi-relational Data[C]. Proceedings of the 28th International Conference on International Conference on Machine Learning, Washington, 2011: 809-816.

[9] Yang B, Yih W, He X, et al. Embedding Entities and Relations for Learning and Inference in Knowledge Bases[J]. ArXiv Preprint ArXiv:1412.6575, 2014.

[10] Nickel M, Rosasco L, Poggio T. Holographic Embeddings of Knowledge Graphs[C]. Proceedings of the AAAI Conference on Artificial Intelligence, Phoenix, 2016.

[11] Bordes A, Glorot X, Weston J, et al. A Semantic Matching Energy Function for Learning with Multi-relational Data[J]. Machine Learning, 2014, 94(2): 233-259.

[12] Socher R, Chen D, Manning C D, et al. Reasoning with Neural Tensor Networks for Knowledge Base Completion[C]. Advances in Neural Information Processing Systems, Lake Tahoe, 2013.

[13] Dong X, Gabrilovich E, Heitz G, et al. Knowledge Vault: A Web-scale Approach to Probabilistic Knowledge Fusion[C]. Proceedings of the 20th ACM SIGKDD International Conference on Knowledge Discovery and Data Mining, New York, 2014: 601-610.

[14] Liu Q, Jiang H, Evdokimov A, et al. Probabilistic Reasoning via Deep Learning: Neural Association Models[J]. ArXiv Preprint ArXiv:1603.07704, 2016.

[15] Dettmers T, Minervini P, Stenetorp P, et al. Convolutional 2D Knowledge Graph Embeddings[C]. Proceedings of the AAAI Conference on Artificial Intelligence, Honolulu, 2018.

[16] Hearst M A. Automatic Acquisition of Hyponyms from Large Text Corpora[C]. The 14th International Conference on Computational Linguistics, Berlin, 1992.

[17] Snow R, Jurafsky D, Ng A. Learning Syntactic Patterns for Automatic Hypernym Discovery[J]. Advances in Neural Information Processing Systems, 2004, 17: 1297-1304.

[18] Luu A T, Kim J, Ng S K. Taxonomy Construction Using Syntactic Contextual Evidence[C]. Proceedings of the 2014 Conference on Empirical Methods in Natural Language Processing (EMNLP), Doha, 2014: 810-819.

[19] Navigli R, Velardi P. Learning Word-class Lattices for Definition and Hypernym Extraction[C]. Proceedings of the 48th Annual Meeting of the Association for Computational Linguistics, Stroudsburg, 2010: 1318-1327.

[20] Nakashole N, Weikum G, Suchanek F. PATTY: A Taxonomy of Relational Patterns with Semantic Types[C]. Proceedings of the 2012 Joint Conference on Empirical Methods in Natural Language Processing and Computational Natural Language Learning, Jeju Island, 2012: 1135-1145.

[21] Suchanek F M, Kasneci G, Weikum G. Yago: A Core of Semantic Knowledge[C]. Proceedings of the 16th International Conference on World Wide Web, Banff, 2007: 697-706.

[22] Hoffart J, Suchanek F M, Berberich K, et al. YAGO2: A Spatially and Temporally Enhanced Knowledge Base From Wikipedia[J]. Artificial intelligence, 2013, 194: 28-61.

[23] Geffet M, Dagan I. The Distributional Inclusion Hypotheses and Lexical Entailment[C]. Proceedings of the 43rd Annual Meeting of the Association for Computational Linguistics, Ann Arbor, 2005: 107-114.

[24] Weeds J, Weir D, McCarthy D. Characterising Measures of Lexical Distributional Similarity[C]. Proceedings of the 20th International Conference on Computational Linguistics, Geneva, 2004: 1015-1021.

[25] Santus E, Lenci A, Lu Q, et al. Chasing Hypernyms in Vector Spaces with Entropy[C]. Proceedings of the 14th Conference of the European Chapter of the Association for Computational Linguistics, Gothenburg, 2014: 38-42.

[26] Roller S, Erk K, Boleda G. Inclusive Yet Selective: Supervised Distributional Hypernymy Detection[C]. Proceedings of the 25th International Conference on Computational Linguistics, Ireland, 2014: 1025-1036.

[27] Luu A T, Tay Y, Hui S C, et al. Learning Term Embeddings for Taxonomic Relation Identification Using Dynamic Weighting Neural Network[C]. Proceedings of the 2016 Conference on Empirical Methods in Natural Language Processing, Austin, 2016: 403-413.

[28] Shwartz V, Goldberg Y, Dagan I. Improving Hypernymy Detection with An Integrated Path-based and Distributional Method[J]. ArXiv Preprint ArXiv:1603.06076, 2016.

[29] Bollacker K, Evans C, Paritosh P, et al. Freebase: A Collaboratively Created Graph Database for Structuring Human Knowledge[C]. Proceedings of the 2008 ACM SIGMOD International Conference on Management of Data, New York, 2008: 1247-1250.

[30] Auer S, Bizer C, Kobilarov G, et al. Dbpedia: A Nucleus for A Web of Open Data[M]. Berlin: The Semantic Web Springer, 2007: 722-735.

[31] Paccanaro A, Hinton G E. Learning Distributed Representations of Concepts Using Linear Relational Embedding[J]. IEEE Transactions on Knowledge and Data Engineering, 2001, 13(2): 232-244.

[32] Jiang T, Liu T, Ge T, et al. Encoding Temporal Information for Time-aware Link Prediction[C]. Proceedings of the 2016 Conference on Empirical Methods in Natural Language Processing, Austin, 2016: 2350-2354.

[33] Jiang T, Liu T, Ge T, et al. Towards Time-aware Knowledge Graph Completion[C]. Proceedings of the 26th International Conference on Computational Linguistics, Osaka, 2016: 1715-1724.

[34] Cao Y, Wang X, He X, et al. Unifying Knowledge Graph Learning and Recommendation: Towards A Better Understanding of User Preferences[C]. The World Wide Web Conference, San Francisco, 2019: 151-161.

[35] Wang H, Zhang F, Zhao M, et al. Multi-task Feature Learning for Knowledge Graph Enhanced Recommendation[C]. The World Wide Web Conference, San Francisco, 2019: 2000-2010.

[36] Xin X, He X, Zhang Y, et al. Relational Collaborative Filtering: Modeling Multiple Item Relations for Recommendation[C]. Proceedings of the 42nd International ACM SIGIR Conference on Research and Development in Information Retrieval, Paris, 2019: 125-134.

[37] Yu X, Sun Y, Norick B, et al. User Guided Entity Similarity Search Using Meta-path Selection in Heterogeneous Information Networks[C]. Proceedings of the 21st ACM International Conference on Information and Knowledge Management, Maui Hawaii, 2012: 2025-2029.

[38] Yu X, Ren X, Sun Y, et al. Recommendation in Heterogeneous Information Networks with Implicit User Feedback[C]. Proceedings of the 7th ACM Conference on Recommender Systems, Hong Kong, 2013: 347-350.

[39] Yu X, Ren X, Sun Y, et al. Personalized Entity Recommendation: A Heterogeneous Information Network Approach[C]. Proceedings of the 7th ACM

[40] Sun Y, Han J, Yan X, et al. Pathsim: Meta Path-based Top-k Similarity Search in Heterogeneous Information Networks[J]. Proceedings of the VLDB Endowment, 2011, 4(11): 992-1003.

[41] Zhao H, Yao Q, Li J, et al. Meta-graph Based Recommendation Fusion over Heterogeneous Information Networks[C]. Proceedings of the 23rd ACM SIGKDD International Conference on Knowledge Discovery and Data Mining, San Francisco, 2017: 635-644.

[42] Hu B, Shi C, Zhao W X, et al. Leveraging Meta-path Based Context for Top-n Recommendation with A Neural Co-attention Model[C]. Proceedings of the 24th ACM SIGKDD International Conference on Knowledge Discovery & Data Mining, London, 2018: 1531-1540.

[43] Sun Z, Yang J, Zhang J, et al. Recurrent Knowledge Graph Embedding for Effective Recommendation[C]. Proceedings of the 12th ACM Conference on Recommender Systems, Vancouver, 2018: 297-305.

[44] Wang H, Zhang F, Wang J, et al. Ripplenet: Propagating User Preferences on the Knowledge Graph for Recommender Systems[C]. Proceedings of the 27th ACM International Conference on Information and Knowledge Management, Torino, 2018: 417-426.

[45] Tang X, Wang T, Yang H, et al. AKUPM: Attention-enhanced Knowledge-aware User Preference Model for Recommendation[C]. Proceedings of the 25th ACM SIGKDD International Conference on Knowledge Discovery & Data Mining, Anchorage, 2019: 1891-1899.

[46] Xu K, Hu W, Leskovec J, et al. How Powerful Are Graph Neural Networks[J]. ArXiv Preprint ArXiv:1810.00826, 2018.

[47] Wang H, Zhao M, Xie X, et al. Knowledge Graph Convolutional Networks for Recommender Systems[C]. The World Wide Web Conference, San Francisco, 2019: 3307-3313.

[48] Wang H, Zhang F, Zhang M, et al. Knowledge-aware Graph Neural Networks with Label Smoothness Regularization for Recommender Systems[C]. Proceedings of the 25th ACM SIGKDD International Conference on Knowledge Discovery & Data Mining, Anchorage, 2019: 968-977.

[49] Wang X, He X, Cao Y, et al. Kgat: Knowledge Graph Attention Network for Recommendation[C]. Proceedings of the 25th ACM SIGKDD International Conference on Knowledge Discovery & Data Mining, Anchorage, 2019: 950-958.

[50] Qu Y, Bai T, Zhang W, et al. An End-to-end Neighborhood-based Interaction Model for Knowledge-enhanced Recommendation[J]. ArXiv Preprint ArXiv: 1908.04032, 2019.

[51] Sha X, Sun Z, Zhang J. Hierarchical Attentive Knowledge Graph Embedding for Personalized Recommendation[J]. Electronic Commerce Research and Applications, 2021, 48: 101071.

[52] Xu K, Reddy S, Feng Y, et al. Question Answering on Freebase via Relation Extraction and Textual Evidence[J]. ArXiv Preprint ArXiv:1603.00957, 2016.

第11章 总结与展望

11.1 本书总结

随着文本数据量迅猛增长，通过对无结构的文本中蕴含的信息进行抽取以实现文本信息"结构化"，是近年来一个新兴的研究热点。本书研究如何利用外部知识资源，实现联合实体识别的关系抽取、弱监督的关系抽取、基于知识迁移的关系抽取、多实例联合的事件抽取和无监督的事件模板推导，并探讨上述研究在知识图谱构建和知识利用两方面的应用。本书的主要研究工作和成果总结如下。

（1）在联合实体识别的关系抽取研究方向，本书重点研究实体识别与关系抽取联合建模，对融合实体识别的关系抽取任务的基本架构、存在的问题、关键挑战和主流方法等进行了梳理，分别针对联合实体识别的关系抽取中的冗余预测、重叠三元组问题和关系链接三个问题进行了阐述，并详细讨论了解决这些问题的代表性方法。

（2）在弱监督的关系抽取研究方向，本书重点研究远程监督下的关系抽取方法，即通过启发式匹配的方法将知识图谱中的三元组关系事实对齐到无标记的文本中，构造大量的带有标签的数据集，并利用这些数据集训练关系抽取模型。本书分析远程监督中的噪声存在于三个方面：单词的噪声、句子噪声和篇章中句子之间的噪声，并针对性地分析了基于注意力机制的关系抽取模型、图卷积关系抽取模型和篇章级别的关系抽取模型。

（3）在基于知识迁移的关系抽取研究方向，本书重点研究同类别、跨类别的知识资源迁移，缓解深度学习关系抽取模型对标注资源的依赖。本书从知识迁移入手，针对不同特点的已有知识资源，提出了知识迁移框架，包括基于领域分离映射的同类别知识迁移框架和基于任务感知的跨类别知识迁移框架，减少了资源受限情况下数据分布不均衡问题对关系抽取系统的影响，使快速构建稳健的资源受限领域关系抽取系统成为可能。

（4）在多实例联合的事件抽取研究方向，本书重点研究抽取事件时语料中较常见的多事件实例相互影响的问题，介绍和对比了三种具有代表性的多实例联合事件抽取方法，即基于记忆单元的方法、基于图编码的方法和基于全局信息的方法，分别从框架、实例和任务的角度解决这个问题，捕获同一独立的上下文范围中不同事件触发词间的联系信息，增强事件抽取系统的性能，进而缓解数据资源匮乏的问题。

（5）在无监督的事件模板推导研究方向，本书重点研究如何从新领域海量文本数据中推导出合适的模板，在此基础上进行事件标注，节约人力、物力、财力，从而减少构建事件库所需要的花费。本书介绍和对比了三种具有代表性的无监督的事件模板推导方法，即融合语言特征的隐变量方法、神经网络扩展的隐变量方法和基于对抗生成网络的隐状态方法，逐步将传统的隐变量方法神经网络化，使其适应更大更多变的数据集和应用需求。

（6）在信息抽取在图谱构建中的应用研究方向，本书重点讲述信息抽取在知识图谱构建中的应用。由于自然语言表达的多样性、歧义性和结构性，以及目标知识的复杂性，所以需要对信息抽取技术进行过渡和补足，使其产生的输出适应知识图谱构建这个庞大的应用背景。本书从指代消解方法和实体链接方法这两个在知识图谱构建中不可或缺的需求切入，完善知识图谱构建中的技术空缺。

（7）在基于图谱知识的应用研究方向，本书重点研究支撑知识图谱构建与智能应用的知识表示、知识推理和知识补全等一系列代表性技术，并进而讨论基于知识图谱的推荐和自动问答两个场景中的主要技术。

11.2 未来研究展望

11.2.1 命名实体识别技术展望与发展趋势

纵观实体识别研究发展的态势和技术现状，本书认为其发展方向如下。

（1）融合先验知识的深度学习模型。 近年来，深度学习模型已经在实体识别和链接任务上取得了长足的进展，并展现了相当大的技术潜力和优势。但是目前的深度学习模型仍然依赖大量的训练语料，缺乏面向任务特点的针对性设计。之前的传统统计模型已经证明了许多先验知识对于实体识别和链接任务的有效性，如句法结构、语言学知识、任务本身约束、知识库知识和特征结构等。如何在深度学习模型中融合上述先验知识并进行针对性的设计是提升现有深度学习模型的有效手段之一。另外，现有深度学习模型在进行实体分析时仍然是一个黑箱模型，导致其可解释性不强，且难以采用增量的方式构建模型。如何构建可解释、增量式的深度学习模型也是未来值得解决的一个问题。

(2) 资源缺乏环境下的实体分析技术。 目前，绝大部分实体分析研究集中于构建更精准的模型和方法，这些方法通常面向预先定义好的实体类别，使用标注语料训练模型参数。然而，在构建真实环境下的信息抽取系统时，这些有监督方法往往具有如下不足：①现有监督模型在更换语料类型后，往往会有一个大幅度的性能下降；②现有监督模型无法分析目标类别之外的实体；③现有监督模型依赖大规模的训练语料来提升模型性能。为解决上述问题，如何构建资源缺乏环境下的实体分析系统是相关技术实用化的核心问题。相关研究方向包括：构建迁移学习技术，充分利用已有的训练语料；研究自学习技术，在极少人工干预下构建高性能的终生学习信息抽取系统；研究增量学习技术，自动地重用之前的信息抽取模块，使得不同资源可以逐步增强，而不是每次都从头开始训练；研究无监督/半监督/知识监督技术，探索现有有监督学习技术之外的有效手段，解决标注语料瓶颈问题。

(3) 面向开放域的可扩展实体分析技术。 由于实体分析任务的基础性，越来越多的任务和应用需要实体识别和链接技术的支撑。这就要求实体分析技术能够处理各种不同的情境带来的挑战，在开放环境下取得良好性能。然而，现有实体分析系统往往针对新闻文本，对其他情境下（如不同文本类型微博、评论、列表页面等，不同上下文如多模态上下文、短文本上下文和数据库上下文）的研究不足。因此，实体分析的发展方向之一是构建面向开放域的可扩展实体分析技术。具体包括：①数据规模上的可扩展性。信息抽取系统需要能够高效地处理海量规模的待抽取数据。②数据源类型上的可扩展性。信息抽取系统需要能够在面对不同类型数据源时取得鲁棒的性能。③领域的可扩展性。信息抽取系统需要能够方便地从一个领域迁移到另一个领域。④上下文的可扩展性。实体分析系统需要能够处理不同的上下文，并针对不同上下文的特点进行自适应的自身改进。

11.2.2 关系抽取技术展望与发展趋势

自 20 世纪 90 年代以来，关系抽取技术研究蓬勃发展，已经成为自然语言处理和知识图谱等领域的重要分支。这一方面得益于系列国际权威评测和会议的推动，如消息理解会议（Message Understanding Conference，MUC）、自动内容抽取（Automatic Content Extraction，ACE）评测和文本分析会议（Text Analysis Conference，TAC）系列评测。另一方面也是因为关系抽取技术的重要性和实用性，使其同时得到了研究界和工业界的广泛关注。关系抽取技术自身的发展也大幅度推进了中文信息处理研究的发展，迫使研究人员面向实际应用需求，开始重视之前未被发现的研究难点和重点。纵观关系抽取研究发展的态势和技术现状，本书认为关系抽取的发展方向如下。

（1）**面向开放域的可语义化的关系抽取技术**。目前，绝大部分的关系抽取研究集中在预定义的关系抽取上，并致力于构建更精准的有监督抽取模型和方法，使用标注语料训练模型参数。然而，在构建真实环境下的关系抽取系统时，这些有监督方法往往存在如下不足：①更换语料类型之后，现有模型往往会有一个大幅度的性能下降；②无法抽取目标关系类别之外的实体关系知识；③性能依赖于大规模的训练语料；④现有的有监督模型往往依赖于高复杂度的自然语言处理应用，如句法分析。目前已经有很多机构和学者进行了开放域的关系抽取的研究，但是目前的方法抽取的关系很难语义化，同一个实体对的同一关系会抽取出不同的表达。另外，不同的数据来源其质量和可信度不同，如何整合不同数据源抽取的关系知识，并将同一关系的知识进行消歧进而语义化是一个迫切需要解决的问题。

（2）**篇章级关系抽取**。现有大多数的关系抽取工作集中在从包含两个指定实体的一个或者多个句子中抽取关系，很少有工作将抽取范围扩大到篇章级别。然而，在真实环境下，如产品说明书等，一篇文章会描述多个实体的多个属性或者关系，而且文本中存在大量的零指代的语言现象，因此必须利用篇章级的信息进行关系和属性值的抽取。

（3）**具有时空特性的多元关系抽取**。目前，绝大部分的关系抽取研究集中在二元关系抽取上，即抽取目标为三元组（实体1，关系，实体2），然而二元关系很难表达实体关系的时间特性和空间特性，而且很多关系是多元的。例如，NBA 球星勒布朗·詹姆斯效力过的球队，这就是一个多元关系，首先，他效力过的球队有多支，其次，效力于每支球队的时间也不同，这就是关系的时空性和多元性。具有时空特性的多元关系能建模和表达更丰富的关系知识，是未来研究的一个方向。

最后，纵观近30余年来关系抽取的现状和发展趋势，我们有理由相信，随着海量数据资源（如互联网）、大规模深度机器学习技术（如深度学习）和大规模知识资源（如知识图谱）的蓬勃发展，关系抽取这一极具挑战性同时也极具实用性的问题将会得到一定程度的解决。同时，随着低成本、高适应性、高可扩展性、可处理开放域的关系抽取研究的推进，关系抽取技术的实用化和产业化将在现有的良好基础上取得进一步的长足发展。

11.2.3 事件识别与抽取技术展望与发展趋势

事件抽取在2002年前基本会被形式化为模式发现和匹配，2002年至2013年间，基于机器学习的方法成为主流，极大地提高了准确度并且降低了邻域迁移成本。2013年以来，随着神经网络在图像领域取得的巨大成功，越来越多的研究者开始转向基于神经网络的事件抽取，为事件抽取任务的提升，特别是预定义的从非结构化文本中进行事件抽取任务的提升带来了新的契机。

（1）分步抽取到联合抽取。事件抽取的目标往往是很多样的，通常均会将任务拆分为几个步骤完成，最普遍的分解方式是 ACE 在 2005 年测评中定义的事件触发词识别、事件触发词分类、事件元素识别和事件元素分类四个阶段。近年来，更多工作尝试将四个传统过程整合成更少的步骤。从更高层面上讲，其他信息抽取任务（如实体抽取、关系抽取）也可以和事件抽取进行联合学习，在之后的研究过程中，基于避免分步噪声积累的思路的联合抽取一定会更加普遍。

（2）局部信息到全局信息。事件抽取研究初期更多考虑的是当前词自身的特征，但研究者逐渐开始利用不同词之间的联系，从而获取更多的全局信息来完成事件抽取任务。例如，为解决中文事件抽取中的成员缺失问题而提出了联合利用句子、上下文和相关文档中的相关事件信息和共指事件信息的事件抽取方法。此外还有前面提到的跨文档事件抽取中借助篇章信息和背景知识的思想。可以看出事件抽取考虑的信息越来越多样化和全局化。

（3）人工标注到半自动生成语料。目前的语料多是英文语料，中文和其他语言的语料非常稀少。且由于事件本身的复杂程度，人工标注大量的语料十分困难。因此，越来越多的学者开始思考如何利用现有的语料迭代生成更多语料。目前主流的解决思路是利用英文语料辅助另一种语言语料的生成，做跨语言迁移学习。另一种可能的解决思路是借鉴外部知识来自动扩展语料，比如，基于世界知识和语言学知识大规模自动生成事件语料。不管采用哪种途径，事件抽取一定会向着减少人工参与也可取得良好效果的方向发展。